青年技工
问答丛书
QINNIANJIGONG
WENDACONGSHU
3

钳工
技能问答

主　　编◎张能武　　卢庆生

编写人员◎张道霞　　王　荣　　王春林　　过晓明　　邱立功
　　　　　　陈　伟　　邓　杨　　唐艳玲　　唐雄辉　　刘文花
　　　　　　邱立功　　吴　亮　　余玉芳　　于晓红　　黄县江
　　　　　　李端阳　　高　佳　　王燕玲

湖南科学技术出版社

丛书前言

随着我国科学技术的飞速发展，对工人技术素质的要求越来越高，企业对技术工人的需求也日益迫切。从业人员必须熟练地掌握本行业、本岗位的操作技能，才能胜任本职工作，把工作做好，为社会做出更大的贡献，实现人生应有的价值。然而，技能人才缺乏已是不争的事实，并日趋严重，这已引起全社会的广泛关注。

为满足在职职工和广大青年学习技术，掌握操作本领的需求；社会办学机构、农村举办短期职业培训班的需求；下岗职工转岗、农村劳动力进城务工的需求，我们精心策划组织编写了这套通俗易懂的问答式培训丛书。该套丛书将陆续出版《车工技能问答》、《铣工技能问答》、《钳工技能问答》、《焊工技能问答》、《液压气动技术问答》、《数控机床操作工问答》、《钣金工技能问答》、《维修电工技能问答》等，以飨读者。

本套丛书的编写以企业对高技能人才的需要为导向，以岗位职业技能要求为标准，丛书以一问一答的形式把本岗位工人操作技能和必须掌握的知识点引导出来。

本套丛书主要有以下特点：

（1）标准新。本丛书采用了最新国家标准、法定计量单位和最新名词术语。

（2）图文并茂，浅显易懂。本丛书在写作风格上力求简单明了，以图解的形式配以简明的文字说明具体的操作过程和操作工艺，读者可大大提高阅读效率，并且容易理解、吸收。

（3）内容新颖。本丛书除了讲解传统的内容之外，还加入了一些新技术、新工艺、新设备、新材料等方面的内容。

（4）注重实用。在内容组织和编排上特别强调实践，书中的大量实例来自生产实际和教学实践，实用性强，除了必需的基础知识和专业理论以外，还包括许多典型的加工实例、操作技能及最新技术的应用，兼顾先进性与实用性，尽可能地反映现代新的技术工人应了解的实用技术和应用经验。

本套丛书便于广大技术工人、初学者、技工学校、职业技术院校广大师生实习自学、掌握基础理论知识和实际操作技能；同时，也可用为职业院校、培训中心、企业内部的技能培训教材。我们真诚地希望本套丛书的出版对我国高技能人才的培养起到积极的推动作用，能成为广大读者的"就业指导、创业帮手、立业之本"，同时衷心希望广大读者对这套丛书提出宝贵意见和建议。

丛书编写委员会

前　言

　　机械制造业是技术密集型的行业，历来高度重视技术人员的素质，在各工种中，钳工技能又是主要的技能之一，由于钳工的任务是对工件进行加工，修整，检验，装配和对设备进行维修，由于涉及的知识面宽，为了更好地解决生产中的技术问题，我们编写这本书。

　　本书内容主要包括：钳工基础知识、钳工常用工、量具和设备、划线、钻孔、扩孔、锪孔、铰孔、锯削、錾削、锉削、铆接、弯曲、矫正、锡焊、螺纹加工、刮削和研磨、装配技术、修理技术等。

　　本书以一问一答的形式把本岗位工人操作技能和必须掌握的知识点引导出来，以实用、够用为原则，突出技能操作，以图解的形式，配以简明的文字说明具体的操作过程与操作工艺，有很强的针对性和实用性，克服了传统培训教材中理论内容偏深、偏多、抽象的弊端，注重操作技能和生产实例，生产实例均来自于生产实际，并吸取一线工人师傅的经验总结。书中使用名词、术语、标准等均贯彻了最新国家标准。

　　本书图文并茂，内容丰富，浅显易懂，取材实用而精练。可供技工学校、职业技术院校广大师生实习、初、中级技术工人、钳工上岗前培训和自学用书及农家书屋使用。

　　本书由张能武、卢庆生共同主编。参加编写的人员还有：张道霞、王荣、王春林、过晓明、邱立功、陈伟、邓杨、唐艳玲、唐雄辉、刘文花、邱立功、吴亮、余玉芳、于晓红、黄县江、李端阳、高佳、王燕玲等。我们在编写过程中参考了相关图书出版物，并得到江南大学机械工程学院、江苏机械学会、无锡机械学会等单位大力支持和帮助，在此表示感谢。

　　由于时间仓促，编者水平有限，书中不妥之处在所难免，敬请广大读者批评指正。

编　者

目　录

第一章　钳工基础知识

1. 什么是钳工？钳工的主要任务和基本工作内容有哪些？ …………… 1
2. 钳工必须具备的基本操作技能包括哪些？ ……………………………… 3
3. 什么是金属材料的力学性能？在机械设备制造中需要了解金属材料的哪些力学性能？ ………………………………………………………… 4
4. 金属材料的工艺性能有哪些？ ………………………………………………… 5
5. 什么叫渗碳？其目的是什么？它适用于哪些零件？ ………………… 5
6. 工件的热处理变形是怎样产生的？它分为哪几种？ ………………… 6
7. 常用热处理方法的代号是什么？举例说明其表示方法。 …………… 6
8. 热处理的目的是什么？常用的热处理方法有哪些？ ………………… 7
9. 什么是表面热处理？它分为哪两种？在什么情况下采用表面热处理？ ……………………………………………………………………………… 7
10. 什么是淬火？淬火的方法有哪些？ ……………………………………… 7
11. 淬火时应注意哪些事项？ …………………………………………………… 7
12. 什么是回火？回火分为哪几种？其目的各是什么？ ………………… 8
13. 何谓退火？其目的是什么？退火的方法有哪几种？ ………………… 8
14. 何谓氧化处理？氧化处理的用途是什么？ …………………………… 8
15. 什么是时效处理？时效处理常用的方法有哪几种？ ………………… 8
16. 初级钳工的装配作业包括哪些基本内容？ …………………………… 8
17. 钳工的机床操作主要包括哪些加工内容？ …………………………… 8
18. 装配作业的安全作业规范包括哪些具体要求？ ……………………… 9
19. 使用刨床和插床加工时应遵守哪些安全规范？ ……………………… 9
20. 使用钻床应注意哪些安全事项？ ………………………………………… 10
21. 你知道使用砂轮机应注意的事项吗？ ………………………………… 11
22. 什么是基本尺寸？什么是极限尺寸？什么是尺寸偏差？ ………… 11
23. 什么是公差？什么是形状公差？形状公差其作用是什么？ ……… 12
24. 形状和位置公差各项目的符号是怎样的？ …………………………… 12

1

25. 什么是表面粗糙度？表面粗糙度的图形符号和表面粗糙度代号是怎样的？ …………………………………………………………………… 12

26. 怎样评定表面粗糙度参数的标注？ ………………………… 14

27. 各级表面粗糙度的表面特征、经济加工方法及应用举例如何？

……………………………………………………………………… 15

28. 试说明基孔制与基轴制优先配合的选用。 ………………… 16

第二章　钳工常用工、量具和设备

1. 你了解钳工所使用的钳桌吗？ ……………………………… 18

2. 你知道钳工台虎钳的结构和工作原理吗？ ………………… 18

3. 你了解钳工所使用的砂轮机吗？ …………………………… 19

4. 钳工常用的工量具和刃具有哪些？ ………………………… 20

5. 你知道游标卡尺的读数原理及使用方法吗？ ……………… 20

6. 你知道千分尺的读数及使用方法吗？ ……………………… 23

7. 你知道百分表和千分表的用途吗？ ………………………… 24

8. 你知道万能角度尺的读数原理及使用方法吗？ …………… 25

9. 你知道用平板测量工件的使用要求吗？ …………………… 26

10. 你知道塞尺的使用要求吗？ ………………………………… 27

11. 锉刀机的用途是什么？有何要求？ ………………………… 27

12. 钻床有什么用途与使用注意事项？ ………………………… 28

13. 压印机的用途与使用注意事项如何？ ……………………… 29

14. 钳工常用直接划线工具有哪些？各有何用途？ …………… 29

15. 钳工常用支承工具有哪些？各有何用途？ ………………… 32

16. 钳工常用辅助工具有哪些？各有何用途？ ………………… 33

第三章　划线

1. 什么是划线？划线的目的是什么？按加工中的作用划线可分为哪几种？ …………………………………………………………… 36

2. 常用划线涂料的品种及成分与配制方法是什么？ ………… 36

3. 什么叫划线基准？选择划线基准的原则有哪些？ ………… 37

4. 平面划线基准有哪几种基本类型？举例说明。 …………… 37

5. 什么是找正？找正的目的是什么？ ………………………… 38

6. 什么叫借料？ ………………………………………………… 38

7. 工件毛坯借料划线的步骤是怎样的？举例说明借料的方法步骤？

……………………………………………………………………… 38

8. 简述立体划线基准的方法。 ………………………………… 40

9. 简述平面划线基准。 …………………………………… 41

10. 怎样使用简单工具进行平面划线？ ……………… 42

11. 划线时，怎样找工件的中心？ …………………… 49

12. 什么叫配划线法？它适合于哪种零件？ ………… 50

13. 配划线法有哪几种？怎样配划？ ………………… 50

14. 怎样用划规划圆弧线呢？ ………………………… 51

15. 怎样在轴类零件上划圆心线呢？ ………………… 51

16. 划线后冲眼的方法和要求有哪些？ ……………… 52

17. 分度头的主要附件及其功用有哪些？ …………… 53

18. 分度头的分度方法有哪些？ ……………………… 54

第四章　钻孔、扩孔、锪孔、铰孔

1. 在钻床上可以完成哪些加工工作？ ……………… 59

2. 钻床分为哪 3 类？其结构与规格如何？有什么用途？ … 59

3. 钻孔手钻有何种类？有哪些规格与用途？ ……… 60

4. 你了解钻头夹具的组成与用途吗？ ……………… 61

5. 你知道经常使用的工件夹具有哪几种吗？ ……… 62

6. 你知道常用钻头的种类及适用范围吗？ ………… 62

7. 钻孔常用的麻花钻由哪几部分组成？你知道各组成部分的作用吗？

　　…………………………………………………… 63

8. 标准麻花钻的规格有哪些？ ……………………… 64

9. 直柄类与锥柄类麻花钻的规格有哪些？ ………… 64

10. 标准麻花钻修磨时的注意事项有哪些？ ………… 64

11. 怎样修磨麻花钻的前刀面？ ……………………… 65

12. 怎样修磨麻花钻的棱边与顶角？ ………………… 65

13. 怎样修磨麻花钻的主切削刃？ …………………… 65

14. 怎样修磨麻花钻的横刃？ ………………………… 65

15. 怎样修磨麻花钻的开分屑槽和平钻头？ ………… 66

16. 标准麻花钻的几何参数有哪些？ ………………… 67

17. 你知道根据工件材料选择麻花钻的几何角度吗？ … 68

18. 你知道通用型麻花钻的几何角度吗？ …………… 69

19. 群钻的修磨方法有哪些？ ………………………… 70

20. 标准群钻结构参数有哪些？ ……………………… 70

21. 你了解钻孔能达到的精度要求与钻孔工艺参数吗？ … 70

22. 如何选用钻孔时所用的切削液？ ………………… 72

23. 如何选择钻孔的切削用量？ ……………………… 72

24. 如何选择精孔钻的钻削用量？ ………………………………… 73

25. 如何选择钻钢料和钻铸铁材料的钻削用量？ ………………… 73

26. 一般件的钻孔方法如何？ ……………………………………… 76

27. 如何钻孔距有精度要求的平行孔？ …………………………… 77

28. 如何在斜面上钻孔？ …………………………………………… 77

29. 如何在薄板上开大孔？ ………………………………………… 78

30. 如何在圆柱形工件上钻孔？ …………………………………… 78

31. 如何钻半圆孔（或缺圆孔）？ ………………………………… 78

32. 你知道麻花钻钻孔中常见问题及对策吗？ …………………… 78

33. 什么是扩孔加工？扩孔加工具有哪些工艺特点？ …………… 82

34. 扩孔工艺参数有哪些？ ………………………………………… 82

35. 你知道扩孔钻的磨钝标准和耐用度吗？ ……………………… 82

36. 高速钢扩孔钻加工结构钢时，如何选用切削速度？ ………… 83

37. 高速钢扩孔钻加工灰铸铁时，如何选用切削速度？ ………… 84

38. 扩孔方法有哪些？ ……………………………………………… 86

39. 你知道扩孔钻扩孔中的常见问题及对策吗？ ………………… 86

40. 什么是锪孔加工？锪孔钻的种类与用途如何？ ……………… 87

41. 如何选择锪孔的速度？ ………………………………………… 90

42. 如何选择高速钢及硬质合金锪钻加工的切削用量？ ………… 90

43. 锪孔时产生的问题及预防方法如何？ ………………………… 90

44. 什么是铰孔？有何精度要求？ ………………………………… 90

45. 铰刀的结构、分类及特点是什么？ …………………………… 91

46. 如何修磨铰刀？ ………………………………………………… 93

47. 铰刀号数及精度如何？ ………………………………………… 93

48. 如何选择铰削余量？ …………………………………………… 94

49. 如何选择机铰时的切削速度和进给量？ ……………………… 94

50. 手工铰孔应注意哪些事项呢？ ………………………………… 94

51. 机动铰孔应注意哪些事项？ …………………………………… 95

52. 如何选用铰削时的切削液？ …………………………………… 96

53. 怎样确定铰刀的直径？铰刀的研磨怎样？ …………………… 96

54. 怎样铰削圆锥孔？ ……………………………………………… 98

55. 你知道铰孔中的常见问题及对策吗？ ………………………… 98

第五章　锯削、錾削、锉削

1. 什么是锯削？有何特点？ ……………………………………… 100

2. 什么是手锯？它由哪两部分组成？其规格与应用如何？ ……… 100

3. 如何选择锯齿的切削角度及锯路? ·············· 101

4. 手锯条怎样进行淬火与回火? ·············· 102

5. 怎样根据工件的材料选择锯齿的粗细和锯削的速度? ·········· 102

6. 安装锯条时,应注意些什么? ·············· 102

7. 锯削的操作要点有哪些? ·············· 103

8. 锯削的基本方法有哪些? ·············· 103

9. 锯条损坏的原因是什么? 怎样预防? ·········· 104

10. 锯削时产生废品的原因是什么? 怎样预防? ······ 105

11. 试举实例说明锯削方法。 ·············· 105

12. 什么叫錾削? 錾削作用是什么? 其工作范围有哪些? ·· 106

13. 錾削工具有哪几种? 各有什么用途? ·········· 107

14. 怎样选择錾子的楔角? 錾削角度对錾削有何影响? ·· 111

15. 錾子的刃磨有哪些要求? ·············· 112

16. 錾子的热处理过程是怎样的? ············ 112

17. 錾子的握法有哪几种? 各用于何处? ·········· 113

18. 錾子损坏的原因有哪些? ·············· 113

19. 錾子的使用注意事项有哪些? ············ 113

20. 钳工常用錾削方法有哪些? ·············· 114

21. 錾削产生废品的原因是什么? 怎样防止? ······ 115

22. 你知道錾削作业的安全技术有哪些吗? ·········· 115

23. 试举实例说明錾削方法。 ·············· 116

24. 什么是锉削? 锉削适用于哪些场合? ·········· 117

25. 常用的钳工锉有哪几种? 各有什么用处? ······ 117

26. 锉刀的粗细等级有哪些? ·············· 118

27. 试述锉刀的构造怎样? ·············· 118

28. 试述锉刀的类型及规格有哪些? ············ 118

29. 你知道怎样选用锉刀和保养锉刀吗? ·········· 121

30. 你知道锉刀的类别与形式代号吗? ·········· 122

31. 如何选用锉刀? ·············· 123

32. 锉刀的握法如何? ·············· 123

33. 确定锉削顺序的一般原则有哪些? ·········· 124

34. 怎样锉削平面? ·············· 124

35. 怎样锉削曲面? ·············· 124

36. 怎样锉削通孔? ·············· 126

37. 怎样检查锉削的质量? ·············· 127

第六章　铆接、弯曲、矫正、锡焊

1. 什么叫铆接？铆接有何特点？ ………………………………………… 129

2. 铆接按其使用的要求可分为哪几类？ …………………………… 129

3. 铆接的方法分为哪几类？ ……………………………………………… 129

4. 铆接需要用的主要工具有哪几种？ ……………………………… 130

5. 铆接有哪些基本形式？ ………………………………………………… 130

6. 怎样正确选择铆钉的直径？ ………………………………………… 131

7. 铆接时，怎样确定工件通孔？ ……………………………………… 131

8. 怎样确定铆钉的长度？ ………………………………………………… 132

9. 铆钉可分为哪些形式？各应用在什么场合？ ………………… 132

10. 如何铆接半圆头铆钉？ ……………………………………………… 133

11. 如何铆接空心铆钉？ ………………………………………………… 134

12. 如何铆接沉头铆钉？ ………………………………………………… 134

13. 如何铆接抽芯铆钉？ ………………………………………………… 134

14. 如何铆接击芯铆钉？ ………………………………………………… 134

15. 铆钉的拆卸方法有哪些？ …………………………………………… 134

16. 你知道铆接废品产生的原因和防止方法有哪些吗？ ……… 135

17. 何谓弯形？弯曲时材料变形的大小与哪些因素有关？ …… 136

18. 怎样确定弯曲中性层位置系数 x_0？ …………………………… 137

19. 板材弯曲机械分哪几种？各有何特点？ ……………………… 138

20. 怎样计算工件弯形前毛坯的长度？ …………………………… 138

21. 怎样计算不同弯形件的展开长度 L？ ………………………… 138

22. 怎样计算板材展开长度？ …………………………………………… 140

23. 怎样计算板材的压弯力？ …………………………………………… 141

24. 你知道板材的最小弯曲半径是多少吗？ ……………………… 143

25. 你知道板材卷弯和垂直距离的计算吗？ ……………………… 143

26. 你知道常用型材、管材最小弯形半径的计算公式吗？ …… 144

27. 简述板材手工弯形的方法有哪些？ …………………………… 145

28. 常用机械弯形方法及适用范围有哪些？ ……………………… 148

29. 板材机械滚弯的方法有哪些？ …………………………………… 150

30. 板材机械折弯的方法有哪些？ …………………………………… 151

31. 角钢弯形的方法及变形步骤有哪些？ ………………………… 151

32. 管材弯形的方法有哪些？ …………………………………………… 152

33. 怎样用手工冷弯管子？ ……………………………………………… 153

34. 怎样用弯管工具冷弯管子？ ……………………………………… 153

35. 何谓矫正？矫正分哪几种？ …………………………………………… 153

36. 什么是金属的弹性变形和塑性变形？矫正是对哪种变形而言的？
…………………………………………………………………………… 154

37. 矫正后金属材料出现冷作硬化应怎样处理？ …………………… 154

38. 常用矫正工具有哪些？它们有什么用途？ …………………… 154

39. 你知道矫正偏差吗？ …………………………………………………… 154

40. 怎样选择矫正方法？ …………………………………………………… 155

41. 手工矫正时怎样使用扭转法、弯曲法、延展法和伸张法矫正工件？
…………………………………………………………………………… 156

42. 怎样用手工矫正薄板和厚板？ …………………………………… 156

43. 怎样用手工矫正角钢？ ……………………………………………… 157

44. 怎样用手工矫正圆钢或钢管？ …………………………………… 158

45. 怎样用手工矫正槽钢？ ……………………………………………… 158

46. 怎样用手工矫正工字钢及罩壳？ ………………………………… 159

47. 常用机械矫正方法有哪几种？ …………………………………… 160

48. 机械矫正方法及适用范围有哪些？ ……………………………… 160

49. 怎样用滚圆机矫正板料？ …………………………………………… 162

50. 怎样用液压机矫正厚板？ …………………………………………… 162

51. 怎样用滚板机矫正板料？ …………………………………………… 162

52. 何谓火焰矫正？ …………………………………………………………… 162

53. 火焰矫正钢材时，其表面颜色及其相应温度是什么？ ……… 163

54. 火焰加热方式及适用范围有哪些？ ……………………………… 163

55. 常见的钢制件的火焰矫正方法有哪些？ ………………………… 164

56. 矫正时会出现哪些损坏形式？产生原因是什么？ …………… 165

57. 什么叫锡焊？它的特点和用途是什么？ ………………………… 165

58. 锡焊用的焊料是什么？它有什么特性？怎样选用焊料？ …… 165

59. 焊剂的作用是什么？常用焊剂的种类及用途有哪些？ ……… 166

60. 常用锡焊工具有哪些？其规格有哪些？ ………………………… 166

61. 锡焊时应做好哪些准备工作？ …………………………………… 167

62. 锡焊接合的焊缝有哪几种？ ………………………………………… 168

63. 锡焊焊接直角板、平板或圆筒（管）的方法和步骤有哪些？ …… 169

64. 锡焊时应注意哪些事项？ …………………………………………… 170

65. 锡焊的常见缺陷及产生原因是什么？ …………………………… 170

第七章　螺纹加工

1. 螺纹的分类、代号及用途是什么？ ……………………………… 172

2. 怎样测量螺纹？ ┄┄┄┄┄┄┄┄┄┄┄┄┄┄┄┄ 173

3. 试说明丝锥的构造及分类。 ┄┄┄┄┄┄┄┄┄┄ 173

4. 铰杠的类型有哪些？ ┄┄┄┄┄┄┄┄┄┄┄┄┄ 174

5. 机用攻螺纹夹头的作用是什么？ ┄┄┄┄┄┄┄ 174

6. 攻螺纹时常用的切削液有哪些？ ┄┄┄┄┄┄┄ 175

7. 手工攻螺纹时的注意事项有哪些？ ┄┄┄┄┄┄ 175

8. 机动攻螺纹时的注意事项有哪些？ ┄┄┄┄┄┄ 176

9. 怎样确定攻螺纹前所钻的底孔直径？ ┄┄┄┄┄ 176

10. 怎样选择钻底孔的钻头直径？ ┄┄┄┄┄┄┄┄ 176

11. 怎样选择攻螺纹时丝锥的切削速度？ ┄┄┄┄ 180

12. 你知道攻螺纹的操作方法吗？ ┄┄┄┄┄┄┄┄ 181

13. 怎样取出折断在螺孔中的丝锥，其方法是什么？ ┄ 182

14. 攻螺纹时，丝锥损坏的原因及防止方法有哪些？ ┄ 182

15. 攻螺纹中的常见问题、原因及预防方法有哪些？ ┄ 183

16. 什么是板牙？它分为哪几种？其结构特点如何？ ┄ 185

17. 怎样确定套螺纹时的圆杆直径？ ┄┄┄┄┄┄┄ 186

18. 套螺纹时应注意哪些要领？ ┄┄┄┄┄┄┄┄┄ 187

19. 套螺纹时的注意事项有哪些？ ┄┄┄┄┄┄┄┄ 188

20. 套螺纹中的常见问题及防止方法有哪些？ ┄┄ 188

第八章　刮削和研磨

1. 何谓刮削？刮削的原理是什么？ ┄┄┄┄┄┄┄ 190

2. 刮削的作用是什么？它具有哪些特点？ ┄┄┄┄ 190

3. 如何确定刮削余量？ ┄┄┄┄┄┄┄┄┄┄┄┄ 190

4. 刮削用显示剂的种类及应用有哪些？ ┄┄┄┄┄ 190

5. 常见刮削面的种类有哪些？ ┄┄┄┄┄┄┄┄┄ 192

6. 常见刮削的应用有哪些？ ┄┄┄┄┄┄┄┄┄┄ 192

7. 常用刮刀有哪几类？它们有何用途？ ┄┄┄┄┄ 193

8. 刮削的基准工具有哪些？各有何用途？ ┄┄┄┄ 194

9. 刮削的辅助工具有哪些？各有何用途？ ┄┄┄┄ 195

10. 常用平面刮刀有哪些规格？ ┄┄┄┄┄┄┄┄┄ 195

11. 平面刮刀怎样刃磨与热处理 ┄┄┄┄┄┄┄┄┄ 196

12. 平行面刮削有哪些步骤？ ┄┄┄┄┄┄┄┄┄┄ 197

13. 垂直面刮削有哪些步骤？ ┄┄┄┄┄┄┄┄┄┄ 197

14. 平面刮削有哪两种方法？刮削姿势是怎样的？ ┄ 197

15. 平面刮削有哪几个步骤？ ┄┄┄┄┄┄┄┄┄┄ 198

16. 怎样检查刮削精度呢？ …………………………………… 199

17. 内曲面刮削姿势有哪两种？刮削姿势是怎样的？ …… 200

18. 外曲面刮削姿势是怎样的？ ……………………………… 201

19. 内曲面刮削方法有哪些？ ………………………………… 201

20. 何谓原始平板？原始平板的刮削有哪两种方法？有哪些刮削步骤？

   …………………………………………………………… 202

21. 你知道刮削面常见的缺陷、产生原因及防止方法吗？ ………… 203

22. 何谓研磨？研磨的目的是什么？ ………………………… 205

23. 研磨的基本原理是什么？ ………………………………… 205

24. 研磨切削余量为多少？ …………………………………… 206

25. 研具的材料有哪几种？有哪些用途？ ………………… 206

26. 常用研具有哪些类型？其用途如何？ ………………… 206

27. 研磨剂的材料有哪几种？有哪些用途？ ……………… 208

28. 研磨的分类、工艺特点及研磨轨迹的要求与作用如何？ 209

29. 怎样配比研磨剂？ ………………………………………… 209

30. 你知道怎样选择研磨工艺参数吗？ …………………… 210

31. 怎样选用研磨压力及研磨速度？对研磨效果有何影响？ …… 212

32. 手工研磨运动轨迹有哪几种形式？其特点及应用范围有哪些？

   …………………………………………………………… 212

33. 机械研磨运动轨迹有哪几种形式？其特点及应用范围有哪些？

   …………………………………………………………… 213

34. 怎样研磨软质材料和硬脆材料？ ……………………… 214

35. 怎样研磨平面？ …………………………………………… 214

36. 怎样研磨圆柱体？ ………………………………………… 216

37. 怎样研磨钢球？ …………………………………………… 217

38. 怎样研磨 V 形槽？ ……………………………………… 217

39. 产生研磨缺陷的原因及防止方法有哪些？ …………… 218

第九章　装配技术

1. 何谓装配？装配工作包括哪些内容？装配质量的好坏对产品有何
   影响？ …………………………………………………… 220

2. 装配工艺过程是由哪四部分组成的？说明其工艺过程。 …… 220

3. 试述产品装配的组织形式和应用方法。 ……………… 221

4. 如何选择合适的装配工艺方法？ ……………………… 222

5. 什么是装配精度？装配精度与零件的加工精度有何关系？ …… 223

6. 你知道常用清洗剂及其配方吗？有何用途？ ………… 223

7. 什么叫装配尺寸链？其关系如何？又是怎样计算的？ …………… 227

8. 何谓静平衡法？你知道装配时旋转零件和部件的静平衡方法吗？

　………………………………………………………………………… 228

9. 如何检验静平衡质量？ ………………………………………… 231

10. 何谓动平衡法？如何进行动平衡？ …………………………… 231

11. 为什么要对要求密封的零件进行密封性试压试验？ ………… 231

12. 常见的压力试验分哪两种？其试验介质有什么？ …………… 231

13. 什么是静压试验与动压试验？ ………………………………… 231

14. 对零件进行密封性试验的方法有哪几种？如何进行密封试验？

　………………………………………………………………………… 232

15. 试压前应做哪些准备工作？试压要求有哪些？ ……………… 233

16. 试压时应注意的安全问题有哪些？ …………………………… 233

17. 过盈连接的目的是什么？有何特点？ ………………………… 233

18. 过盈连接的装配要点是什么？ ………………………………… 233

19. 何谓压装法？压装法分为哪几种？ …………………………… 234

20. 过盈连接采用压装时的要求有哪些？ ………………………… 234

21. 试述过盈连接的压装方法是什么？ …………………………… 234

22. 采用压装法应注意哪些问题？ ………………………………… 234

23. 什么是热装法？热装法的优点是什么？ ……………………… 235

24. 采用热装法时，如何确定轴、孔间的过盈量？ ……………… 235

25. 举例说明热装的方法。 ………………………………………… 235

26. 什么是冷装法？冷装法有哪些优点？ ………………………… 237

27. 冷装时，常用的冷却剂有哪些？如何选用？ ………………… 237

28. 试述冷装法的操作过程和注意事项。 ………………………… 237

29. 举例说明冷装时冷却温度的计算方法。 ……………………… 237

30. 压入法的装配工艺要点及应用范围是什么？ ………………… 238

31. 热装法和冷装法的装配工艺要点及应用范围是什么？ ……… 239

32. 你知道圆锥面的过盈连接装配方法吗？ ……………………… 240

33. 对螺纹连接的装配有哪些技术要求？ ………………………… 241

34. 螺纹连接的装配要求有哪些？ ………………………………… 242

35. 螺钉和螺母的装配要求有哪些？ ……………………………… 243

36. 双头螺栓的装配要求有哪些？ ………………………………… 243

37. 对有规定预紧力螺纹连接装配方法有哪些？ ………………… 244

38. 常见螺纹连接的防松装置有哪些？ …………………………… 245

39. 何谓键连接？其特点如何？分为几类？ ……………………… 245

40. 松键连接所用的键包括哪些键？它们的共同特点如何？ …… 245

41. 松键连接的装配技术要求和装配步骤有哪些？ …………………… 248

42. 你知道怎样连接普通平键和半圆键吗？ ………………………… 248

43. 你知道怎样连接导向平键吗？ …………………………………… 248

44. 你知道滑键连接的装配吗？其适用于怎样的场合？ …………… 249

45. 你知道紧键和切向键的连接装配吗？ …………………………… 249

46. 花键的齿形分为哪些？花键的定心方式、特点及用途如何？ …… 250

47. 花键的连接装配要点有哪些？ …………………………………… 251

48. 销连接的作用是什么？有何特点？ ……………………………… 251

49. 圆柱销的种类及应用范围有哪些？怎样装配圆柱销？ ………… 252

50. 圆锥销的种类及应用范围有哪些？怎样装配圆锥销？ ………… 252

51. 槽销的种类及应用范围有哪些？ ………………………………… 253

52. 销轴、带孔销、开口销及安全销的应用范围有哪些？ ………… 254

53. 怎样装配定位螺栓？ ……………………………………………… 255

54. 常用管接头有哪些类型？ ………………………………………… 255

55. 怎样装配球形和锥面管接头？ …………………………………… 255

56. 怎样装配扩口薄管接头？ ………………………………………… 255

57. 怎样装配卡套管接头？ …………………………………………… 256

58. 怎样装配高压胶管接头？ ………………………………………… 257

59. 何谓滑动轴承？滑动轴承是怎样分类的？ ……………………… 257

60. 怎样选择滑动轴承润滑剂？ ……………………………………… 258

61. 滑动轴承安装前的准备工作有哪些？ …………………………… 259

62. 怎样装配整体式轴套？ …………………………………………… 260

63. 怎样装配剖分式轴承？ …………………………………………… 261

64. 怎样装配整体式滑动轴承？ ……………………………………… 262

65. 滚动轴承的结构怎样？有何特点？ ……………………………… 262

66. 你知道滚动轴承的游隙要求和测量方法吗？ …………………… 263

67. 滚动轴承的预紧方法有哪些？ …………………………………… 264

68. 怎样选择滚动轴承润滑剂？ ……………………………………… 266

69. 滚动轴承的装配方法有哪些？ …………………………………… 266

70. 轴承安装后是如何检验的？ ……………………………………… 268

71. 怎样装配蜗杆机构？ ……………………………………………… 269

72. 怎样检验蜗轮、蜗杆装配时的齿侧隙？ ………………………… 269

73. 齿轮装配有哪些技术要求？ ……………………………………… 271

74. 常见齿轮的结构方式有哪些？ …………………………………… 271

75. 圆柱齿轮的装配工作主要包括哪些？其装配方法如何？ ……… 272

76. 圆柱齿轮装配质量的检验和调整方法有哪些？ ………………… 273

11

77. 圆锥齿轮机构的装配方法有哪些？ ……………………… 276

78. 齿轮传动机构装配后怎样进行跑合？ …………………… 280

79. 带传动机构的装配有哪些优、缺点？ …………………… 281

80. 对带传动机构的装配有哪些技术要求？ ………………… 281

81. 在带传动机构装配中，怎样控制张紧力？ ……………… 282

第十章 修理技术

1. 怎样选择机械零件修复工艺？ …………………………… 284

2. 机械设备修理的安全技术有哪些？ ……………………… 284

3. 试述机械设备修理的工作流程。 ………………………… 285

4. 试述设备修理的组织方法及其特点和应用。 …………… 285

5. 拆卸设备时应注意哪些事项？ …………………………… 286

6. 机械磨损的常见类型和特点有哪些？ …………………… 287

7. 零件磨损的原因及其预防方法有哪些？ ………………… 287

8. 大修后机械寿命缩短的原因及预防措施有哪些？ ……… 287

9. 什么是拉卸法？它适用于拆卸什么零件？ ……………… 287

10. 什么是冷缩法？ ………………………………………… 288

11. 怎样拆卸键连接？ ……………………………………… 289

12. 怎样拆卸圆柱销？ ……………………………………… 290

13. 举例说明套的拆卸方法有哪些？ ……………………… 290

14. 怎样从轴上拆卸滚动轴承？ …………………………… 291

15. 怎样拆卸圆锥孔轴承？ ………………………………… 291

16. 怎样拆卸锈死的螺纹连接？ …………………………… 292

17. 怎样用矫正法修理磨损的量具？举例说明。 ………… 292

18. 怎样用镀铬法修理量具？ ……………………………… 292

19. 用热处理法怎样修理量具？ …………………………… 292

20. 怎样用加工法修理磨损的量具？举例说明。 ………… 293

21. 怎样修理量块？ ………………………………………… 293

22. 试述夹具修理的种类和方法有哪些？ ………………… 293

23. 怎样修理夹具的主体件？ ……………………………… 294

24. 夹具定位零件的修理方法有哪些？ …………………… 294

25. 怎样修理夹具中的螺纹件？ …………………………… 294

26. 螺纹连接件损坏的类型、原因及维修方法有哪些？ … 294

27. 键连接件损坏的类型、原因及维修方法有哪些？ …… 295

28. 一般轴的检修内容及检修方法有哪些？ ……………… 296

29. 主轴的检修内容及检修方法有哪些？ ………………… 297

30. 怎样检修曲轴？ ………………………………………………… 298

31. 滚动轴承检修时的代用原则及代用方法有哪些？ ………… 299

32. 滚动轴承的检查部位及内容是什么？ …………………………… 300

33. 滚动轴承运转过程中常见故障及其排除方法有哪些？ ………… 300

34. 怎样检修滑动轴承？ ……………………………………………… 302

35. 怎样检修螺旋传动机构？ ………………………………………… 303

36. 怎样检修丝杠副？ ………………………………………………… 304

37. 带传动的失效原因与检修方法有哪些？ ………………………… 304

38. 链传动损坏特征和检修方法有哪些？ …………………………… 305

39. 对齿轮传动机构的修理，常用的方法有哪些？ ………………… 306

40. 齿轮传动的故障形式、原因及排除方法有哪些？ ……………… 306

41. 检修导轨的一般程序是什么？提高导轨耐磨性的措施有哪些？

　　…………………………………………………………………… 307

42. 导轨检修方法有哪些？ …………………………………………… 308

43. 导轨检修中的常见问题及消除方法有哪些？ …………………… 308

44. 在卧式车床修理中，床身导轨副的修理方法有哪些？ ………… 309

参考文献 ……………………………………………………………… 311

第一章　钳工基础知识

1. 什么是钳工？钳工的主要任务和基本工作内容有哪些？

答：钳工是利用各种工具、量具和一些设备，按照要求对零件进行加工、修整、装配的技术工人。钳工工种是机械制造业中非常重要、涉及面很广的基本工种，它又分为修理钳工、装配钳工、安装钳工、工具钳工、模具钳工等许多专业工种。

（1）钳工的主要任务是对产品进行零件加工、装配和机械设备的维护修理。

①零件加工。零件加工过程中有很多工序需要钳工完成，如大型工件加工前的划线、借料，局部缺陷零件的修补加工等；又如精密的量具、样板、夹具和模具等的制造，都离不开钳工加工和维护。

②装配与试车。装配、试车是钳工的重要工作内容之一。一台完整的机器是由各种不同零件组成的，这些零件通过各种加工方法加工完成后，需要由钳工来进行装配。在装配过程中，有些零件往往还需经过钳工的钻孔、攻螺纹、配键、销等的补充加工后才能进行装配；有些精度并不高的零件，经过钳工的加工修配，可以达到较高的装配精度。

③设备的维修和维护。设备的维修和维护也是钳工的主要工作内容。使用时间较久的机器设备，其自然磨损或事故损坏是免不了的，这就需要钳工来进行日常维护和故障修理。在现代制造业，由于大批量生产实现了自动化生产线加工，机械装置和各种辅助设施的维护和维修显得更为重要，因为一旦生产线某一台设备停机，将会造成很大的经济损失。

由此可见，钳工的任务是多方面的，而且具有很强的专业特点。由于现代工业的发展，钳工产生了专业性的分工，如装配钳工、机修钳工、工具钳工、模具钳工、数控机床维修钳工等，普通钳工主要的任务是零件加工和装配试车。

（2）普通钳工基本工作内容

①手用工具作业：钳工的手工作业包括锉削、錾削、锯削、铆接、矫正、弯形、研磨、刮削（图1-1）等。

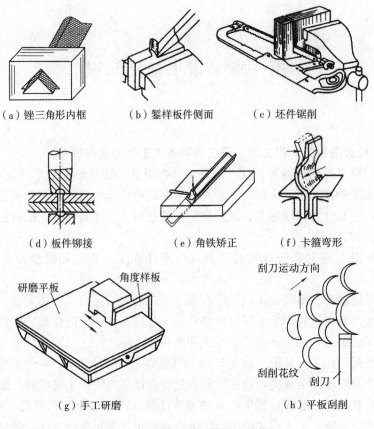

（a）锉三角形内框　　　（b）錾样板件侧面　　　（c）坯件锯削

（d）板件铆接　　　（e）角铁矫正　　　（f）卡箍弯形

研磨平板　　角度样板　　　　刮刀运动方向

刮削花纹　　刮刀

（g）手工研磨　　　　　　（h）平板刮削

图 1-1　钳工手用工具作业示例

②简单设备作业。钳工的设备作业包括压装滑动轴承套、轴的矫正、钻扩铰孔、表面研磨、抛光等，如图 1-2 所示。

③一般装配调整作业：如滚动轴承装配、平键连接装配、销钉连接装配、螺纹连接装配等。

④简单机器装配、试车及密封检测。

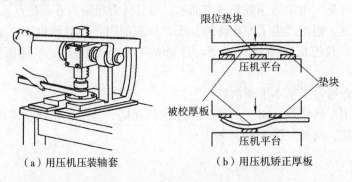

限位垫块

压机平台　　　垫块

被校厚板

压机平台

（a）用压机压装轴套　　　（b）用压机矫正厚板

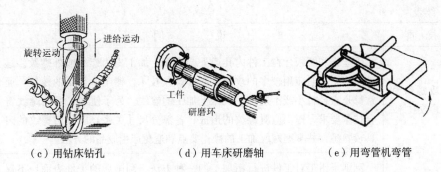

（c）用钻床钻孔 　　　　（d）用车床研磨轴 　　　　（e）用弯管机弯管

图 1－2 钳工简单设备作业

2. 钳工必须具备的基本操作技能包括哪些？

答：无论哪一种钳工，要完成本职任务，首先应熟练地掌握好表 1－1 中所列的各项基本操作技能，并能很好地应用。

表 1－1　　　　　　　　　　**基本操作技能**

技　能	说　　明
划线	划线作为零件加工的头道工序，对零件的加工质量有着密切的关系。钳工在划线时，首先应熟悉图样，合理使用划线工具，按照划线步骤在待加工工件上划出零件的加工界限，作为零件安装（定位）、加工的依据
錾削技术	錾削技术是钳工最基本的操作技能，即利用錾子和锤子等简单工具对工件进行切削或切断。此技术在零件加工要求不高或机械无法加工的场合采用。同时熟练的锤击技术在钳工装配、修理中得到较多的应用
锉削技术	锉削是钳工工作中的主要操作方法之一，即利用各种形状的锉刀，对工件进行锉削、整形，使工件达到较高的精度和较为准确的形状。它可以对工件的外平面、曲面、内外角、沟槽、孔和各种形状的表面进行锉削加工
锯削技术	用来分割材料或在工件上锯出符合技术要求的沟槽。锯削时，必须根据工件的材料性质和工件的形状，正确选用锯条和锯削方法，从而使锯削操作能顺利地进行并达到规定的技术要求
钻孔、扩孔、锪孔和铰孔技术	钻孔、扩孔、锪孔和铰孔是钳工对孔进行粗加工、半精加工和精加工的 3 种方法。应用时根据孔的精度要求、加工的条件进行选用。钳工钻、扩、锪是在钻床上进行的，铰孔可手工铰削，也可通过钻床进行机铰。所以掌握钻、扩、锪、铰操作技术，必须熟悉钻、扩、锪、铰等刀具的切削性能，以及钻床和一些工夹具的结构性能，合理选用切削用量，熟练掌握手工操作的具体方法，以保证钻、扩、锪、铰的加工质量

续表

技　能	说　　　明
攻螺纹和套螺纹技术	用丝锥和圆板牙在工件内孔或外圆柱面上加工出内螺纹或外螺纹。这就是钳工平时应用较多的攻螺纹和套螺纹技术。钳工所加工的螺纹，通常都是直径较小或不适宜在机床上加工的螺纹。为了使加工后的螺纹符合技术要求，钳工应对螺纹的形成、各部分尺寸关系，以及切螺纹的刀具较熟悉，并掌握螺纹加工的操作要点和避免产生废品的方法
刮削和研磨技术	刮削是钳工对工件进行精加工的一种方法。刮削后的工件表面，不仅可获得形位精度、尺寸精度、接触精度和传动精度，而且还能通过刮刀在刮削过程中对工件表面产生的挤压，使表面组织紧密，从而提高了力学性能。研磨是最精密的加工方法。研磨时通过磨料在磨具和工件之间作滑动、滚动产生微量切削，即研磨中的物理作用。同时利用某些研磨剂的化学作用，使工件表面产生氧化膜，但氧化膜本身在研磨中又很容易被研磨掉。这样氧化膜不断地产生又不断地被磨去，从而使工件表面得到很高的精度。研磨，其实质是物理作用和化学作用的综合
矫正和弯形技术	利用金属材料的塑性变形，采用合适的方法对变形或存在某种缺陷的原材料和零件加以矫正，消除变形等缺陷。或者使用简单机械或专用工具将原材料弯形成图样所需要的形状，并对弯形前材料进行落料长度计算
装配和修理技术	装配和修理技术即按图样规定的技术要求，将零件通过适当的连接形式组合成部件或完整的机器，对使用日久或由于操作不当造成机器或零件精度和性能下降，甚至损坏，通过钳工的修复、调整，使机器或零件恢复到原来的精度和性能要求，这就是钳工的装配和修理技术
掌握必需的测量技能和简单的热处理技术	生产过程中，要保证零件的加工精度和要求，必须对产品进行必要的测量和检验。钳工在零件加工和装配过程中，经常利用平板、游标卡尺、千分尺、百分表、水平仪等对零件或装配件进行测量检查，这些都是钳工必须掌握的测量技能 钳工必须了解和掌握金属材料热处理的一般知识，熟悉和掌握一些钳工工具的制造和热处理，并能针对如样冲、錾子、刮刀等工具由于使用要求的不同而分别采取合适的热处理方法，从而得到各自所需要的硬度和性能

3. 什么是金属材料的力学性能？在机械设备制造中需要了解金属材料的哪些力学性能？

答：机械设备的一些零部件常常受到不同性质的外力作用，使这些零部件产生拉伸、压缩、弯曲、剪切、扭转等变形。由于外力的作用结果会产生一定的破坏作用，因此，制作零部件使用的金属材料必须具有抵抗外力的能力，以不致发生破坏或过度变形。金属材料在力作用下所显示的与弹性和非弹性反应相关或涉及应力-应变关系的性能，通常称为金属材料的力学性能。

在机械设备制造中需要了解的金属材料的力学性能如下：

（1）应力：金属材料在外力作用下，在其内部单位面积上所产生的内力叫应力。按其作用性质的不同，应力又分为压应力、拉应力、切应力等几种。应力的单位是 MPa。

（2）强度：金属材料抵抗永久变形和断裂的能力称为强度。根据外力性质的不同，强度又分为抗压强度、抗拉强度、抗剪强度、抗扭强度等几种。金属材料的强度是衡量材料性能的一个重要指标。

（3）疲劳强度：金属材料在受重复或交变应力作用下，循环一定周次后断裂时所能承受的最大应力叫疲劳强度。金属材料的疲劳强度往往比单方面受力的强度要低得多。

（4）硬度：金属材料抵抗局部变形，特别是塑性变形、压痕或划痕的能力称为硬度。它是衡量金属软硬的判据。常用的有洛氏硬度（HRC）、布氏硬度（HBS）、肖氏硬度（HS）等。硬度与强度一般成正比关系，即材料的硬度愈大，强度也愈高。

（5）韧性：金属材料在断裂前吸收变形能量的能力称为韧性。金属的韧性通常随加载速度提高、温度降低、应力集中程度加剧而减小。根据测定时温度的不同，韧性又分为低温韧性和高温韧性。

（6）冷脆性：金属材料的韧性随温度下降而降低的性质称为冷脆性。

（7）弹性：金属材料在外力作用下改变其形状和尺寸，当外力卸除后物体又回复到其原始形状和尺寸的性能称为弹性。

（8）塑性：金属材料断裂前发生不可逆永久变形的能力称为塑性。

4. 金属材料的工艺性能有哪些？

答：（1）可铸性：它是金属易于铸造的性能。可铸性的好坏，主要取决于其流动性和收缩性。流动性大、收缩性小的金属，可铸造性好；反之，则不好。

（2）可锻性：它是金属受锻打改变自己的形状而不产生缺陷的性能。一般钢的可锻性较好，而铸铁几乎没有可锻性。

（3）可切削性：它是金属接受切削加工的性能。金属的可切削性主要取决于硬度。钢的硬度在 HB160～200 以内可切削性最好。各种铸铁（白口铸铁除外）均具有很好的可切削性。

（4）可焊性：它指金属焊接后抵抗脆裂倾向的能力。影响可焊性的因素很多，但主要和焊接件金属、焊条金属、操作方法、焊接速度及不同的焊接规范等因素有关。

5. 什么叫渗碳？其目的是什么？它适用于哪些零件？

答：为了增加钢件表层的含碳量，将钢件在渗碳介质中加热并保温使碳原子渗入表层的化学热处理工艺叫渗碳。渗碳的目的是为了增加钢件的耐磨性、表面硬度、抗拉强度和疲劳强度。渗碳适用于低碳、中碳（含碳量＜0.40％）结构钢的中小型零件和大型的重负荷、受冲击、耐磨的零件。

6. 工件的热处理变形是怎样产生的？它分为哪几种？

答：工件的热处理变形产生于外力的作用和内应力状态的变化。外力是指工件在热处理加热过程中的自重或其他外部载荷；内应力是指工件在热处理过程中，由于热胀冷缩和组织转变的不均匀性所引起的工件内部应力。无论是外力还是内应力，都会引起工件的变形。当应力超过材料的屈服点时，就会产生永久变形（即塑性变形）。热处理变形分为以下 3 种：

（1）体积变化：工件在加热和冷却时，要产生组织转变，由于不同组织有不同的质量体积，因此就产生了体积变化。

（2）形状变化：工件不同部位加热和冷却的速度不同、组织转变的不同时性和不均匀性都将导致工件形状和尺寸的改变。热处理的次数越多，回热和冷却的速度越快，工件的形状和尺寸变化就越大。

（3）翘曲变形：它是一种非对称的不规则的热处理变形。结构不对称、材料成分不均匀（如局部脱碳等）、淬火加热冷却不均都会产生翘曲变形。

7. 常用热处理方法的代号是什么？举例说明其表示方法。

答：常用热处理方法的代号及表示方法见表1-2。

表1-2　　　　　　常用热处理方法的代号及表示方法

代号	热处理方法	热处理代号表示方法举例
Th	退火	退火表示方法为：Th
Z	正火	正火表示方法为：Z
T	调质	调质至 HB220～250，表示方法为：T235
C	淬火	淬火后回火至 HRC45～50，表示方法为：C48
Y	油冷淬火	油冷淬火后回火至 HRC30～40，表示方法为：Y35
G	高频淬火	高频淬火回火至 HRC50～55，表示方法为：G52
T-G	调质高频淬火	调质后高频淬火回火至 HRC52～58，表示方法为：TG54
H	火焰淬火	火焰淬火后回火至 HRC52～58，表示方法为：H54
Q	氰化	氰化淬火后回火至 HRC56～62，表示方法为：Q59
D	氮化	氮化深度至 0.3mm，硬度大于 HV850，表示方法为：D 0.3～900
SC	渗碳淬火	渗碳层深度至 0.5mm，淬火后回火至 HRC56～62，表示方法为：S 0.5～C 59

代号	热处理方法	热处理代号表示方法举例
SC	渗碳高频淬火	渗碳层深度至 0.8mm，淬火后回火至 HRC56～62，表示方法为：S 0.8～G 59

8. 热处理的目的是什么？常用的热处理方法有哪些？

答：金属零件进行热处理的目的主要是以下几项：

（1）提高硬度、强度，增加韧性。

（2）提高零件表面的耐磨性和抗腐蚀性。

（3）改善金属材料的加工工艺性。

（4）消除加工过程中所产生的内应力。

常用的热处理方法有淬火、回火、退火、正火、调质、渗碳、氧化处理、时效处理等。

9. 什么是表面热处理？它分为哪两种？在什么情况下采用表面热处理？

答：表面热处理是仅对工件表层进行热处理以改变其组织和性能的工艺。它可使表层淬硬而心部仍保持材料的原有性能。表面热处理分为两种：一种是表面淬火；另一种是化学热处理（渗碳、渗氮、液体碳氮共渗等）。表面热处理后，为了消除内应力，经常要进行低温回火。

在机械设备中，往往有些零部件（如齿轮、曲轴、凸轮轴、销子等）要求表面与内部具有不同的性能，表面要求有较高的硬度与耐磨性，而其内部则具有一般的硬度和较高的塑性与韧性，在这种情况下通常采用表面热处理。

10. 什么是淬火？淬火的方法有哪些？

答：淬火是将钢件加热到 AC_3 或 AC_1 点以上某一温度，保持一定时间，然后以适当速度冷却获得马氏体或贝氏体组织的热处理工艺。

常用的淬火方法有单液淬火法、双介质淬火法、马氏体分级淬火法和贝氏体等温淬火法。

11. 淬火时应注意哪些事项？

答：淬火时应注意以下事项：

（1）必须保证淬火温度，当未达到要求时，要继续加热并保持一定时间，然后才能放入适当的冷却剂中。

（2）在保证钢件有足够硬度的前提下，淬火的温度越低越好，因为这样能得到较高的硬度和韧性。

（3）尺寸稍大的碳素钢件用水冷却，尺寸较小的用油冷却；温度在 550℃～600℃时，用水冷却，温度在 200℃～300℃时，用油冷却。

（4）钨钢制作的工具在水中冷却，细薄工具在油中冷却。

（5）长而薄的钢件（如锯片等），淬火时最好固定在铁板上，以减少变形。

12. 什么是回火？回火分为哪几种？其目的各是什么？

答：淬火虽能提高钢件的硬度和强度，但淬火时会产生内应力使钢变脆。因此，淬火后必须进行回火。回火就是将钢件淬硬后，再加热到 AC_1 点以下的某一温度，保温一定时间，然后冷却到室温的热处理工艺，以达到消除内应力、提高韧性的目的。根据加热温度的不同，回火一般分为以下 3 种：

（1）低温回火：加热温度为 150℃～250℃，目的是初步消除内应力，增加钢件的韧性。

（2）中温回火：加热温度为 350℃～450℃，目的是进一步消除内应力，提高钢件的韧性。

（3）高温回火：加热温度为 500℃～680℃，目的是全部消除内应力，使钢件具有很高的硬度、韧性和耐磨性。

13. 何谓退火？其目的是什么？退火的方法有哪几种？

答：将金属或合金加热到适当温度，保持一定时间，然后缓慢冷却（一般采用炉冷）的热处理工艺称为退火。

退火的目的是降低硬度，改善切削加工性能，增加塑性，改善力学性能。另外，退火还可以消除铸锻件的内应力和组织不均匀以及晶粒粗大等现象。

常用的退火方法有等温退火、完全退火、扩散退火和去应力退火等几种。

14. 何谓氧化处理？氧化处理的用途是什么？

答：将钢材或钢件在空气-水蒸气或化学药物中加热到适当温度，使其表面形成一种蓝色或黑色的氧化膜，以改善钢的耐腐蚀性和外观的热处理工艺称为氧化处理（又叫发蓝或发黑处理）。氧化处理常用于碳钢和合金钢件的表面处理，如各种武器、精密仪器等零件的装饰和防护处理。经过氧化处理的零件不仅外表美观、有光泽，而且具有抗腐蚀的能力。

15. 什么是时效处理？时效处理常用的方法有哪几种？

答：时效处理是为了消除铸件、锻件、焊接件以及热处理件的内应力，防止或减少其变形而采取的一种处理方法。时效处理常用的方法有以下两种：

（1）自然时效处理：它是零件经固熔热处理后在室温条件下进行的一种时效处理。

（2）人工时效处理：它是零件经固熔热处理后在室温以上的温度进行的一种时效处理。人工时效处理通常在炉内进行。

16. 初级钳工的装配作业包括哪些基本内容？

答：按照职业鉴定标准规定的内容，初级钳工的装配内容包括简单机械、设备部件的装配。例如机床用平口虎钳的装配、三爪卡盘的装配、车床尾座的装配等，具体包括键连接、螺纹连接、销连接以及密封件的装配等内容。

17. 钳工的机床操作主要包括哪些加工内容？

答：（1）钻孔、扩孔、锪孔和铰孔：这些加工是钳工对孔进行粗加工、半精加工和精加工的基本方法。需根据孔的精度要求、加工条件进行操作。钳工的钻、扩、锪是在钻床上进行的，铰孔可手工铰削，也可通过钻床进行机铰。除了熟练掌握钻、扩、锪、铰的操作基本技能，还必须熟悉钻、扩、锪、铰等的刀具切削性能，需要掌握钻床操作方法和一些工夹具的结构、性能和使用方法，并能合理选用切削用量，以保证钻、扩、锪、铰的加工质量。

（2）刨削和插削：指能使用刨床（主要是牛头刨床）和插床按图样要求对零件进行平面、直线通槽（如敞开式键槽）、特形沟槽（如 V 形槽、T 形槽等）、特形面等进行加工。其中包括机床的操作、刀具的刃磨和安装调整，工件的装夹和找正、加工步骤等操作技能。

18. 装配作业的安全作业规范包括哪些具体要求？

答：①上岗工作前应穿戴好装配适用的工作服及鞋帽，并检查所用设备及工具是否完好。

②零部件应有序摆放在规定位置上，并确保摆放整齐稳定。

③操作机械设备时，零部件要放在其规定的定位点上，并处于夹紧状态后方可启动设备。

④设备正在运行时，操作者必须思想集中，不应做与之无关的事。

⑤零部件要进行在线测量时，前一道工序必须等该测量工作结束后方可放行零部件。

⑥在翻转机体等部件时，操作者必须先检查连接装置是否与翻转机连接好，避免造成事故。

⑦装配线运行时，任何人不得随意踩踏运行控制开关。

⑧使用电动或风动扳手应遵守有关安全操作规程，不用时应立即切断电源或气源，并放回固定位置，不得随意乱放。

⑨在起吊工件时应注意吊具是否牢固，钩子是否钩住工件指定位置，检查是否钩好。

⑩下班时，将所用装配工具妥善放好，将工件整理摆好，切断有关电源、气源或油及水源，清理和清扫装配现场。

19. 使用刨床和插床加工时应遵守哪些安全规范？

答：（1）刨床安全操作规范：

①工件装夹要牢固，增加台虎钳夹固力可用接长套筒，不得用铁锤敲打扳手。

②刀杆不得伸出过长，刨刀要装牢。工作台上不得放置工具。

③调整牛头刨床滑枕行程要使刀具不接触工件，用手动或点动调试其行程，满足要求后，再扳紧行程调整螺母。滑枕前后不准站人。

④机床调整好后，随时将摇手柄取下。

⑤刨削过程中，头与手不得伸到刨床滑枕前检查，不得用棉纱擦拭工件和

机床转动部位。刨床滑枕不停稳，不得测量工件。

⑥装卸较大工件和夹具时，应注意安全吊装，防止滑落伤人。

⑦经常检查电源线蛇皮管及接地线，检查照明线路，使用安全电压。

（2）插床工安全技术操作规范：

①检查设备传动、电气部分的各操作手柄及防护装置等，保证良好，否则严禁运行。

②所使用的扳手与螺母尺寸必须相符，用力要适当，防止滑倒。

③装夹工件要选好基准面，压板和垫块要平稳可靠，压紧力应适当，保证工件在切削中不松动。

④工作台的直线（纵、横向）和圆周运动，不允许同时动作。

⑤禁止在运动中变换滑枕速度、行程和插头位置，滑枕调整好后必须锁紧。

⑥工作中操作者的头部不许伸入滑枕冲程范围内观察加工情况。

⑦工作台和机床导轨上不允许堆放杂物。

⑧测量工件，清理铁屑，必须停车进行。

⑨工作完毕后，垂直滑轨要用木头支住，防止自动滑下，各手柄放至"空位"。

⑩经常检查电源线蛇皮管及接地线，检查照明线路，使用安全电压。

20. 使用钻床应注意哪些安全事项？

答：①工作前对所用的钻头和工、夹具进行全面检查，确认无误并熟悉机床使用方法后方可进行钻孔操作。

②工件应使用夹具装夹，严禁用手抓握工件钻孔，工件装夹应注意限制工件钻孔加工中的转矩。

③使用钻床严禁戴手套操作，操作中应正确使用防护用品。

④使用自动进给时，应合理选择进给速度，正确调整行程限位挡块。手动进给时，一般应按照逐渐增压和逐渐减压的方法进行，以免用力过猛，造成事故。

⑤钻头绕有长切屑时，应停机清除，禁止用风吹和用手拉，应使用刷子或铁钩清除。

⑥不准在旋转的刀具下翻转、装夹或测量工件，手不准触摸旋转的刀具和主轴，严禁用棉纱、油布擦拭旋转的主轴。

⑦使用摇臂钻床时，横臂回转范围内不准有障碍物。工作前，横臂必须锁紧。横臂和工作台上下不准乱放物件。

⑧工作结束时，将横臂降低到最低位置，主轴箱靠近立柱，并应锁紧，切断电源。

⑨经常检查电源线蛇皮管及接地线，检查照明线路，使用安全电压。

⑩机床周围场地应及时清扫，工件堆放整齐，保持道路通畅。

21. 你知道使用砂轮机应注意的事项吗？

答：（1）注意检查设备的完好程度：

①砂轮机的防护罩和吸尘器必须完好有效。

②砂轮机应有专人负责日常检查、调换砂轮和加注润滑油，以保证正常运转和使用。

③在开动砂轮机前，应认真查看砂轮机与防护罩之间有无杂物，确认无问题时才能开动砂轮机。

④砂轮机因维修不良发生故障，或者砂轮轴晃动，砂轮安装不符合安全要求时，不准开动。

（2）注意检查砂轮及其安装质量：

①砂轮经使用磨损严重时，必须及时调换新砂轮，旧砂轮不准继续使用。

②更换新砂轮应由专人负责，并遵守磨工安全操作规程中砂轮调换的规定，新换砂轮必须经过严格选择，对有裂纹、有破损的砂轮，或者砂轮轴与砂轮孔配合不符合要求的不准使用。

③调换砂轮装螺钉时应均匀用力，不要旋得过紧或过松。安装砂轮时，要加垫、平衡，经过修正、平衡校验合格之后才能使用。

④新装的砂轮必须经过试运转 2~3min 后才能使用。砂轮不准沾水，要保持干燥，以防砂轮局部吸入水分后失去平衡发生事故。

（3）注意使用方法：

①砂轮机操作者应注意眼睛防护，戴上防护眼镜才能进行工作。

②磨工件和刀具时，不能用力过猛，不准撞击砂轮。在同一块砂轮上禁止两人同时使用，不准在砂轮的侧面上磨削工件。

③操作者应站在砂轮机的侧面，不准站在砂轮旋转平面内，以防砂轮崩裂时发生事故。

④磨刀具的专用砂轮，不准磨其他任何工件和材料。对细小的、大的和不能用手拿的工件，不准在砂轮机上磨削。特别是小工件要用专用夹具夹紧，以防工件轧入砂轮机内或轧在砂轮和托板或罩壳之间，将砂轮挤碎。

22. 什么是基本尺寸？什么是极限尺寸？什么是尺寸偏差？

答：基本尺寸是设计者根据使用要求通过计算和结构方面的考虑给定的尺寸。

极限尺寸是允许尺寸变化的两个界限值。其中较大的一个称为最大极限尺寸，较小的一个称为最小极限尺寸。

尺寸偏差是某一尺寸减其基本尺寸所得的代数差。其中，最大极限尺寸减其基本尺寸所得的代数差称为上偏差；最小极限尺寸减其基本尺寸称为下偏差。

23. 什么是公差？什么是形状公差？形状公差其作用是什么？

答：公差就是允许尺寸的变动量。公差等于最大极限尺寸与最小极限尺寸代数差的绝对值；也等于上偏差与下偏差代数差的绝对值（公差永远为正值）。

形状公差就是单一实际要素的形状所允许的变动量，它是对加工零件几何精度的一种要求。零件的任何素线（直线、曲线、圆线）或面（平面、曲面等），都有其本身的形状。形状公差就是用来控制要素的实际形状对其理论形状的偏离的。

24. 形状和位置公差各项目的符号是怎样的？

答：公差就是允许尺寸的变动量。公差等于最大极限尺寸与最小极限尺寸代数差的绝对值；也等于上偏差与下偏差代数差的绝对值（公差永远为正值）。

形状和公差各项目的符号见表1-3。

表1-3　　　　　　　　　　形状和公差各项目的符号表

公　　差		特征项目	符　　号	有无基准要求
形状	形状	直线度		无
		平面度		无
		圆　度		无
		圆柱度		无
形状或位置	轮廓	线轮廓度		有或无
		面轮廓度		有或无
位置	定向	平行度		有
		垂直度		有
		倾斜度		有
	定位	位置度		有或无
		同轴（同心）度		有
		对称度		有
	跳动	圆跳动		有
		全跳动		有

25. 什么是表面粗糙度？表面粗糙度的图形符号和表面粗糙度代号是怎样的？

答：表面粗糙度是指加工表面所具有的较小间距和微小峰谷的微观几何形

状的尺寸特征。工件加工表面的这些微观几何形状误差称为表面粗糙度。

（1）表面粗糙度的图形符号，见表 1-4。

表 1-4　　　　　　　　　　　　表面粗糙度的图形符号

符号类型		图形符号	意　义
基本图形符号		√	仅用于简化代号标注，没有补充说明时不能单独使用
扩展图形符号	要求去除材料的图形符号	▽	在基本图形符号上加一短横，表示指定表面是用去除材料的方法获得，如通过机械加工获得的表面
	不去除材料的图形符号	◯√	在基本图形符号上加一个圆圈，表示指定表面是用不去除材料的方法获得
完整图形符号	允许任何工艺	√⎯	当要求标注表面粗糙度特征的补充信息时，应在图形的长边上加一横线
	去除材料	▽⎯	
	不去除材料	◯√⎯	
工件轮廓各表面的图形符号		◯▽⎯	当在图样某个视图上构成封闭轮廓的各表面有相同的表面粗糙度要求时，应在完整图形符号上加一圆圈，标注在图样中工件的封闭轮廓线上。如果标注会引起歧义时，各表面应分别标注

注：标准 GB/T131—2006 代替 GB/T131—1993《机械制图　表面粗糙度符号、代号及其注法》。

（2）表面粗糙度代号。在表面粗糙度符号的规定位置上，注出表面粗糙度数值及相关的规定项目后就形成了表面粗糙度代号。表面粗糙度数值及其相关的规定在符号中注写的规定如图 1-3。其标注方法说明如下：

①位置 a 注写表面粗糙度的单一要求。标注表面粗糙度参数代号、极限值和取样长度。为了避免误解，在参数代号和极

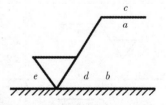

图 1-3　表面粗糙度标注方法

限值间应插入空格。取样长度后应有一斜线"/"，之后是表面粗糙度参数符号，最后是数值，如：-0.8/Rz6.3。

②位置 a 和 b 注写两个或多个表面粗糙度要求。在位置 a 注写一个表面粗糙度要求，方法同①。在位置 b 注写第二个表面粗糙度要求。如果要注写第三个或更多个表面粗糙度要求，图形符号应在垂直方向扩大，以空出足够的空间。扩大图形符号时，a 和 b 的位置随之上移。

③位置 c 注写加工方法。注写加工方法、表面处理、涂层或其他加工工艺要求等。如车、磨、镀等加工表面。

④位置 d 注写表面纹理和方向。注写所要求的表面纹理和纹理的方向，如 "="、"×"、"M"。

⑤位置 e 注写加工余量。注写所要求的加工余量，以毫米为单位给出数值。

26. 怎样评定表面粗糙度参数的标注？

答：表面粗糙度评定参数必须注出参数代号和相应数值，数值的单位均为微米（μm），数值的判断规则有两种：

①16％规则：是所有表面粗糙度要求默认规则。

②最大规则：应用于表面粗糙度要求时，则参数代号中应加上"max"。

当图样上标注参数的最大值（max）或（和）最小值（min）时，表示参数中所有的实测值均不得超过规定值。当图样上采用参数的上限值（用 U 表示）（或、和）下限值（用 L 表示）时（表中未标注 max 或 min 的），表示参数的实测值中允许少于总数的 16％的实测值超过规定值。具体标注示例及意义见表 1-5。

表 1-5　　　　　　　　表面粗糙度代号的标注示例及意义

符　　号	含　义 /解　释
$Rz\ 0.4$	表示不允许去除材料，单向上限值，粗糙度的最大高度 $0.4\,\mu m$，评定长度为 5 个取样长度（默认），"16％规则"（默认）
$Rzmax\ 0.2$	表示去除材料，单向上限值，粗糙度最大高度的最大值 $0.2\,\mu m$，评定长度为 5 个取样长度（默认），"最大规则"（默认）
$-0.8/Ra\ 3.2$	表示去除材料，单向上限值，取样长度 $0.8\,\mu m$，算术平均偏差 $3.2\,\mu m$，评定长度包含 3 个取样长度，"16％规则"（默认）

续表

符 号	含 义 /解 释
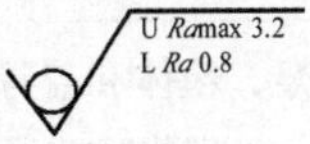 $\sqrt{}$ U Ramax 3.2 L Ra 0.8	表示不允许去除材料，双向极限值，上限值：算术平均偏差 $3.2\,\mu m$，评定长度为 5 个取样长度（默认），"最大规则"，下限值：算术平均偏差 $0.8\,\mu m$，评定长度为 5 个取样长度（默认），"16％规则"（默认）
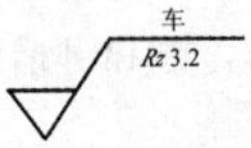 车 $\sqrt{}$ Rz 3.2	零件的加工表面的粗糙度要求由指定的加工方法获得时，用文字标注在符号上边的横线上
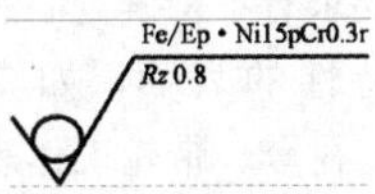 Fe/Ep·Ni15pCr0.3r $\sqrt{}$ Rz 0.8	在符号的横线上面可注写镀（涂）覆或其他表面处理要求。镀覆后达到的参数值这些要求也可在图样的技术要求中说明
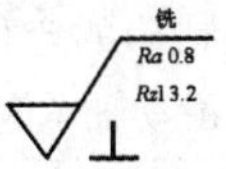 铣 $\sqrt{}$ Ra 0.8 Ra1 3.2 ⊥	需要控制表面加工纹理方向时，可在完整符号的右下角加注加工纹理方向符号
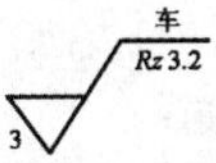 车 $\sqrt{}$ Rz 3.2 3	在同一图样中，有多道加工工序的表面可标注加工余量时，加工余量标注在完整符号的左下方，单位为 mm（左图为 3mm 加工余量）

注：评定长度的（ln）的标注。若所标注的参数代号没有"max"，表明采用的有关标准中默认的评定长度；若不存在默认的评定长度时，参数代号中应标注取样长度的个数，如 $Ra3$，$Rz3$，$RSm3$……（要求评定长度为 3 个取样长度）。

27. 各级表面粗糙度的表面特征、经济加工方法及应用举例如何？

答：各级表面粗糙度的表面特征、经济加工方法及应用举例见表 1-6。

表 1-6　　各级表面粗糙度的表面特征、经济加工方法及应用举例

表面粗糙度		表面外观情况	获得方法举例	应用举例
级别	名称			
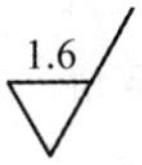 1.6 $\sqrt{}$	光面	可辨加工痕迹方向	金刚石车刀精车、精铰、拉刀加工、精磨、珩磨、研磨、抛光	要求保证定心及配合特性的表面，如轴承配合表面、锥孔等
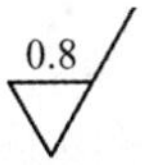 0.8 $\sqrt{}$		微辨加工痕迹方向		要求能长期保持规定的配合特性，如标准公差为 IT6、IT7 的轴和孔
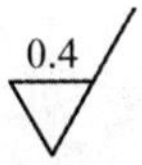 0.4 $\sqrt{}$		不可辨加工痕迹方向		主轴的定位锥孔，$d<20mm$ 淬火的精确轴的配合表面

15

续表

表面粗糙度		表面外观情况	获得方法举例	应 用 举 例
级别	名称			
12.5 ▽	半光面	可见加工痕迹	精车、精刨、精铣、刮研和粗磨	支架、箱体和盖等非配合面，一般螺纹支承面
6.3 ▽		微见加工痕迹		箱、盖、套筒要求紧贴的表面，键和键槽的工作表面
3.2 ▽		看不见加工痕迹		要求有不精确定心及配合特性的表面，如支架孔、衬套、带轮工作表面
0.2 ▽	最光面	暗光泽面	超精磨、研磨抛光、镜面磨	保证精确的定位锥面、高精度滑动轴承表面
0.1 ▽		亮光泽面		精密机床主轴颈、工作量规、测量表面、高精度轴承滚道
0.05 ▽		镜状光泽面		精密仪器和附件的摩擦面、用光学观察的精密刻度尺
0.025 ▽		雾状镜面		坐标镗床的主轴颈、仪器的测量表面
0.012 ▽		镜面		量块的测量面、坐标镗床的镜面轴
100 ▽	粗面	明显可见刀痕	毛坯经过粗车、粗刨、粗铣等加工方法所获得的表面	一般的钻孔、倒角、没有要求的自由表面
50 ▽		可见刀痕		
25 ▽		微见刀痕		

28. 试说明基孔制与基轴制优先配合的选用。

答：优先配合选用说明见表 1-7。

16

表 1-7 优先配合选用说明

优先配合		说　　明
基孔制	基轴制	
$\dfrac{H11}{c11}$	$\dfrac{C11}{h11}$	间隙非常大，用于很松的、转动很慢的动配合，要求大公差与大间隙的外露组件，要求装配方便的很松的配合
$\dfrac{H9}{d9}$	$\dfrac{D9}{h9}$	间隙很大的自由转动配合，用于精度为非主要要求时，或有大的温度变动、高转速或大的轴颈压力时
$\dfrac{H8}{f7}$	$\dfrac{F8}{h7}$	间隙不大的转动配合，用于中等转速与中等轴颈压力的精确转动；也用于装配较易的中等定位配合
$\dfrac{H7}{g6}$	$\dfrac{G7}{h6}$	间隙很小的滑动配合，用于不希望自由转动但可自由移动和滑动并精密定位时，也可用于要求明确的定位配合
$\dfrac{H7}{h6}\ \dfrac{H8}{h7}$ $\dfrac{H9}{h9}\ \dfrac{H11}{h11}$	$\dfrac{H7}{h6}\ \dfrac{H8}{h7}$ $\dfrac{H9}{h9}\ \dfrac{H11}{h11}$	均为间隙定位配合，零件可自由装拆，而工作时一般相对静止不动。在最大实体条件下的间隙为零，在最小实体条件下的间隙由公差等级决定
$\dfrac{H7}{k6}$	$\dfrac{K7}{h6}$	过渡配合，用于精密定位
$\dfrac{H7}{n6}$	$\dfrac{N7}{n6}$	过渡配合，允许有较大过盈的更精密定位
$\dfrac{H7}{p6}$	$\dfrac{P7}{h6}$	过盈定位配合，即小过盈配合，用于定位精度特别重要时，能以最好的定位精度达到部件的刚性及对中的性能要求，而对内孔承受压力无特殊要求，不依靠配合的紧固性传递摩擦负荷
$\dfrac{H7}{s6}$	$\dfrac{S7}{h6}$	中等压入配合，适用于一般钢件，或用于薄壁件的冷缩配合，用于铸铁件可得到最紧的配合
$\dfrac{H7}{u6}$	$\dfrac{U7}{h6}$	压入配合，适用于可以受高压力的零件或不宜承受大压入力的冷缩配合

第二章　钳工常用工、量具和设备

1. 你了解钳工所使用的钳桌吗?

答: 钳桌用来安装台虎钳、放置工具和工件等,如图 2-1 (a) 所示。其高度 800~900mm,使装上台虎钳后,操作者工作时的高度比较合适,一般多以钳口高度恰好与肘齐平为宜,如图 2-1 (b) 所示。钳桌的长度和宽度则随工作需要而定。

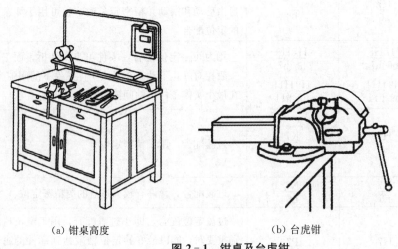

(a) 钳桌高度　　　　　　　　　　(b) 台虎钳

图 2-1　钳桌及台虎钳

2. 你知道钳工台虎钳的结构和工作原理吗?

答: 台虎钳是用来夹持工件的通用夹具(图 2-2),有固定式和回转式两种类型。如图 2-2 (b) 所示为回转式台虎钳,由于使用较方便,故广泛采用,其结构和工作原理如下:

台虎钳的主体部分用铸铁制造,它由固定钳身 5 和活动钳身 2 组成。活动钳身通过方形导轨与固定钳身的方孔导轨配合,可作前后滑动。丝杆 1 装在活动钳身上,可以旋转,但不能做轴向移动,并与安装在固定钳身内的螺母 6 配合。当摇动手柄 13 使丝杆旋转,便可带动活动钳身相对于固定钳身作进退移动,起夹紧或放松工件的作用。弹簧 12 靠挡圈 11 和销 10 固定在丝杆上,其作用是当放松丝杆时,能使活动钳身及时退出。在固定钳身和活动钳身上,各

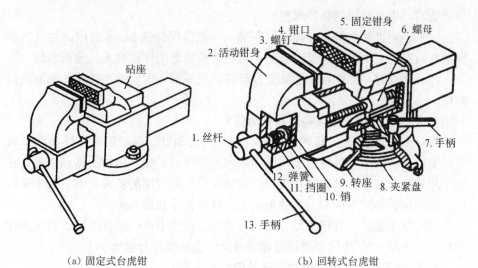

（a）固定式台虎钳 （b）回转式台虎钳

图 2-2 台虎钳的结构

装有钢质钳口 4，并用螺钉 3 固定，钳口工作面上制有交叉的网纹，使工件夹紧后不易产生滑动，且钳口经过热处理淬硬，具有较好的耐磨性。当夹持工件的精加工表面时，为了避免夹伤工件表面，可用护口片（用纯铜片或铝片制成）盖在钢钳口上，再夹紧工件。固定钳身装在转座 9 上，并能绕转座轴心线转动，当转到所需位置时，扳动手柄 7 使夹紧螺钉旋紧，便可在夹紧盘 8 的作用下把固定钳身紧固。转座上有 3 个螺栓孔，用以通过螺栓与钳桌台固定。

台虎钳的规格以钳口的宽度表示，有 100mm、125mm、150mm 等。台虎钳安装在钳桌台时，必须使固定钳身的钳桌口处于钳台边缘以外，以保证垂直夹持长条形工件。

3. 你了解钳工所使用的砂轮机吗？

答：砂轮机用来刃磨錾子、钻头和刮刀等刀具或其他工具，也可用来磨去工件或材料上的毛刺、锐边、氧化皮等。砂轮机主要由砂轮、电动机和机体组成，如图 2-3 所示。

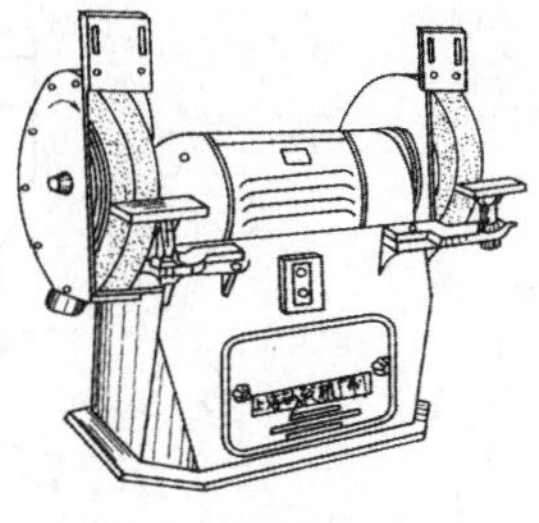

砂轮的质地硬而脆，工作时转速较高，因此使用砂轮机时应遵守安全操作规程，严防发生砂轮碎裂造成人身事故。工作时应注意以下几点：

图 2-3 砂轮机

（1）砂轮的旋转方向应正确（按砂轮罩壳上箭头所示），使磨屑向下方飞离砂轮。

（2）启动后，应等砂轮转速达到正常后再进行磨削。

（3）磨削时要防止刀具或工件撞击砂轮或施加过大的压力。当砂轮外圆跳

19

动严重时，应及时用修整器修整。

（4）砂轮机的搁架与砂轮间的距离，一般应保持在 3mm 以内，并且当砂轮磨损后直径变小时，应及时调整，否则容易使磨削件被轧入，造成事故。

（5）磨削时，操作者不要站立在砂轮的正对面，而应站在砂轮的侧面或斜对面。

4. 钳工常用的工量具和刃具有哪些？

答：（1）常用的工具和刃具：有划线用的划针、盘、划规、样冲和平板等；錾削用的锤子和各种錾子；锉削用的各种锉刀；锯削用的手锯和锯条；孔加工用的麻花钻，各种锪钻和铰刀；攻螺纹和套螺纹用的各种丝锥、板牙和铰杠；刮削用的各种平面刮刀和曲面刮刀；各种扳手和旋具等。

（2）常用量具：有钢直尺、刀口形直尺、内外卡钳、游标卡尺、高度游标卡尺、千分尺、90°角尺、游标万能角度尺、塞尺和百分表等。

5. 你知道游标卡尺的读数原理及使用方法吗？

答：游标卡尺（图 2-4）是一种测量精度较高的量具，用于测量工件的外径和内径尺寸（图 2-5）。带深度尺的三用游标卡尺还可测量深度或高度尺寸，如图 2-6 所示。

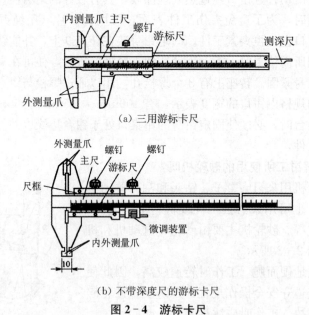

（a）三用游标卡尺

（b）不带深度尺的游标卡尺

图 2-4　游标卡尺

（1）游标类量具的读数原理：游标卡尺上的刻度值就是它的测量精度。游标卡尺常用刻度值有 0.02mm、0.05mm 等。游标卡尺上各种刻度值的读数原理都相同，只是刻度精度有所区别。

20

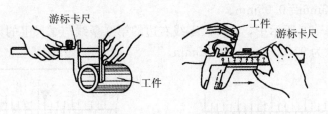

（a）测量外径　　　　　（b）测量内径

图 2‑5　游标卡尺测量工件

①精度为 0.02mm 的刻度原理和读法。游标卡尺精度为 0.02mm 的刻度情况如图 2‑7 所示。主尺上每小格 1mm，每大格 10mm；两卡爪合拢时，主尺上 49mm，刚好等于游标卡尺上的 50 格。因而，游标尺上每格等于 49mm÷50＝0.98mm。主尺与游标尺每格相差为 1mm－0.98mm＝0.02mm。

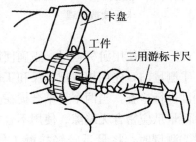

图 2‑6　三用游标卡尺测量工件

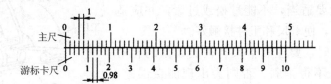

图 2‑7　精度为 0.02mm 游标卡尺计数原理

读数值时，先读出游标尺上的零线左边主尺上的整数，再看游标尺右边哪一条刻线与主尺上的刻线对齐了，即得出小数部分；将主尺上的整数与游标尺上的小数加在一起，就得到被测尺寸的数值。如图 2‑8 所示精度为 0.02mm 游标卡尺上的读数为 123.42mm。

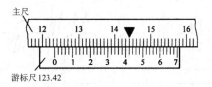

图 2‑8　游标卡尺上的读数（精度为 0.02mm）

②精度为 0.05mm 的刻度原理和读法。精度为 0.05mm 的游标卡尺，当两卡爪合拢时，主尺上的 19mm 等于游标尺上的 20 格（如图 2‑9 所示），因而，游标尺上每格等于 19mm÷20mm＝0.95mm，主尺与游标尺每格相差为

21

1mm－0.95mm＝0.05mm。

如图 2－10 所示中，游标尺零线右边的第 9 条线与主尺上的刻线对齐了，这时的读数为 9×0.05mm＝0.45mm。

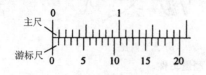

图 2－9　精度为 0.05mm 游标
卡尺读数原理

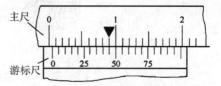

图 2－10　游标卡尺上的读数
（精度为 0.05mm）

（2）正确使用游标卡尺：正确使用游标卡尺要做到以下几点：

①测量前，先用棉纱把卡尺和工件上被测量部位都擦干净，然后对量爪的准确度进行检查：当两个量爪合拢在一起时，主尺和游标尺上的两个零线应对正，两量爪应密合无缝隙。使用不合格的卡尺测量工件，会出现测量误差。

②测量时，将量爪轻轻接触工件表面（如图 2－11 所示），手推力不要过大，量爪和工件的接触力量要适当，不能过松或过紧，并应适当摆动卡尺，使卡尺和工件接触好。

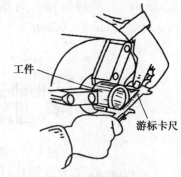

图 2－11　正确使用游标卡尺

③测量时，要注意卡尺与被测表面的相对位置，量爪不得歪斜，否则会出现测量误差。在如图 2－12 所示中，图（a）是量爪的正确测量位置；图（b）是不正确测量位置。测量带孔工件时，应找出它的最大尺寸；测轴件或块形工件时，应找出它的最小尺寸。要把卡尺的位置放正确，然后再读尺寸，或者测量后量爪不动，将游标卡尺上的螺钉拧紧，卡尺从工件上拿下来后再读测量尺寸。

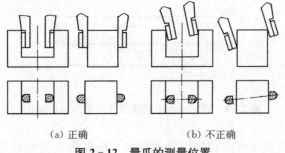

（a）正确　　　　　　　　　（b）不正确

图 2－12　量爪的测量位置

④为了得出准确的测量结果，在同一个工件上应进行多次测量。

⑤看卡尺上的读数时，眼睛位置要正，偏视往往会出现读数误差。

6. 你知道千分尺的读数及使用方法吗？

答：千分尺精度可达到0.01mm。千分尺主要包括外径千分尺、内径千分尺等。外径千分尺（图2-13）用于测量精密工件的外径、长度和厚度尺寸（图2-14）；内径千分尺用于测量精密工件的内径（图2-15）和沟槽宽度尺寸。

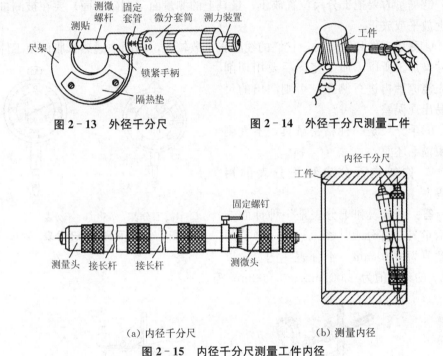

图2-13 外径千分尺   图2-14 外径千分尺测量工件

（a）内径千分尺   （b）测量内径
图2-15 内径千分尺测量工件内径

（1）千分尺读数方法：读数时，先找出固定套管上露出的刻线数，然后在微分套筒的锥面上找到与固定套管上中线对正的那一条刻线，最后将两数值加在一起，即是被测量工件的尺寸。如图2-16（a）中所示总尺寸为9.35mm；图2-16（b）中所示总尺寸为14.68mm。

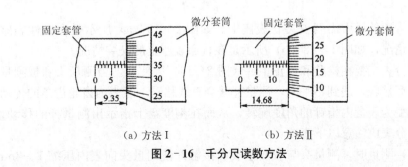

（a）方法Ⅰ   （b）方法Ⅱ
图2-16 千分尺读数方法

23

（2）千分尺使用方法和应注意事项如下：

①测量前先将千分尺擦干净，然后使测砧和测微螺杆的测量面（测砧端面）接触在一起，检查它们是否对正零位，如果不能对正零位，其差数就是量具的本身误差。

②测量时，转动测力装置和微分套筒，当测微螺杆和被测量面轻轻接触而内部发出棘轮"吱吱"响声为止，这时就可读出测量尺寸。

③测量时要把千分尺位置放正，量具上的测量面（测砧端面）要在被测量面上放平或放正。

④测量铜件和铝件时，它们的线膨胀系数较大，切削中遇热膨胀而使工件尺寸增加。所以，加工完毕后要用切削液先浇凉后再进行测量，否则测出的尺寸易出现误差。

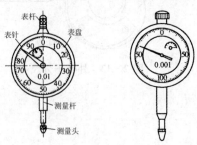

⑤千分尺是一种精密量具，不宜测量粗糙毛坯面。

7. 你知道百分表和千分表的用途吗？

答：百分表和千分表是一种钟面式指示量具。百分表［图2-17（a）］的刻度值为0.01mm，千分表［图2-17（b）］的刻度值为0.001mm、0.002mm等。

（a）百分表　　（b）千分表

图2-17　百分表和千分表

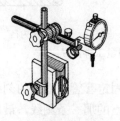

（a）安装在磁性表座上

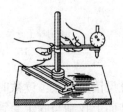

（b）安装在普通表座上

图2-18　百分表的安装示意

百分表使用中需要安装在表座上。如图2-18（a）所示是在磁性表座上的安装情况，如图1-18（b）所示是在普通表座上的安装情况。

百分表主要在检验和校正工件（图2-19）中使用。当测量头和被测量工件的表面接触，遇到不平时，测量杆就会直线移动，经表内齿轮齿条的传动和放大，变为表盘内指针的角度旋转，从而在刻度盘上指示出测量杆的移动量。使用百分表应注意以下事项：

（1）测量时，测量头与被测量表面接触并使测量头向表内压缩1～2mm，然后转动表盘，使指针对正零线，再将表杆上下提几次（图2-20），待表针稳定后再进行测量。

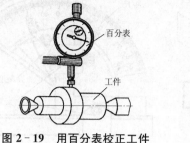

图2-19　用百分表校正工件

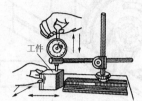

图2-20　百分表的使用

（2）百分表和千分表都是精密量具，严禁在粗糙表面上进行测量。

（3）测量时测量头和被测量表面的接触尽量呈垂直位置（图2-21），这样能减少误差，保证测量准确。

（4）测量杆上不要加油，油液进入表内会形成污垢，从而影响表的灵敏度。

（5）要轻拿稳放、尽量减少振动，要防止其他物体撞击测量杆。

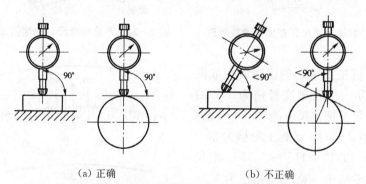

（a）正确　　　　　　　　　（b）不正确

图2-21　百分表测量头与工件接触位置示意

8. 你知道万能角度尺的读数原理及使用方法吗?

答： 万能角度尺有两种形式，如图2-22（a）所示是圆形万能角度尺，如图2-22（b）所示是扇形万能角度尺，它们的分度值精度有2′和5′两种，其读法与游标卡尺相似。

（1）万能角度尺读数原理：如图2-23所示是分度值精度为2′的读数原理。主尺刻度每格为1°，游标上的刻度是把主尺上的29°（29格）分成30格，这时，游标上每格为29°/30＝60′×29/30＝58′。主尺上一格和游标上一格之间相差为1°－58′＝2′。

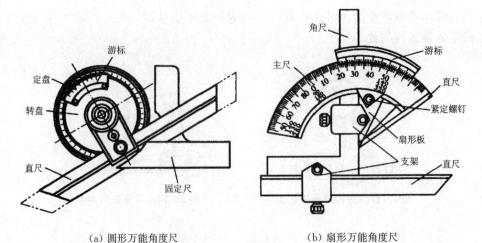

（a）圆形万能角度尺　　　　（b）扇形万能角度尺

图 2‑22　万能角度尺的类型

图 2‑23　万能角度尺 2′刻度值读数原理

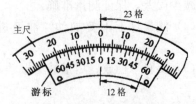

图 2‑24　万能角度尺 5′刻度值读数原理

分度值精度为 5′ 的读数原理如图 2‑24 所示。主尺刻度每格为 1°，游标上的刻度是把主尺上的 23°（23 格）分成 12 格，这时，游标上每格为 23°/12＝60′×23/12＝115′＝1°55′。主尺上两格与游标上一格之间相差为 2°−1°55′＝5′。

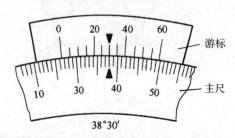

图 2‑25　5′分度值万能角度尺上读数

（2）万能角度尺基本使用方法：
圆形万能角度尺使用比较简单，它通过直尺和固定尺配合测量工件。扇形万能角度尺由主尺、角尺、直尺、扇形板等组成，它通过几个组件之间的相互位置变换和不同组合，对工件的角度进行测量。使用时，先从主尺上读出度（°）值，再从游标尺上读出分（′）值。如图 2‑25 所示为 5′分度值万能角度尺，主尺上为 16°，游标尺上为 30′，两者加在一起为 16°30′。

9. 你知道用平板测量工件的使用要求吗？

答：平板是平台检测技术中最主要的测量器具（图 2‑26）。在检测中，主要起定位基准面作用。一般由铸铁或岩石制成，精度等级分 0、1、2、3 级。

其中 0 级为最高，Ra0.20～0.40μm。其使用要求如下：

（1）平板的工作平面不得有锈迹、划痕、裂纹、凹陷、砂眼和碰伤等缺陷。

（2）平板的平面粗糙度（Ra）和刮研平板的接触点应符合平板检定规程的规定，如≤400mm×400mm 的平板的表面粗糙度 Ra：0 级为 0.20μm，1 级为 0.40μm，2 级为 0.80μm。

（3）平板工作表面的平面度应符合规定的标准，如 400mm×400mm 的平板，表面平面度公差：0 级≤7μm，1 级≤14μm。

10. 你知道塞尺的使用要求吗？

答：塞尺又叫厚薄规或间隙规（图 2-27），由一组薄钢片组成，主要用于测量零件配合间隙的大小。国产成套塞尺为 0.02～0.1mm，共 10 片，间隔 0.01mm，故测量精度为 0.01mm。从 0.02～0.1mm 共分成 5 组，前者为第一组，适于模具间隙的测量。其使用要求是：因为塞尺很薄，容易折断、生锈，使用时应细心，用完后涂油放好。使用时应由薄到厚逐级试塞。

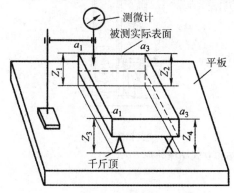

图 2-26 平板测量示意

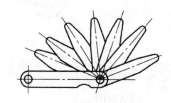

图 2-27 塞尺示意

11. 锉刀机的用途是什么？有何要求？

答：锉刀机（图 2-28）主要用于零件经插床或铣床加工的毛坯，最后代替手工锉削成形，省时省力。其使用要求如下：

（1）锉刀必须装夹紧固。

（2）合理选择行程：

合金工具钢 0～75 冲程/次；

工具钢 75～120 冲程/次；

结构钢 100～150 冲程/次；

铸铁 75～120 冲程/次。

（3）锉内尖角时，锉刀角度应小于工件角度；锉

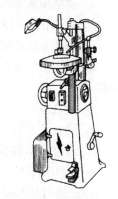

图 2-28 锉刀机外形

圆凹弧时，锉刀圆角半径小于工件半径。

（4）研磨时，接触压力不要太大，将研磨面贴紧研磨棒，行程速度应大于锉削的行程速度。

12. 钻床有什么用途与使用注意事项？

答：钻床是用来对工件进行孔加工的设备，有台式钻床、立式钻床、摇臂钻床及手电钻等。

（1）台钻和立式钻床［图 2 - 29 (a)、(b)］。台钻和立式钻床的主要用途及注意事项如下：

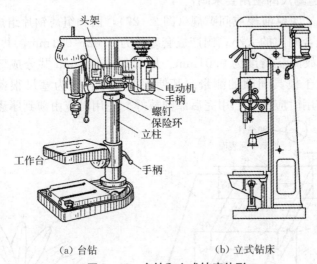

（a）台钻　　　　　　　　（b）立式钻床

图 2 - 29　台钻和立式钻床外形

①主要用途：

a. 台钻用来钻削直径在 12mm 以下的孔。

b. 立式钻床用来钻削各种尺寸直径的孔。

②使用注意事项：

a. 工作前根据机床的润滑系统图，了解和熟悉各注油孔的位置，加注润滑油。

b. 检查油标是否在油线以上。

c. 检查各手柄是否在指定位置，各部分夹紧机构是否正常。

d. 开空车运转检查各部位是否正常。

e. 工作完成后应清除切屑，擦净床身，然后注好润滑油，以防生锈。

（2）摇臂钻和手电钻［图 2 - 30 (a)、(b)］。摇臂钻和手电钻的主要用途及注意事项如下：

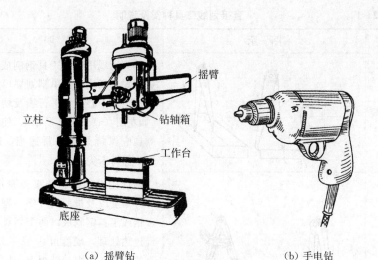

（a）摇臂钻　　　　　　　　（b）手电钻

图 2‒30　摇臂钻和手电钻外形

①主要用途：

a. 摇臂钻床用于钻削较大孔径的零件。

b. 手电钻用来钻削直径 12mm 以下的孔，常用在不便于使用钻床钻孔的场合，使用方便灵活。

②使用注意事项：

a. 工作前根据机床的润滑系统图，了解和熟悉各注油孔的位置，加注润滑油。

b. 检查油标是否在油线以上。

c. 检查各手柄是否在指定位置，各部分夹紧机构是否正常。

d. 开空车运转检查各部位是否正常。

e. 工作完成后应清除切屑，擦净床身，然后注好润滑油，以防生锈。

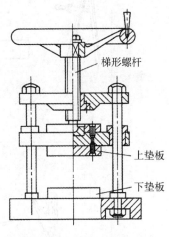

图 2‒31　压印机外形

13. 压印机的用途与使用注意事项如何？

答：压印机如图 2‒31 所示。

压印机主要用于钳工对零件压印锉修加工。其使用注意事项是：导向要准确，上、下平板要相互平行，压力要足够大。

14. 钳工常用直接划线工具有哪些？各有何用途？

答：钳工用直接划线工具种类及用途见表 2‒1。

表 2 - 1　　　　　　　直接划线工具种类及说明

种　类	图　示	说　明
单脚划规	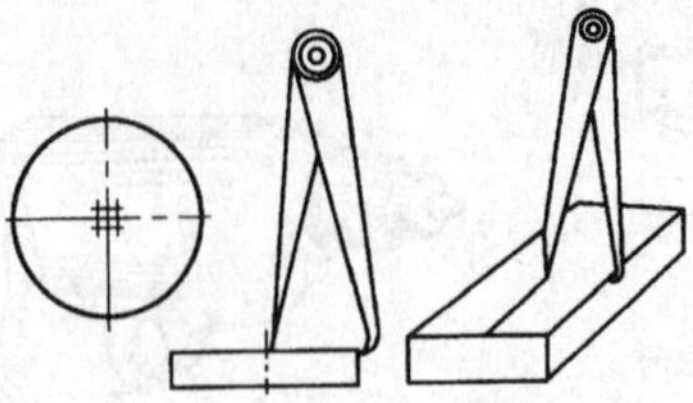	单脚划规用碳素工具钢制成，划线尖端焊上高速钢。单脚划规可用来求圆形工件中心、划平行线及划心圆弧［如左图（a）、（b）所示］，使用单脚划规应保持开合松紧适当，适当刃磨，保持卡尖尖锐
划规	 （a） 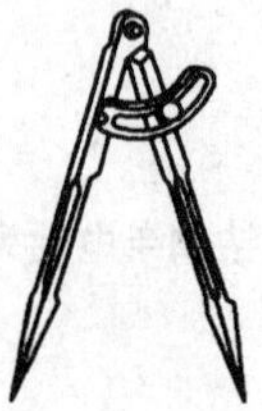　　　　　（b）  （c） 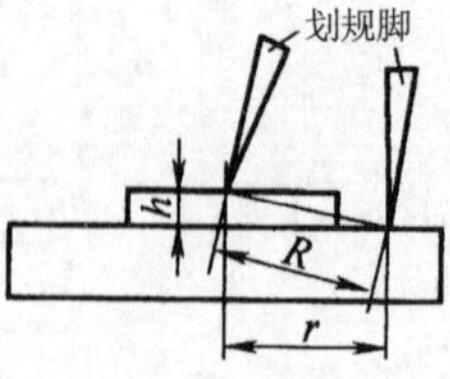　　　　　（d）	划规用来划圆和圆弧、等分线段、等分角度以及量取尺寸等。划规用中碳钢或工具钢制成，两个划规脚尖端经过热处理，硬度可达 48～53HRC。有的划规在两脚端部焊上一段硬质合金，使用时耐磨性更好 　常用划规有普通划规、扇形划规、弹簧划规［如左图（a）、（b）、（c）所示］3 种。用划规划圆，有时两尖脚不在同一平面上［如左图（d）所示］，即所划线中心高于（或低于）所划圆周平面，则两尖角的距离就不是所划圆的半径，此时应把划规两尖脚的距离调为 $$R = \sqrt{r^2 + h^2}$$ 式中：r——所划圆的半径（mm） 　　　h——划规两尖脚高低差的距离（mm）
划线盘		划线盘是用来在工件上划线或找正工件位置的常用工具。划针的直头一端（焊有高速钢或硬质合金）用来划线，而弯头一端常用来找正工件位置（如左图所示）。划线时划针应尽量处于水平位置，不要倾斜太大，划针伸出部分应尽量短些，并要牢固地夹紧。操作时划针应与被划线工件表面之间保持 40°～60° 的夹角（沿划线方向）

种 类	图 示	说 明
划针	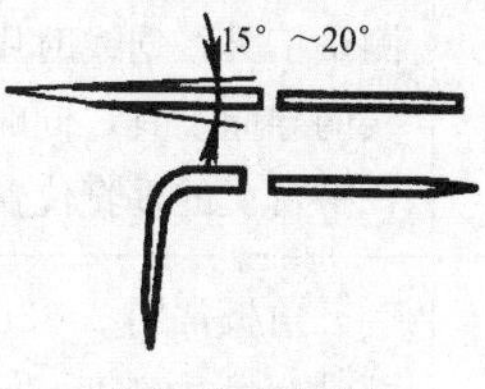 (a) 尖角划线 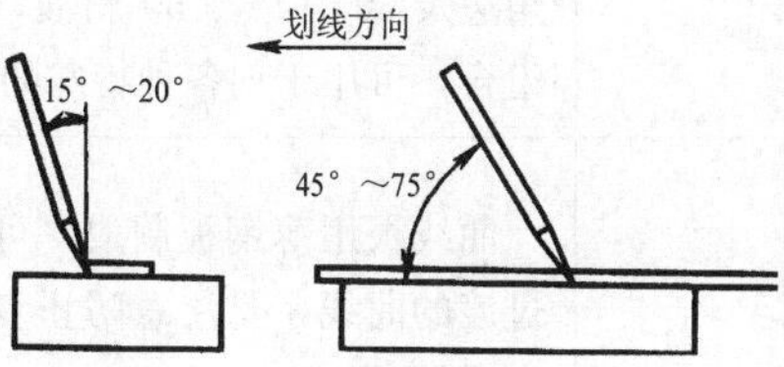 划线方向 15°～20°　45°～75° (b) 倾斜划线	划针是划线用的基本工具。常用的划针是用直径 $\phi 3\sim\phi 6mm$ 的弹簧钢丝或高速钢制成，尖端磨成 $15°\sim20°$ 的尖角［如左图（a）所示］，并经过热处理，硬度可达 $55\sim60HRC$。有的划针在尖端部位焊有硬质合金，使针尖能长期保持锋利。划线时针尖要靠紧导向工具的边缘，上部向外侧倾斜 $15°\sim20°$，向划线方向倾斜 $45°\sim75°$［如左图（b）所示］。划线要做到一次划成，不要重复地划同一根线条。力度要适当，才能使划出的线条既清晰又准确，否则线条变粗，反而模糊不清
专用划规	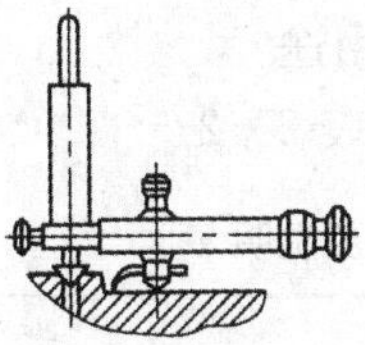	专用划规用碳素工具钢制成，可利用零件上的孔为圆心划同心圆或弧，也可以在阶梯面上划线或同心圆或弧（如左图所示）
游标划规	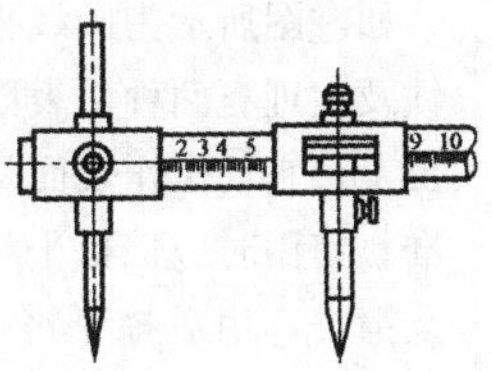	游标划规又称"地规"，用合金工具钢（尺身）、高速钢（划针）制成。游标划规带有游标刻度，游标划针可调整距离，另一划针可调整高低，适用于大尺寸划线和在阶梯面上划线（如左图所示）
游标高度尺	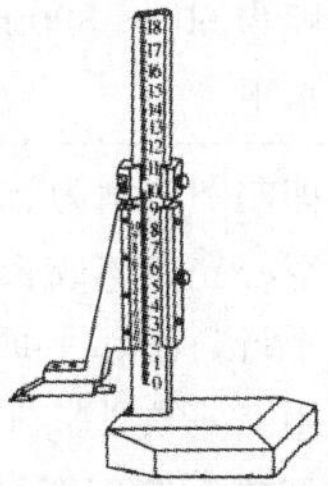	左图所示为游标高度尺，用合金工具钢（主、副尺）、硬质合金（刀片）、铸铁（底座）制成。这是一种划线与测量结合的精密工具，使用前将游标以平板为准校零，保护刀刃，不能碰撞，划线过程中使用刀刃一侧成 $45°$ 平衡接触工件，移动尺座划线
大尺寸划规		大尺寸划规是专门用来划大尺寸圆或圆弧的。在滑杆上调整两个划规脚，就可得到所需的尺寸（如左图所示）

种 类	图 示	说 明
90°角尺	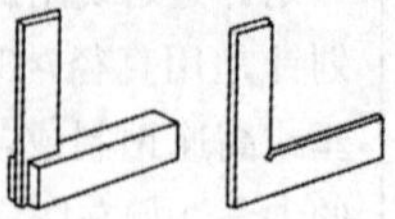	90°角尺如左图所示，是钳工常用的测量工具，划线时用来划垂直或平行线的导向工具，同时可用来校正工件在平台上的垂直位置
三角板	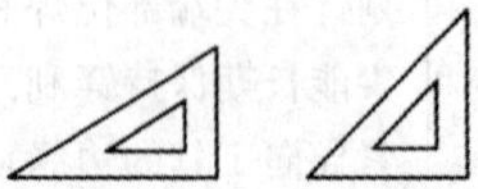	三角板常用 2～3mm 钢板制成，表面没有尺寸刻度，但有精确的两条直角边及 30°、45°、60°斜面，通过适当组合，可用于划各种特殊的角度线
曲线板		曲线板用薄钢板制成，可描划光滑过渡的曲线，要注意防止变形，保持光滑平整

15. 钳工常用支承工具有哪些？各有何用途？

答：钳工常用的支承工具种类及用途见表 2-2。

表 2-2 支承工具种类及说明

种 类	图 示	说 明
划线平板	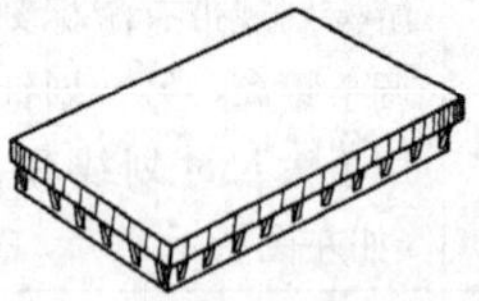	如左图所示为画线平板，其材料有铸铁及大理石两种，表面经过精刨或刮削加工，它的工作表面是划线及检测的基准。使用时应保持平板精度，严禁敲打及撞击，用后擦干净，涂油防腐防锈。中小平板一般旋转在木制的工作台上，高度为 600～800mm；平板定位后，要调水平
方箱	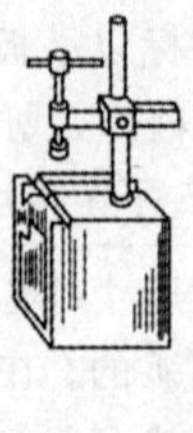	如左图所示为方箱，是用灰铸铁制成的空心立方体或长方体，其相对平面互相平行，相邻平面互相垂直。划线时，可用 C 形夹头将工件夹于方箱上，再通过翻转方箱，便可在一次安装情况下，将工件上互相垂直的线全部划出来。方箱上的 V 形槽平行于相应的平面，用于装夹圆柱形工件

种　类	图　示	说　明
V 形铁	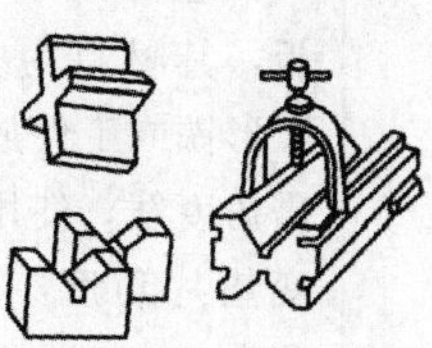	如左图所示为 V 形铁。一般 V 形铁都是一副两块，两块的平面与 V 形槽都是在一次安装中磨削加工的。V 形槽夹角为 90° 或 120°，用来支承轴类零件，带 U 形夹的 V 形铁可翻转 3 个方向，在工件上划出相互垂直的线
千斤顶	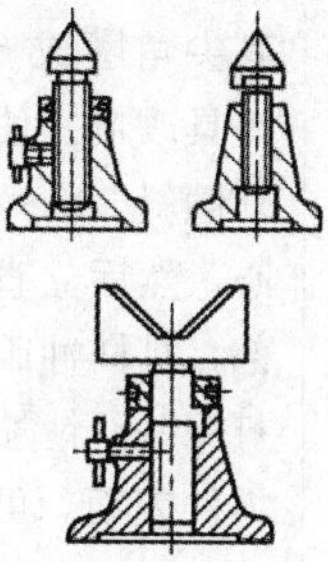	如左图所示为千斤顶，是用来支持毛坯或形状不规则的工件而进行立体划线的工具。它可调整工件的高度，以便安装不同形状的工件。用千斤顶支持工件时，一般要同时用 3 个千斤顶支承在工件的下部，3 个支承点离工件重心应尽量远一些。3 个支承点所组成的三角形面积应尽量大，在工件较重的一端放两个千斤顶，较轻的一端放一个千斤顶，这样比较稳定。带 V 形铁的千斤顶，用于支持工件的圆柱面
角铁	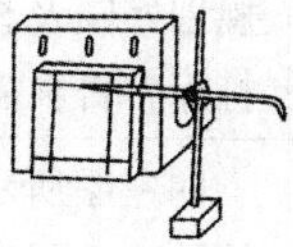	角铁（如左图所示）一般是用铸铁制成的，它有两个互相垂直的平面。角铁上的孔或槽用于搭压板时穿螺栓
直角弯板	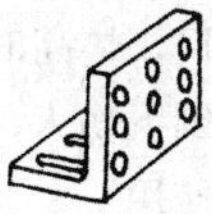	如左图所示为直角弯板，其材料为铸铁，应用在大型工件上划垂线或特型工件上划线，可借助 G 形夹头或压板螺栓，把工件夹紧
斜垫铁	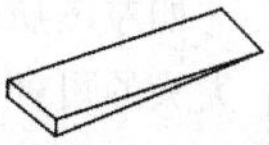	如左图所示为斜垫铁，用来支持和垫高毛坯工件，能对工件的高低作少量的调节

16. 钳工常用辅助工具有哪些？各有何用途？

答： 钳工常用的辅助工具种类及用途见表 2-3。

表 2-3　　　　　　　　　　辅助工具种类及说明

种　类	图　示	说　明
可调式角度垫板	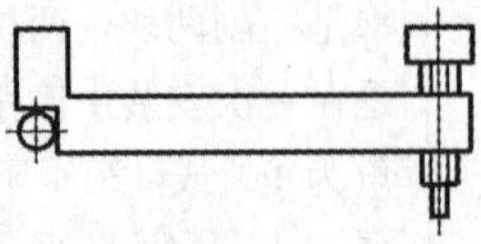	如左图所示为可调式角度垫板，其材料为中碳钢，把方箱、V 形铁或工件放置其上，划出所需角度线，使用时调整螺钉，改变垫片角度，其大小用角度尺测出
样冲	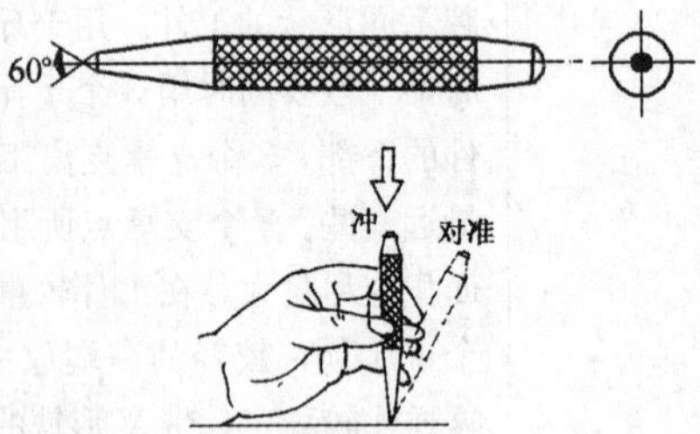	如左图所示为样冲，其材料用工具钢或报废刀具改制成，并经热处理，硬度可达 55～60HRC，其尖角磨成 60°，也可用报废的刀具改制。使用时，样冲尾部向外倾斜 30°～40°，让冲尖对准中心，然后立直样冲，轻轻锤击尾部，打样冲眼；毛坯件样冲眼可打深些，精加工并有特殊要求的零件表面，可以不打样冲眼；要钻孔的中心，先轻轻地打样冲眼，再按十字线观察，如果样冲眼正好在十字线的交点，可用圆规划好圆及校正圆，再将样冲眼打深；否则需仔细纠正
直角箱	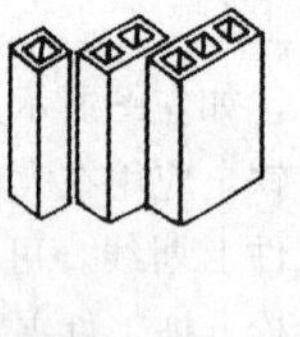	如左图所示为直角箱，材料为铸铁，主要应用在划大型工件的垂线，也可垫高划线盘或高度尺，垫高时注意安全，防止工具倒下伤人。还可以配合 G 形夹头使用
中心架	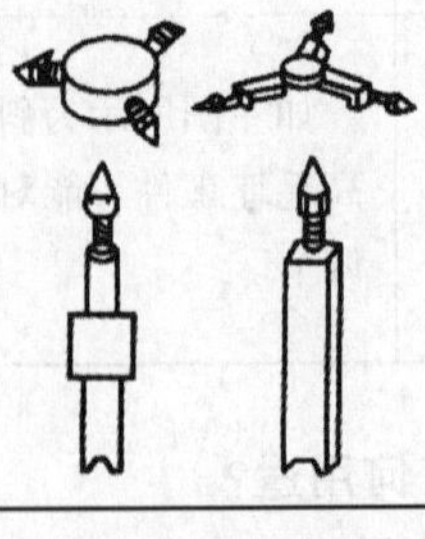	如左图所示为中心架。调整带尖头的可伸缩螺钉，可将中心架固定在工件的空心孔中，以便于划中心线时在其上定出孔的中心

34

种 类	图 示	说 明
工字形 平尺	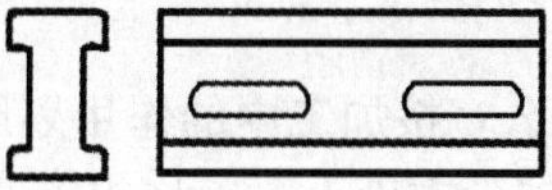	如左图所示为工字形平尺，其材料为球墨铸铁，配合直角箱，用在大型零件的立体划线中，使用时把方箱放在工件的两侧，工字形平尺放在方箱上；依据工件投影在平板上的坐标线，利用弯尺或铅垂线确定工字形平尺的位置；用大的 G 形夹头将工字形平尺固定在方箱上，使划线盘底面靠在平尺垂面上，进行横跨工件的划线

第三章 划 线

1. 什么是划线？划线的目的是什么？按加工中的作用划线可分为哪几种？

答：根据图样或实物的尺寸，在工件表面上（毛坯表面或已加工表面）划出零件的加工界线，这一操作称为划线。

划线的目的是为了指导加工以及通过划线及时发现毛坯的各种质量问题。通过划线确定零件加工面的理想位置，明确地表示出表面的加工余量，确定孔或内部结构的位置，可划出加工位置的找正线，使机械加工有所标志和依据。当毛坯件误差大时，可通过划线借料予以补救，对不能补救的毛坯件不再转入下面工序，以避免不必要的加工浪费。

按加工中的作用，划线可分为划加工线、证明线及找正线 3 种：

（1）按样要求，划在零件表面作为加工界线的线称为加工线。

（2）用来检查发现工件在加工后的各种差错，甚至在出现废品时作为分析原因的线称为证明线。一般证明线距离加工线根据零件的大小形状常取 5～10mm，但当证明线与其他线容易混淆时，也可省略不划。

（3）加工线外边划的线称为找正线，在零件加工前，装卡时用以找正用。找正线距加工线，根据零件的大小一般取 3～10mm，特殊情况下也有 10mm 以上的。

2. 常用划线涂料的品种及成分与配制方法是什么？

答：常用的划线涂料的品种及成分与配制方法见表 3-1。

表 3-1　　　　　常用的划线涂料的品种及成分与配制方法

工件状态	涂料品种	成分与配制方法	特　点
铸件、锻件毛坯	石灰浆	①石灰水、3%的乳胶 ②石灰、牛皮胶加水混合 ③石灰、食盐加水混合	具有良好的附着力
光滑坯面或加工件	蓝油 绿油 红油	甲紫加虫胶和酒精 孔雀绿加虫胶和酒精 品红加虫胶和酒精	干得快
	硫酸铜	水中加少量的硫酸铜及微量的硫酸溶液	能很快地形成一层铜膜，划出的线清晰
	紫色	青莲或普鲁士蓝加漆片、酒精	附着力强、干得快，线条清晰，并能用酒精擦掉

工件状态	涂料品种	成分与配制方法	特点
铝、铜等有色金属	甲紫（品紫）溶液	2％～3％的甲紫，3％～4％的漆片，93％～95％的酒精	干得快，线条清晰
磨削过的工件	硫酸铜（蓝矾）溶液	5％～6％的硫酸铜，94％～95％的稀酒精；或用8％的硫酸铜，92％的水	干得快，线条清晰
精加工工件	孔雀绿（品绿）溶液	3％～4％的孔雀绿，2％～3％的漆片，93％～95％的酒精	干得快，线条清晰

3. 什么叫划线基准？选择划线基准的原则有哪些？

答：在零件图上，划线时确定工件几何形状、尺寸位置的点、线、面就叫做划线基准。

（1）图纸尺寸：划线基准与设计基准一致。（2）加工情况：一是毛坯上只有一个表面是已加工面，以该面做基准；二是工件不是全部加工，以不加工面为基准；三是工件全是毛坯面，以较平整的大平面为基准。

（3）毛坯形状：一是圆柱形工件，以轴线做基准；二是有孔、凸起部或毂面时，以孔、凸起部或毂面做基准。

4. 平面划线基准有哪几种基本类型？举例说明。

答：划线时，应使划线基准与设计基准一致。选择划线基准时，应先分析图样，了解零件结构以及零件各部尺寸的标注关系。划线基准一般有以下3种类型：

（1）以两个相互垂直的平面（或直线）为基准：如图3-1所示，该零件在两个垂直的方向上都有尺寸要求。

（2）以一个平面（或直线）和一条中心线为基准：如图3-2所示，该零件高度方向的尺寸是以底面为依据，宽度方向的尺寸对称于中心线。此时底平面和中心线分别为该零件两个方向上的划线基准。

（3）以两条相互垂直的中心线为基准：如图3-3所示，该零件两个方向尺寸与其中心线具有对称性，并且其他尺寸也是从中心线开始标注。此时两条中心线分别为两个方向的划线基准。

由此可见，划线时在零件的每一个尺寸方向都需要选择一个基准。因此，平面划线一般要选择两个划线基准，立体划线要选择3个划线基准。

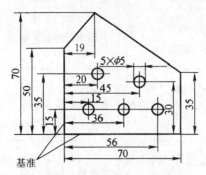

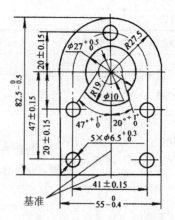

图 3-1　以两个相互垂直的平面为基准　　图 3-2　以一个平面和一条中心线为基准

5. 什么是找正？找正的目的是什么？

答：找正就是利用划线工具（如划规、划线盘、角尺等）使工件上有关的毛坯表面处于合适的位置。找正的目的如下：

（1）当毛坯没有不加工表面时，通过各加工表面自身位置找正后再划线，可使各加工表面的加工余量得到合理和均匀的分布。

（2）当毛坯有不加工表面时，通过找正后再划线，可使加工表面和不加工表面之间保持尺寸均匀。

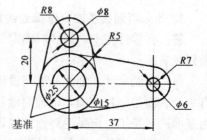

图 3-3　以两条相互垂直的中心线
　　　　为基准

（3）当工件有两个以上的不加工表面时，可选择其中面积较大、较重要的表面找正、划线后，使各主要不加工表面之间的尺寸达到合理分布。

6. 什么叫借料？

答：对有些铸件或锻件毛坯，按划线基准进行划线时，会出现零件毛坯某些部位的加工余量不够。如果通过调整和试划，将各部位的加工余量重新分配，以保证各部位的加工表面均有足够的加工余量，使有误差的毛坯得以补救，这种用划线来补救的方法称为借料。

7. 工件毛坯借料划线的步骤是怎样的？举例说明借料的方法步骤？

答：对毛坯零件借料划线的步骤如下：

（1）测量毛坯件的各部尺寸，划出偏移部位及偏移量。

（2）根据毛坯偏移量，对照各表面加工余量，分析此毛坯是否能够划线，如确定能够划线，则应确定借料的方向及尺寸，划出基准线。

（3）按图样要求，以基准线为依据，划出其余所有的线。

（4）复查各表面的加工余量是否合理，如发现还有表面的加工余量不够，则应继续借料重新划线，直至各表面都有合适的加工余量为止。

【例3-1】如图3-4所示为箱体借料划线示意图。该图（a）所示为某箱体铸件毛坯的实际尺寸，该图（b）所示为箱体图样标注的尺寸（已略去其他视图及与借料无关的尺寸）。

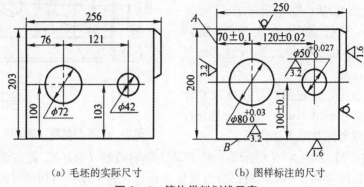

(a) 毛坯的实际尺寸　　　　(b) 图样标注的尺寸

图3-4　箱体借料划线示意

①不采用借料分析各加工平面的余量：首先应选择两个相互垂直的平面 A、B 为划线基准（考虑各面余量均为 3mm）。

a. 大孔的划线中心与毛坯孔中心相差 4.24mm，如图 3-5（a）所示。

b. 小孔的划线中心与毛坯孔中心相差 4mm，如图 3-5（a）所示。

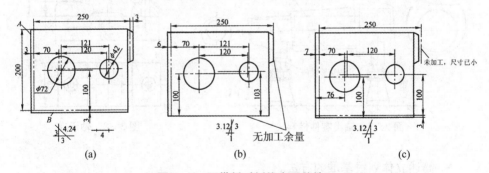

(a)　　　　　　　　(b)　　　　　　　　(c)

图3-5　不借料时划线出现的情况

c. 如果不借料，以大孔毛坯中心为基准来划线，如图 3-5（b）所示，则底面与右侧面均无加工余量，此时小孔的单边余量最小处不到 0.9mm，很可能镗不圆。

d. 如果不借料，以小孔毛坯中心为基准来划线，如图 3-5（c）所示，则右侧面不但没有加工余量，还比图样尺寸小了 1mm，这时大孔的单边余量最小处不到 0.9mm，很可能镗不圆。

②采用借料划线的尺寸分析：如图 3-6 所示。

a. 经借料后各平面加工余量分别为 4.5mm、2mm、1.5mm。

b. 将大孔中心往上借 2mm，往左借 1.5mm（孔的中心实际借偏约 2.5mm），大孔获得单边最小加工余量为 1.5mm。

c. 将小孔中心往下借 1mm，往左借 2.5mm（孔的中心实际借偏约 2.7mm），小孔获得单边最小加工余量为 1.3mm。

应当指出，通过借料，高度尺寸比图样要求尺寸超出 1mm，但一般是允许的，否则应考虑其他方法借正。

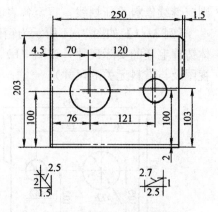

图 3-6　采用借料划线的情况

【例 3-2】如图 3-7 所示是一件有锻造缺陷的轴（毛坯）。若按常规方法加工，则轴的大端、小端均有部分没有加工余量，若采用借料划线（轴类工件借料方法，应借调中心孔或外圆夹紧定位部位，使轴的两端外圆均有一定加工余量）进行校正后加工，即可补救锻造缺陷。

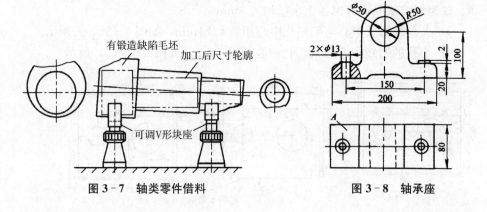

图 3-7　轴类零件借料　　　　　图 3-8　轴承座

8. 简述立体划线基准的方法。

答：如图 3-8 所示为轴承座划线。从图中分析可见，轴承座加工的部位有底面、轴承座内孔、两个螺钉孔及其上平面。两个大端面，需要划线的尺寸共有 3 个方向，划线时每个尺寸方向都须选定一个基准，所以轴承座划线需 3 个划线基准。由此可见该轴承座的划线属立体划线。

在 3 个方向上划线，工件在平板上要安放 3 次才能完成所有线条。第一划线位置应该是选择待加工表面和非加工表面均比较重要和比较集中的一个位置，而且支承面比较平直。所以轴承座第一划线位置应以底平面作安放支承面，如图 3-9（a）所示。调节千斤顶，使两端孔的中心基本调到同一高度，划出基准线Ⅰ—Ⅰ底平面加工线及其他有关线条。第二划线位置，安放轴承

40

座，使底平面加工线垂直于平板。并调正千斤顶，使两端孔的中心基本在同一高度，如图 3-9（b）所示，然后划基准线Ⅱ—Ⅱ，并划出两螺钉孔中心线。

第三划线位置，以轴承座某一端面为安放支承面，调节千斤顶，使轴承座底面加工线和基准线Ⅰ—Ⅰ垂直于平台，如图 3-9（c）所示。然后以两螺钉孔的中心（初定）依据，试划两大端面加工线。如一端面出现余量不够，可适当调正螺孔中心位置（借料）。当中心确定后即可划出Ⅲ—Ⅲ基准线和两大端面的加工线。至此轴承座 3 个方向的线条（加工线）都可划出。可见轴承座 3 个尺寸方向上基准分别为图中Ⅰ—Ⅰ，Ⅱ—Ⅱ，Ⅲ—Ⅲ。在实际划线时，基准线Ⅰ—Ⅰ，Ⅱ—Ⅱ，Ⅲ—Ⅲ及有关尺寸线如底面和两大端面的加工线在轴承座四周都要划出，这除了明确表示加工限线外，也为在机床上加工时找正位置提供方便。

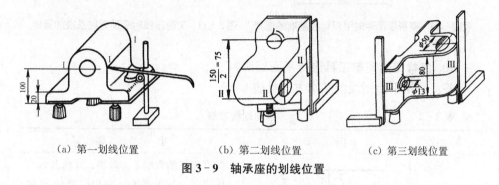

（a）第一划线位置　　　　　　（b）第二划线位置　　　　　　（c）第三划线位置

图 3-9　轴承座的划线位置

上述划线完成经复验无误后在加工界线上打样冲眼。样冲眼必须打正，毛坯面要适当深些，已加工面或薄板件要浅些、稀些。精加工表面和软材料上可不打样冲眼。

9. 简述平面划线基准。

答：（1）如图 3-10 所示为菱形镶配件各个部位尺寸的标注情况，以及图中各要素形位公差的要求。可见菱形镶配件其宽度方向尺寸如 $48_{-0.030}^{0}$ mm、$12_{-0.027}^{0}$ mm、52 mm，均对称于中心线Ⅰ—Ⅰ。其高度方向尺寸如 $48_{-0.08}^{+0.08}$ mm、$60_{-0.046}^{0}$ mm 以及两只 90°±5′ 的直角均对称于中心线Ⅱ—Ⅱ，故在菱形镶配件图形中，Ⅰ—Ⅰ、Ⅱ—Ⅱ为设计基准，按划线基准选择原则，该零件划线时，应选择Ⅰ—Ⅰ、Ⅱ—Ⅱ两条中心线为划线基准。划线即从基准开始。

（2）如图 3-11 所示为 Y 形压模，按 Y 形压模各部尺寸标注情况分析，压模在两个方向上有尺寸要求，其高度方向尺寸如 $30_{0}^{+0.052}$ mm、$65_{-0.03}^{0}$ mm 均以 A 面或（线）开始标注，其宽度方向尺寸如 $15_{-0.018}^{0}$ mm、$45_{-0.025}^{0}$ mm、$10_{-0.036}^{0}$ mm 以及 90°±5′ 的直角均对称于中心线Ⅰ—Ⅰ，故 A 面（或线）及中心线Ⅰ—Ⅰ为该压模的设计基准，按划线基准选择原则，压模在划线时应选择 A 面（或直线）以及中心线Ⅰ—Ⅰ作划线基准。

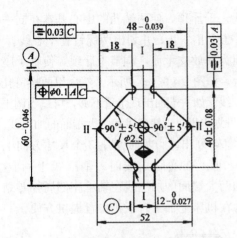

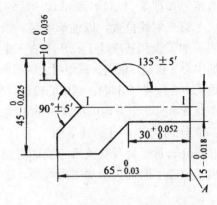

图 3-10　菱形镶配件时平面划线基准的选择　　图 3-11　Y 形压模时平面划线基准的选择

10. 怎样使用简单工具进行平面划线?

答: 常用平面划线的基本方法见表 3-2。

表 3-2 　　　　　　　　　　　　常用划线方法

名　称	图　示	步　　骤
平行线1		①在划好的直线上,取 A、B 两点 ②以 A、B 为圆心,有相同半径 R 划出两圆弧 ③用钢直尺作两圆弧的切线
平行线2		①用钢直尺和划针划出需要的距离 ②用 90°角尺紧靠垂直面,另一边对正划出距离,用划针划出平行线
垂直线1		①在划好的直线上,取任意两点 O、O_1 为圆心,作圆弧交于上、下两点 C 和 D ②通过 C、D 连线,就是 AB 的垂直线
垂直线2		①划直线 AB ②分别以 A、B 为圆心,AB 为半径作弧,交于 O 点 ③再以 O 点为圆心,AB 为半径,在 BO 延长线上作弧,交于 C 点 ④C 点与 A 点的连线,就是 AB 的垂直线

名　称	图　示	步　骤
垂直线 3		①以直线外 C 点为圆心，适当长度为半径，划弧同已知线交于 A 和 B 点 ②用适当长度为半径，分别以 A 和 B 点为圆心，划弧交于 D 点 ③连接 C、D 的直线就是 AB 的垂线
二等分一弧线		①分别以弧线两端点 A、B 为圆心，用大于 $\frac{1}{2}\overline{AB}$ 为半径，划弧交于 C、D 点 ②连接 CD 和弧 AB 相交于 E 点
二等分已知角		①以∠ABC 的顶点为圆心，任意长度为半径，划弧与两边交于 D、E 两点 ②分别以 D、E 为圆心，大于 $\frac{1}{2}\overline{DE}$ 为半径，划弧交于 F 点 ③连接 BF
30°和 60°斜线		①以 CD 的中点 O 为圆心，CD/2 为半径划半圆 ②以 D 为圆心，用同一半径划弧交于 M 点 ③连接 CM 和 DM，∠DCM 为 30°，∠CDM 为 60°
45°斜线		①划线段 EF 的垂线 OG ②以 O 为圆心，OE 为半径划弧，交 OG 于 H ③连接 EH，∠FEH 为 45°
任意角度斜线		①作 $\overline{AB}$ ②以 A 为圆心，以 57.4 mm 长为半径作圆弧 CD ③在弧 CD 上截取 10 mm，交于 E 点，∠EAD 为 10°，每 10mm 弦长的对应角为 1°（近似） 使用中应先用常用角划法划出临近角度，再用此法划剩余角

名　称	图　示	步　骤
圆的三等分		以 A 为圆心，OA 为半径划弧，交圆于 C、D 两点，C、D、B 即三等分点
圆的四等分		过圆心 O 作相互垂直的两条直线 AB、CD，交点 A、B、C、D
圆的五等分		①过圆心 O 作垂直线 AK、MN ②平分 ON 得交点 P ③以 P 为圆心，PA 为半径划弧交 OM 于 Q 点 ④以 AQ 为半径，在圆周上截取 B、C、D、E 及 A
圆的六等分		以圆的半径在圆周上连续截取 A、B、C、D、E、F 六等分点
半圆的任意等分		①把直径 AB 分 N 等分 ②分别以 A、B 为圆心，AB 为半径，划弧交于 O 点 ③从 O 点与 AB 线上等分点连线，并延长交半圆于 $1'$、$2'$、$3'$、$4'$ 各点
圆的任意等分		弦长 $a = K \cdot D$ 式中：K——N 等分的系数（见表 3-3） 　　　D——圆周直径
求弧的圆心		①在 $\overparen{EF}$ 上任取 A、B、C 三点 ②作 AB 的垂直平分线 ③作 BC 的垂直平分线，交于 O 点，O 为 $\overparen{EF}$ 的圆心
作圆弧与两相交直线相切		①在两相交直线的锐角 $\angle BAC$ 内侧，作与两直线相距为 R 的两条平行线，得交点 O ②以 O 点为圆心、R 为半径作圆弧即成

名　称	图　示	步　骤
作圆弧与两圆内切		①分别以 O_1 和 O_2 为圆心，$R-R_1$ 和 $R-R_2$ 为半径作弧交于 O 点 ②以 O 点为圆心，R 为半径作圆弧即成
作圆弧与两圆外切		①分别以 O_1 和 O_2 为圆心，以 R_1+R 及 R_2+R 为半径作圆弧交于 O 点 ②连接 O_1O 交已知圆于 M 点，连接 O_2O 交已知圆于 N 点 ③以 O 点为圆心，R 为半径作圆弧即成
把圆周五等分		①过圆心 O 作直线 $CD\perp AB$ ②取 OA 的中点 E ③以 E 点为圆心，EC 为半径作圆弧交 AB 于 F 点，CF 即为圆五等分的长度
作正八边形		①作正方形 $ABCD$ 的对角线 AC 和 BD，交于 O 点 ②分别以 A、B、C、D 为圆心，AO、BO、CO、DO 为半径作圆弧，交正方形于 a、a'、b、b'、c、c'、d、d' 共 8 个点 ③连接 bd、ac、$d'b'$、$c'a'$ 即得正八边形
只有短轴的椭圆		①以短轴 AB 的中点 O 为圆心，AO 为半径划圆 ②过 O 划 AB 的垂线交圆于 C、D ③连接 AC、AD、BC、BD 并延长 ④分别以 D、B 为圆心，AB 为半径划弧 $\overparen{12}$ 和 $\overparen{34}$ ⑤分别以 C、D 为圆心，$\overline{C1}$、$\overline{D2}$ 为半径，划弧连接 1、4 和 2、3 点

名　称	图　示	步　骤
只有长轴的椭圆		①将长轴 AB 四等分，得等分点 O_1、O_2 ②以一等分长度为半径，分别以 O_1、O_2 为圆心划圆 ③以 O_1 到 O_2 的距离为半径，分别以 O_1、O_2 为圆心划弧交于 1、2 点 ④划 1 点与 O_1 的延长线，交圆于 6，同法得 3、4、5 点 ⑤分别以 1、2 为圆心，以 $\overline{16}$ 或 $\overline{23}$ 为半径，划弧连接 5、6 及 3、4
卵圆形		①作线段 CD 垂直 AB，相交于 O 点 ②以 O 点为圆心，OC 为半径作圆，交 AB 于 G 点 ③分别以 D、C 点为圆心，DC 为半径作弧交于 e 点 ④连接 DG、CG 并延长，分别交圆弧于 E、F 点 ⑤以 G 点为圆心、GE 为半径划弧，即得卵圆形
椭圆（用四心法）	已知：AB——椭圆长轴 CD——椭圆短轴 	①划 AB 和 CD 且相互垂直，交点为 O 点 ②连接 AC，并以 O 点为圆心、OA 为半径划圆弧，交 OC 的延长线于 E 点 ③以 C 点为圆心，CE 为半径划圆弧，交 AC 于 F 点 ④划 AF 的垂直平分线，交 AB 于 O_1，交 CD 延长线于 O_2，并截取 O_1 和 O_2 对于 O 点的对称点 O_3 和 O_4 ⑤分别以 O_1、O_2 和 O_3、O_4 为圆心，O_1A、O_2C 和 O_3B、O_4D 为半径划出 4 段圆弧，圆滑连接后即得椭圆

46

名　称	图　示	步　骤
椭圆（用同心圆法）	已知：AB——椭圆长轴 CD——椭圆短轴 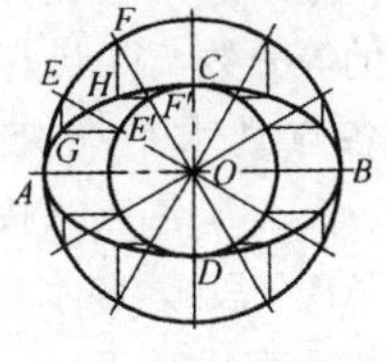 （图示）	①以 O 点为圆心，分别用长、短轴 AB 和 CD 作直径划两个同心圆 ②通过 O 点相隔一定角度划一系列射线，与两圆相交得 E、E′，F，F′…等交点 ③分别过 E、F…和 E′、F′…点，划 AB 和 CD 的平行线相交于 G、H…点 ④圆滑连接 A、G、H、C…点后即得椭圆
渐开线	已知：D——基圆直径 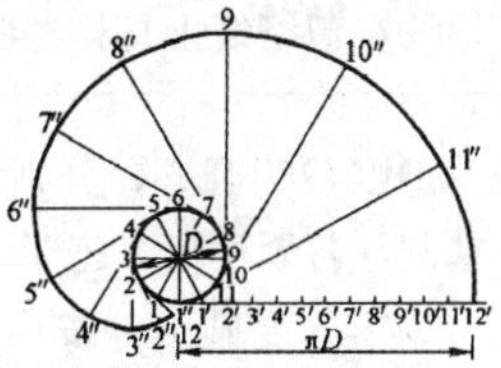 （图示）	①以直径 D 划渐开线的基圆，并等分圆周（图上为 12 等分），得各等分点 1、2、3…12 ②从各等分点分别划基圆的切线 ③在切点 12 的切线上截取 $12—12' = \pi D$，并等分该线段得各等分点 1′、2′、3′…12′ ④在基圆各切线上依次截取线段，使其长度分别为 $1—1'' = 12—1'$，$2—2'' = 12—2'$…$11—11'' = 12—11'$ ⑤圆滑连接 12、1″、2″、…12″各点即为已知基圆的渐开线
阿基米得螺旋线（等速运动曲线）	已知：R——螺旋升量 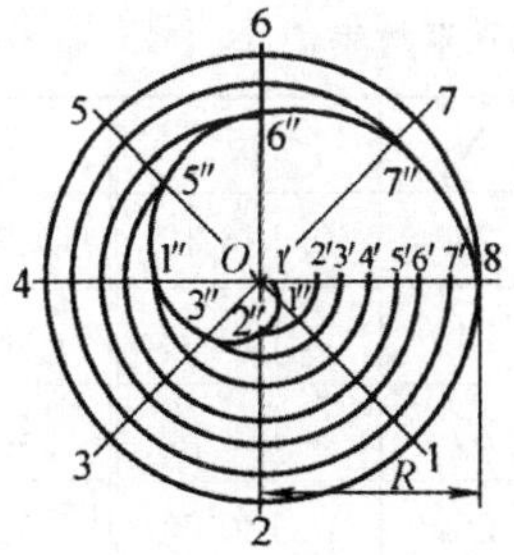 （图示）	①过半径为 R 的圆的圆心 O 作若干等分线 O—1、O—2、O—3…O—8 等分圆周（左图上为 8 等分） ②将 O—8 分成相同的 8 等分，得各等分点 1′、2′、3′…8 ③过各等分点作同心圆与相应的等分线交于 1″、2″、3″…8 各点 ④圆滑连接各交点，即得阿基米得螺旋线

47

续表6

名　称	图　示	步　骤
滚子从动杆移动凸轮划法	已知：A8——凸轮移动行程 　　　AB——从动杆移动行程 凸轮水平方向作往返等速直线运动；从动杆沿铅垂方向作简谐运动 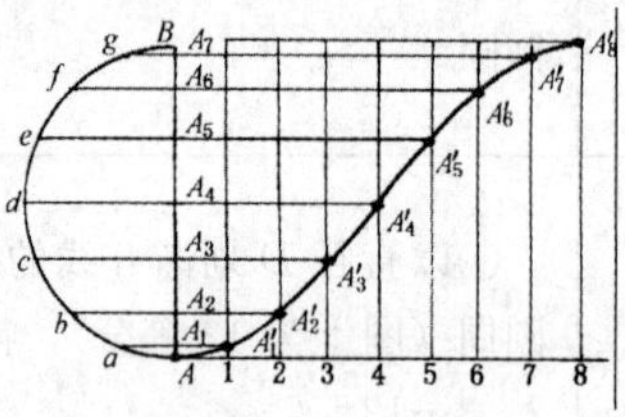 	①划水平直线 A8，AB 垂直于 A8 ②A8 分若干等分（左图中 8 等分），得 A、1、2、…、8 各点，通过各点划垂线 ③划半圆 $\overset{\frown}{AE}$，把半圆等分成与凸轮相应的等分数，得点 A、a、b、…、g、B，过各点划水平线交于 AB，得 A、A_1、…、A_7、B 各点（按简谐运动的要求，将 AB 分段），各水平线继续延长与各相应的垂直线交于 A、A_1'、A_2'、…、A_8' 点用曲线板圆滑连接各点，得移动凸轮的理论轮廓线（也是尖端从动杆移动凸轮的实际轮廓线）。 ④以 A、A_1'、…、A_8' 各点为圆心，划滚子圆，切各滚子圆弧下边划包络线，即滚子从动杆移动凸轮的实际轮廓线 ⑤在包络线上打样冲眼
正齿轮渐开线齿形的近似划法	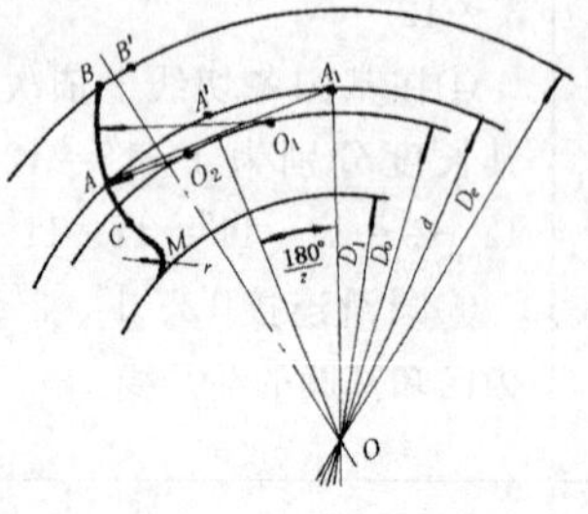	①以 O 为圆心，分别划分度圆、根圆、基圆，若划样板，还要划顶圆 ②在分度圆上，按周节所对弦长 $AA_1 = d\sin\dfrac{180^\circ}{z}$ 的尺寸等分分度圆 ③算出齿弧半径 R_1 和 R_2； 　　$R_1 = b'm$，$R_2 = c'm$ 式中：b' 和 c' 的值可由表 3 - 4 查出

表 3 - 3　　　　　　　　　　　　圆周 N 等分系数表

N	K	N	K	N	K	N	K
3	0.866 03	13	0.239 32	23	0.136 17	33	0.095 06
4	0.707 11	14	0.222 52	24	0.130 53	34	0.092 27
5	0.587 79	15	0.207 91	25	0.125 33	35	0.089 64
6	0.500 00	16	0.195 09	26	0.120 54	36	0.087 16
7	0.433 88	17	0.183 75	27	0.116 09	37	0.084 81
8	0.382 68	18	0.173 65	28	0.111 96	38	0.082 58

N	K	N	K	N	K	N	K
9	0.342 02	19	0.164 59	29	0.108 12	39	0.080 47
10	0.309 02	20	0.156 43	30	0.104 53	40	0.078 46
11	0.281 73	21	0.149 04	31	0.101 17	41	0.076 55
12	0.258 82	22	0.142 31	32	0.098 02	42	0.074 73

表 3-4　　　　　　　齿形 b'、c' 系数表（$\alpha=20°$）

z	b'	c'	z	b'	c'	z	b'	c'
8	2.22	0.84	24	5.20	3.24	40	8.01	5.84
9	2.43	0.98	25	5.38	3.40	42	8.35	6.18
10	2.64	1.11	26	5.55	3.56	45	8.90	6.66
11	2.83	1.25	27	5.75	3.72	48	9.40	7.18
12	3.02	1.3	28	5.93	3.86	49	9.56	7.34
13	3.22	1.54	29	6.10	4.04	50	9.75	7.50
14	3.40	1.68	30	6.26	4.20	55	10.60	8.36
15	3.58	1.84	31	6.45	4.35	60	11.50	9.20
16	3.77	1.98	32	6.62	4.51	65	12.31	10.01
17	3.95	2.14	33	6.81	4.67	70	13.15	10.85
18	4.13	2.29	34	7.00	4.83	80	14.87	12.55
19	4.31	2.45	35	7.16	5.00	90	16.58	14.30
20	4.49	2.61	36	7.35	5.17	100	18.20	16.05
21	4.66	2.77	37	7.51	5.33	120	21.60	19.51
22	4.83	2.92	38	7.66	5.51	140	24.84	22.89
23	5.01	3.08	39	7.85	5.67			

11. 划线时，怎样找工件的中心？

答：在有孔工件的端面或圆料的端面划线时，需先划出中心。找中心的方法如下：

（1）用几何作图法找中心。首先以硬木或铅块紧嵌于圆孔内，使其表面与端面高低一致，然后在内孔边缘上选 3 点 A、B、C（图 3-12），作弦 AB 与弦 BC 的垂直平分线，相交点 O 即为圆心。

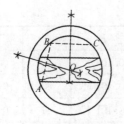

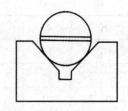

图 3‑12　用几何作图法找中心　　　　图 3‑13　用划线盘在 V 形架上找中心

（2）用划线盘找中心。将工件放在 V 形架上，把划针调整到接近于工件的中心位置上划一条线，然后把工件转 180°并把刚才划的线找平，用原划线盘（划针高度不变）再划一条线（如图3‑13所示）。这时如果两条线恰好重合，说明它就是中心线；如果不重合，说明中心线在这两条平行线之间。于是，把划针调整到两条线的中间，再划一条线，然后转 180°校正一次。这样就能划出正确的中心线。中心线找出后，将工件任意转过一个角度（最好是 90°左右），再找一条中心线，两者的交点就是所找的中心。

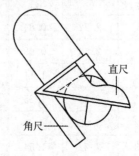

图 3‑14　用定心角尺找中心

（3）用定心角尺找中心。定心角尺是在角尺的上边铆一个直尺，将角尺直角分成两半。使用时，把角尺放在工件的端面上，使角尺内边和工件的圆柱表面相切，沿直尺划一条线，然后转一个角度再划一条线，两线的交点，就是所找的中心（图 3‑14）。

12. 什么叫配划线法？它适合于哪种零件？

答：按已加工好的零件配划与其相配合零件加工线的方法叫配划线法。它适用于单件或小批量生产的零件。

13. 配划线法有哪几种？怎样配划？

答：配划线法有以下几种：

（1）用零件直接配划。

（2）用纸片反印配划。当需要划线的零件装卸不便时，可采用这种方法。它适用于不通的螺纹孔配划螺钉过孔。反印时，将强度好、薄而耐油的描图纸用黄油粘贴在有螺纹孔的平面上，用铜棒沿螺纹孔边缘轻轻击穿，然后揭下纸片再粘贴在配划的零件上。按照纸片的孔确定配划件上过孔的位置，冲上样冲眼即可。

（3）按印迹配划。当有些零件受形状的限制，不能采用纸片反印时，可采用印迹配划法，如电动机支座固定孔的划线。划线时，将电动机放在底板上，找一个与其固定孔大小差不多的圆管，一端涂上一层薄薄的显示剂，插入孔内转动几下，便可在底板上留下印迹，然后按此印迹划线即可。

14. 怎样用划规划圆弧线呢？

答：划圆弧前要先划出中心线，确定中心点，并在中心点上打样冲眼，再用划规按图样所要求的半径划出圆弧，如图3-15所示。若圆弧的中心点在工件边沿上，划圆弧时就须使用辅助支座，如图3-16所示。将已打好样冲眼的辅助支座和工件一起夹在台虎钳上，用划规在工件上划圆弧。当需划半径很大的圆弧，中心在工件以外时，须用两只平行夹头将已打好样冲眼的延长板夹紧在工件上，再用滑杆划规划出圆弧，如图3-17所示。

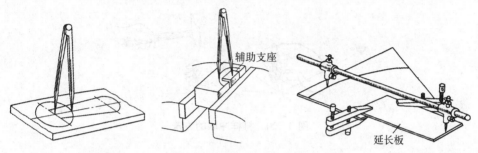

图3-15　划圆弧线　　图3-16　用辅助支座划圆弧　　图3-17　中心点在工件外圆弧的划法

15. 怎样在轴类零件上划圆心线呢？

答：轴类零件一般需在端面钻中心孔，以备在车床或磨床上加工，或在端面钻孔、铣槽等，都需划出圆心线。图3-18所示是用单脚划规在轴端面划圆心的方法，将单脚划规的两脚调节到约等于工件的半径，以边缘上四点为圆心，在端面划出4条短圆弧，中间形成近似的方框，在方框的中间打样冲眼，就是所求的圆心。如图3-19所示是用高度游标卡尺与V形块配合求圆心的方法。将轴类零件放在两块等高V形块的槽内，把高度游标卡尺的脚调整到轴顶面上的高度，然后减去轴的半径，划出一条直线，再将轴翻转任意一个角度两次，划出两条直线，3条直线的交点或中间位置就是所求的圆心。

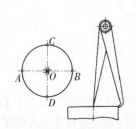 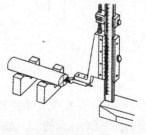

图3-18　用单脚划规求圆心　　图3-19　用高度游标卡尺与V形块配合求圆心

16. 划线后冲眼的方法和要求有哪些?

答:(1)冲眼的方法:先将样冲外倾,使其尖端对准的中心点,然后将样冲立直冲眼,如图3-20所示。对打歪的样冲眼,应先将样冲斜放向交点方向轻轻敲打,当样冲的位置校正到已对准划好的线后,再把样冲竖直后重敲一下,如图3-21所示。对较薄的工件冲眼时,应放在金属平板上,如图3-22(a)所示,而不可放在不平的工作台上,否则冲眼时工件会弹跳而弯曲变形,如图3-22(b)所示。当对工件的扁平面上冲眼时,需将工件夹持在台虎钳上再冲眼,如图3-23(a)所示。若将工件安放在两平行垫块上,则因安放不稳,容易冲歪,如图3-23(b)所示。

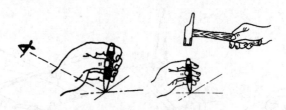

图3-20 打样冲眼的方法

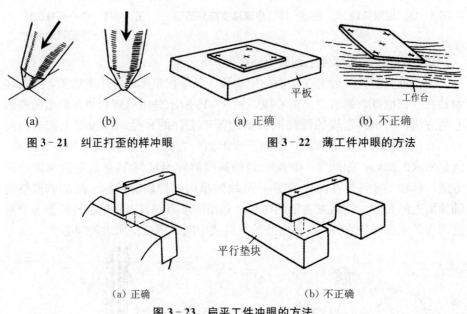

(a)　　　(b)　　　　　(a)正确　　　(b)不正确

图3-21 纠正打歪的样冲眼　　　图3-22 薄工件冲眼的方法

(a)正确　　　　　　　(b)不正确

图3-23 扁平工件冲眼的方法

(2)冲眼的要求:在直线上样冲眼宜打得稀些,冲眼距离应相等,并且都正好冲在线上,如图3-24(a)所示。如果样冲眼分布不均匀,并且不完全冲在线上,如图3-24(b)所示,这样就不能准确地检查加工的精确度;在曲线上样冲眼宜打得密一些,线条交叉点上也要打样冲眼,如图3-25(a)所示。如果在

52

曲线上打得太稀，如图 3-25 （b）所示，则给加工后检查带来困难；在加工界线上样冲眼宜打大些，使加工后检查时能看清所剩样冲眼的痕迹，如图 3-26 所示。在中心线、辅助线上样冲眼宜打得小些，以区别于加工界线。

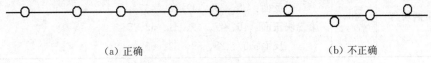

（a）正确　　　　　　　　　　　　　　　　（b）不正确

图 3-24　在直线上冲眼的要求

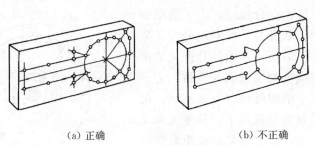

（a）正确　　　　　　　　　　　（b）不正确

图 3-25　在曲线上冲眼的要求

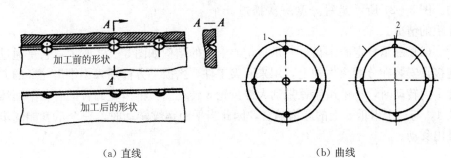

（a）直线　　　　　　　　　　　　（b）曲线

1-检查样冲眼；2-检查样冲眼在钻孔之后还留下一半

图 3-26　在加工界线上冲眼的要求

17. 分度头的主要附件及其功用有哪些？

答：（1）分度盘：分度头有配一块分度盘的，也有配两块分度盘的。常用的 11125 型万能分度头备有两块分度盘，正、反面都有数圈均布的孔圈，常用分度盘孔圈数见表 3-5。

表 3-5　　　　　　　　　　　　　孔盘的孔圈数

盘块面	定数	盘 的 孔 圈 数
带一块盘	40	正面：24、25、28、30、34、37、38、39、41、42、43 反面：46、47、49、51、53、54、57、58、59、62、66

53

续表

盘块面	定数	盘 的 孔 圈 数
带两块盘	40	第一块正面：24、25、28、30、34、37 反面：38、39、41、42、43 第二块正面：46、47、49、51、53、54 反面：57、28、59、62、66

使用分度盘可以解决不是整转数的分度，进行一般的分度操作。

（2）分度叉：在分度时，为了避免每分度一次都要计数孔数，可利用分度叉来计数，如图 3－27 所示。松开分度叉紧固螺钉，可任意调整两叉之间的孔数，为了防止摇动分度手柄时带动分度叉转动，用弹簧片将它压紧在分度盘上。分度叉两叉之间的实际孔数，应比所需的孔距数多一个孔，因为第一个孔是作起始孔而不计数的。图 3－27 所示是每分度一次摇过 5 个孔距的情况。

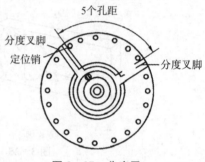

图 3－27　分度叉

（3）三爪自定心卡盘：三爪自定心卡盘的结构如图 3－28 所示，它是通过连接盘安装在分度头主轴上，用来装夹工件，当扳手方榫插入小锥齿轮 2 的方孔 1 内转动时，小锥齿轮就带动大锥齿轮 3 转动。大锥齿轮的背面有一平面螺纹 4，与三个卡爪 5 上的牙齿啮合，因此当平面螺纹转动时，三个爪就能同步进出移动。

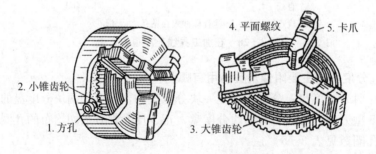

图 3－28　三爪自定心卡盘的结构

18. 分度头的分度方法有哪些?

答：（1）单式分度法：由分度头的传动系统可知，分度手柄转 40 转，主轴转 1 转，即传动比为 1：40，"40" 称为分度头的定数。各种型号的分度头，基本上都采用这个定数。

假如设工件的等分数为 z，则每分度一次主轴需转过 $1/z$ 圈，而分度手柄需要转过的圈数设为 n。其单式分度法计算公式为：

$$\frac{1}{z} : n = 1 : 40 \quad 即： \quad n = \frac{40}{z}$$

式中　n——分度手柄的转数；

　　　z——工件等分数；

　　　40——分度头定数。

例如：在一工件轴上划出 12 等分线，求每划一条线后，分度头手柄的转数为：

$$n = \frac{40}{z} = \frac{40}{12} = 3\frac{4}{12} = 3\frac{8}{24}$$

即：每划一条线后，分度头手柄摇过 3 圈，再在 24 的孔圈上转过 8 个孔距。

为减少计算，可依据所分等分数，直接查单式分度表，见表 3-6。

表 3-6　　　　　　　　　　单式分度表（分度头定数 40）

工件等分数	分度盘孔数	手柄回转数	转过的孔距数	工件等分数	分度盘孔数	手柄回转数	转过的孔距数
2	任意	20	—	25	25	1	15
3	24	13	8	26	39	1	21
4	任意	10	—	27	54	1	26
5	任意	8	—	28	42	1	18
6	24	6	16	29	58	1	22
7	28	5	20	30	24	1	8
8	任意	5	—	31	62	1	18
9	54	4	24	32	28	1	7
10	任意	4	—	33	66	1	14
11	66	3	42	34	34	1	6
12	24	3	8	35	28	1	4
13	39	3	3	36	54	1	6
14	28	2	24	37	37	1	3
15	24	2	16	38	38	1	2
16	24	2	12	39	39	1	1
17	34	2	12	40	任意	1	—

工件等分数	分度盘孔数	手柄回转数	转过的孔距数	工件等分数	分度盘孔数	手柄回转数	转过的孔距数
18	54	2	12	41	41	—	40
19	38	2	4	42	42	—	40
20	任意	2	—	43	43	—	40
21	42	1	38	44	66	—	60
22	66	1	54	45	54	—	48
23	46	1	34	46	46	—	40
24	24	1	16	47	47	—	40
48	24	—	20	62	62	—	40
49	49	—	40	64	24	—	15
50	25	—	20	65	39	—	24
51	51	—	40	66	66	—	40
52	39	—	30	68	34	—	20
53	53	—	40	70	28	—	16
54	54	—	40	72	54	—	30
55	66	—	48	74	37	—	20
56	28	—	20	75	30	—	16
57	57	—	40	76	38	—	20
58	58	—	40	78	39	—	20
59	59	—	40	80	34	—	17
60	42	—	28	—	—	—	—

（2）角度分度法：工件角度以"度"为单位时，其计算公式为：

$$n = \frac{\theta'}{9°}$$

工件角度以"分"为单位时，其计算公式为：

$$n = \frac{\theta'}{9 \times 60'} = \frac{\theta'}{540'}$$

工件角度以"秒"为单位时，其计算公式为：

$$n = \frac{\theta'}{9 \times 60 \times 60''} = \frac{\theta'}{3240''}$$

式中　n——分度头手柄的转数；

θ——工件等分角度。

【例 3-3】在一工件轴上划两个键槽，其夹角为 77°，应如何分度？

解：把 77°代入以"度"为单位的公式中：

$$n=\frac{77°}{9°}=8\frac{5}{9}=8\frac{30}{54}$$

即：分度头手柄转过 8 圈后再在 54 孔圈上转过 30 孔距。

【例 3-4】在一工件轴上划两个键槽，其夹角为 7°21′30″，应如何分度？

解：先把 7°21′30″化成"秒"

$$7°21′30″=26490″$$

把 26490″代入以"秒"为单位的公式中，得：

$$n=\frac{\theta'}{32400″}=\frac{26490″}{3240″}=0.8176\approx\frac{54}{66}$$

角度分数表见表 3-7。

表 3-7　　　　　　　　　　角度分数表（分度头定数 40）

分度头主轴转角			分度盘孔数	转过的孔距数	折合手柄转数	分度头主轴转角			分度盘孔数	转过的孔距数	折合手柄转数
(°)	(′)	(″)				(°)	(′)	(″)			
0	10	0	54	1	0.0185	3	40	0	54	22	0.4074
0	20	0	54	2	0.0370	3	50	0	54	23	0.4259
0	30	0	54	3	0.0556	4	0	0	54	24	0.4444
0	40	0	54	4	0.0741	4	10	0	54	25	0.4630
0	50	0	54	5	0.0926	4	20	0	54	26	0.4814
1	0	0	54	6	0.1111	4	30	0	66	33	0.5000
1	10	0	54	7	0.1296	4	40	0	54	28	0.5200
1	20	0	54	8	0.1481	4	50	0	54	29	0.5370
1	30	0	30	5	0.1667	5	0	0	54	30	0.5556
1	40	0	54	10	0.1852	5	10	0	54	31	0.5741
1	50	0	54	11	0.2037	5	20	0	54	32	0.5926
2	0	0	54	12	0.2222	5	30	0	54	33	0.6111
2	10	0	54	13	0.2407	5	40	0	54	34	0.6296
2	20	0	54	14	0.2593	5	50	0	54	35	0.6481

续表

分度头主轴转角			分度盘孔数	转过的孔距数	折合手柄转数	分度头主轴转角			分度盘孔数	转过的孔距数	折合手柄转数
(°)	(′)	(″)				(°)	(′)	(″)			
2	30	0	54	15	0.2778	6	0	0	30	20	0.6667
2	40	0	54	16	0.2963	6	10	0	54	37	0.6852
2	50	0	54	17	0.3148	6	20	0	54	38	0.7037
3	0	0	30	10	0.3333	6	30	0	54	39	0.7222
3	10	0	54	19	0.3519	6	40	0	54	40	0.7407
3	20	0	54	20	0.3704	6	50	0	54	41	0.7593
3	30	0	54	21	0.3889	7	0	0	54	42	0.7778
7	10	0	54	43	0.7963	8	10	0	54	49	0.9074
7	20	0	54	44	0.8148	8	20	0	54	50	0.9259
7	30	0	30	25	0.8333	8	30	0	54	51	0.9444
7	40	0	54	46	0.8519	8	40	0	54	52	0.9630
7	50	0	54	47	0.8704	8	50	0	54	53	0.9815
8	0	0	54	48	0.8889	9	0	0	—	—	1.0000

第四章 钻孔、扩孔、锪孔、铰孔

1. 在钻床上可以完成哪些加工工作？

答：钻床是指主要用钻头在工件上加工孔的机床。在钻床上可以完成钻孔、扩孔、铰孔、锪孔、攻螺纹等加工。

2. 钻床分为哪 3 类？其结构与规格如何？有什么用途？

答：常用的钻床有台式钻床、立式钻床和摇臂钻床 3 类。其结构与规格如下：

（1）台式钻床：台式钻床是一中小型的钻孔机械设备，一般为皮带传动，塔轮变速，可根据需要改变几种旋转速度，是钳工最常用的设备之一。一般可钻直径 13mm 以下的孔，但也有的台式钻床最大钻孔直径可达 20mm。这种钻床体积较大，使用不普遍。

（2）立式钻床：立式钻床结构如图 4-1 所示，由底座、立柱、主轴变速箱、电动机、主轴、自动进刀箱和工作台等主要部分组成。最大钻孔直径有25mm、35mm、40mm、50mm 几种规格，适于钻中型工件。它有自动进刀和变速机构，生产效率较高，并能得到较高的加工精度。立式钻床主轴转数和进给量有较大的变动范围，适用于不同材质的刀具，能进行钻孔、锪孔、铰孔和攻丝等加工。

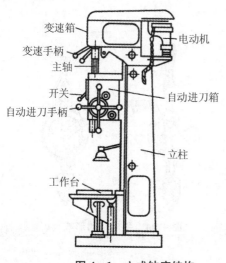

图 4-1 立式钻床结构

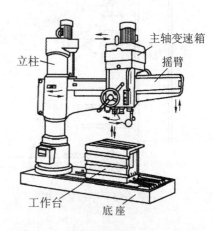

图 4-2 摇臂钻床结构

59

（3）摇臂钻床：摇臂钻床最大钻孔直径有 35mm、50mm、75mm、80mm、100mm 几种规格，它适用于加工大型工件和多孔的工件，靠移动钻床的主轴来对准工件上孔的中心，使用起来非常方便。其结构主要由底座、立柱、摇臂、钻轴变速箱、自动走刀箱、工作台等主要部分组成，如图 4-2 所示。其主轴变速箱能在摇臂上作大范围的移动，而摇臂又能回转 360°，所以摇臂钻床能在很大范围内进行孔加工，并能自动升降和锁紧定位，它调速、进刀调整范围广，可用于钻孔、扩孔、锪孔、铰孔、镗孔、攻丝等多项加工。

（4）专用钻孔机床：专用钻孔机床（设备）可进行多孔同时加工，效率很高，精度高，并可用来进行自动化控制，在定型大批量生产中使用很广，与其他设备结合可进行综合加工。

3. 钻孔手钻有何种类？有哪些规格与用途？

答：手钻钻孔分为手工钻孔和机械钻孔两种形式，但又都是借助于简单的或复杂的机具进行的。常用的钻孔机具有以下几种：

（1）手电钻：手电钻种类较多，规格大小不等，其特点是携带方便，使用灵活，尤其在检修工作中使用广泛。电钻有单相（220V）的，按钻孔直径划分有 6mm 和 10mm 手握式电钻，13mm 和 19mm 手提式电钻；三相（380V）的钻孔直径有 13mm、19mm、23mm、32mm、48mm 等规格。使用手电钻必须注意安全，要严格按操作规程进行操作，以防触电。

（2）手扳钻：如图 4-3 所示，以手扳为动力，用棘轮来传动的简单钻具，效率很低，故较少使用，但在没有电源或机床加工不便的地方，以及孔径较大，数量很少的情况下可使用。

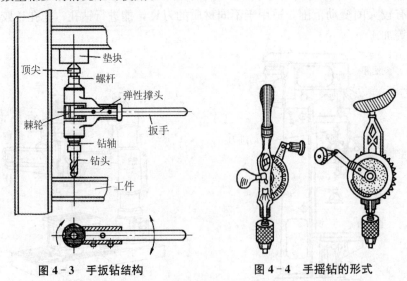

图 4-3　手扳钻结构　　　　图 4-4　手摇钻的形式

（3）手摇钻：如图4-4所示，以手为动力，在没有电源或没有其他钻孔机具及孔径较小的情况下使用。一般钻12mm以下孔，其效率低，工厂中应用不广泛。

4. 你了解钻头夹具的组成与用途吗？

答：（1）钻夹头：用来装夹13mm以内直径的直孔钻头夹具（特殊情况还有较大一点的钻夹头）。其结构是在夹头的3个斜孔内装有带螺纹的夹爪，夹爪螺纹和装在夹头套筒的螺纹相啮合。旋转套筒，3个爪同时张开或缩进，将钻头夹紧或松开。

（2）钻套（钻库）和楔铁：钻套是用来装夹锥柄钻头的夹具。由于钻头或钻夹头尾锥尺寸不同，为了适应钻床主轴锥孔，使用锥体钻套作过渡连接。钻套是由规定的尺寸组成的，小号钻套尾部可装入大一号钻套的锥孔内。可根据钻床主轴锥孔（或接杆锥孔）的标准锥度号（锥度尺寸）进行选择使用。制作的钻套为莫氏锥度，其规定了1～6种标准锥度，供制作钻套使用（与钻头尾部锥度相同），可把几个钻套连接起来使用，也可选其中一个使用。钻套的规格详见表4-1。

表4-1 标准钻套规格

钻套（莫氏锥度）	1	2	3	4	5
内　锥（mm）	1	2	3	4	5
外　锥（mm）	2	3	4	5	6

当把几个钻套配接起来时，增加了装拆难度，同时也增加了主轴与钻头的同轴度误差，此时可采用特制钻套，如内锥为1号，而外锥为3号的钻套或更大的号数，根据需要可按钻套的标准尺寸锥度自行配制不同内外锥号的钻套供使用，也可制成长杆形钻套直接与钻床主轴配合使用。

楔铁是拆卸各种钻套的专用工具，使用时楔铁带圆弧面一侧要放在贴钻床主轴侧，否则会把钻床主轴（或钻套）上的长圆孔破坏。使用时要用手握住钻头或在钻头与工作台之间垫上木板，以防钻头落下时损坏钻头或工作台面，更要防止砸到脚。

（3）快换钻夹头：在钻床上加工工件，尤其是同一工件往往需要多次更换钻头、铰刀等刀具。加工不同直径的孔时，使用快换钻夹头，可以做到不停车换装刀具，既可提高加工精度，又大大地提高了生产效率。快换钻夹头的结构如图4-5所示。夹头体5的锥柄部位装入钻床主轴的锥孔内。可换套3可根据孔加工的需要制作多个，并预先装好所需用的刀具。可换钻套外圆有两个凹坑，钢球2嵌入时便可传递动力。1是滑套，内孔与夹头体为间隙配合，当需要更换刀具时，不必停车，只需用手把滑套向上推，两粒钢球受离心力而飞出，贴于滑套端部大孔表面，此时另一只手就可把装有刀具的可换套取下，而把另一个可换套插入，并放下滑套，使两粒钢球复位，新的可换钻套与刀具安装完毕，即可开始钻削工作，弹簧环4起限制滑套上下位置的作用。

5. 你知道经常使用的工件夹具有哪几种吗？

答： 工件夹具随着工件结构形状的变化有许多种，其中经常使用的有以下几种：

（1）使用手虎钳、平行夹板、台虎钳等工具夹持小工件和薄板件进行钻孔。一般钻直径8mm以下的孔时，可手持工件，工作比较方便，但一定要防止工件脱出把手划伤。不能拿住的工件必须采用上述夹具夹持工件进行钻孔。

（2）在圆形工件上钻孔（圆周面上），应使用V形铁；钻大孔时，应配合使用压板组将工件在V形铁上压牢。钻圆柱形两端面的孔时，应使用卡盘，将工件夹紧，同时卡盘应压紧在固定工作台上进行孔的加工。

（3）钻直径大的孔时，应使用T形螺母、压板、垫铁等将工件压紧在工作台上进行，或在钻头旋转方向上用一牢固的物体或螺栓等将工件靠住。

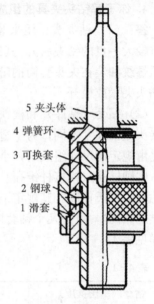

5 夹头体
4 弹簧环
3 可换套
2 钢球
1 滑套

图 4 - 5　快换钻夹头

（4）利用弯板与专用工作台，将工件夹紧固定在弯板或工作台上后再钻孔。

应根据被加工零件的大小、高宽、长度及工件的几何形状而选择相应的夹紧工具。

6. 你知道常用钻头的种类及适用范围吗？

答： 钻头的种类较多，如图4-6所示，有麻花钻、扁钻、深孔钻等。根据不同的刀具材料，有高速钢和硬质合金钻头；根据钻头的结构，有镶齿钻头、整体钻头和可转位刀片钻头。各种钻头的适用范围如下：

（1）麻花钻是最常用的一种钻头，孔加工中的各种孔一般都使用麻花钻进行加工，麻花钻经过适当修磨后可以进行扩孔和锪孔。

（2）扁钻是结构最简单、使用最早的钻孔刀具，通常有整体式、焊接式和装配式结构。扁钻适用于钻阶梯孔或特殊形状的孔，在孔加工的复合刀具中也常采用扁钻结构。

（3）深孔钻用于钻削孔深与孔径比大于5～10的深孔，深孔钻主要有枪钻（外排屑深孔钻）、内排屑深孔钻、喷吸钻和套料钻等形式。深孔钻可以解决深孔钻削过程中的排屑、冷却润滑和导向三大问题。

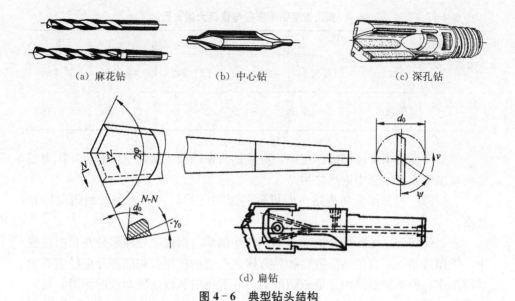

(a) 麻花钻　　　　　　　(b) 中心钻　　　　　　　(c) 深孔钻

(d) 扁钻

图 4-6　典型钻头结构

（4）中心钻主要用于钻孔位置的预定位锥坑的加工，中心钻的两头都有切削部分，中间的夹持部分刚性较好，故定位精度比较高。

7. 钻孔常用的麻花钻由哪几部分组成？你知道各组成部分的作用吗？

答：（1）麻花钻的构造和组成：如图 4-7 所示，麻花钻主要由柄部、颈部和工作部分组成。工作部分由切削部分和导向部分组成。

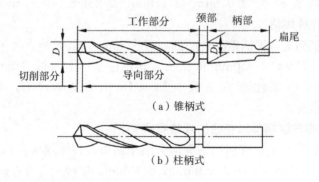

（a）锥柄式

（b）柱柄式

图 4-7　麻花钻的构成

（2）麻花钻各组成部分的作用：

①柄部：麻花钻的柄部是钻头的夹持部分，用来传递钻孔时所需要的扭矩和轴向力。它有直柄和锥柄两种，直柄所能传递的扭矩比较小，其钻头直径在20mm 以内，锥柄可以传递较大的扭矩。常用的钻头，一般直径大于 13mm 的都制成锥柄，其尾部采用莫氏锥度规格见表 4-2。

莫氏锥柄号	1	2	3	4	5	6
大端直径 D_1（mm）	12.240	17.980	24.051	31.542	44.731	63.760
钻头直径 D（mm）	6～15.5	15.6～23.5	23.6～32.5	32.6～49.5	49.6～65	65.5～80

锥柄的扁尾用来增加传递扭矩，避免钻头在轴孔或钻套中打滑，并作为将钻头从主轴孔或钻套中退出之用。

②颈部：颈部作为制造钻头时供砂轮退刀之用，一般也用来刻印商标和规格。

③工作部分：工作部分由导向部分和切削部分组成。导向部分在切削过程中，能保持钻头正直的钻削方向和具有修光孔壁的作用。切削部分担任主要的切削工作，两条螺旋槽用来形成切削刃，并起排屑和输送冷却液的作用。钻头直径大于 6～8mm 时，时常制成焊接式的，其工作部分一般用高速钢（W18Cr4V）制作，淬硬至 62～68HRC。其热硬性可达到 550℃～600℃。柄部一般用 45 钢制作，淬硬至 30～45HRC。

8. 标准麻花钻的规格有哪些？

答：（1）直柄钻头：直柄钻头最小的直径为 0.25mm，最大的直径为 20mm。常用直径为 2～13mm 的规格。基本上是每增加 0.1mm 为一种规格。其中还包括直径为 2.05mm、2.15mm、2.25mm、2.65mm、3.15mm、3.75mm 这几种规格。

（2）锥柄钻头：锥柄钻头最小的直径为 6mm，最大的直径可达 100mm，其中最常用直径为 12～50mm 的钻头。其规格基本上为每增加 0.1mm 为一种。但选用时应该注意在整数上加 0.1mm 的基本没有，如 14.1mm、20.1mm 等钻头。

9. 直柄类与锥柄类麻花钻的规格有哪些？

答：（1）直柄类：直柄小钻头均为细小钻头，直径规格为 0.1～0.4mm，如 0.11mm，0.12mm，…，0.38mm，0.39mm；镶硬质合金直柄钻头规格为 5～10mm。主要用于加工铸铁、硬橡胶、塑料等脆性材料。

（2）锥柄类：锥柄长钻头规格为 6～30mm，主要用于加工较深的孔；镶硬质合金锥柄钻头规格为 6～30mm，主要用于加工铸铁、橡胶等脆性材料或高速切削加工用。

以上介绍的各类钻头，具体钻头直径尺寸可参照标准麻花钻的尺寸选用。

10. 标准麻花钻修磨时的注意事项有哪些？

答：标准麻花钻修磨时应该注意以下几点：压力不宜过大，并要经常蘸水冷却，防止因过热退火而降低硬度；应随时检查麻花钻的几何角度；一般采用 $46^\#\sim80^\#$ 粒度、硬度为中软级（k、l）的氧化铝砂轮；精磨时选用 $80^\#\sim120^\#$ 粒度、中硬砂轮；砂轮旋转必须平稳，对跳动量大的砂轮必须进行调整。

11. 怎样修磨麻花钻的前刀面？

答：将主切削刃外径处的前刀面磨去一块，以减小该处的前角，适于大直径钻头加工硬材料时增加主切削刃外径处的强度和避免钻黄铜时"扎刀"，如图 4-8 所示。

12. 怎样修磨麻花钻的棱边与顶角？

答：（1）棱边：磨出副后角 $\alpha_{01}=6°\sim8°$，$c=0.1\sim0.3\text{mm}$，$b=1.5\sim4\text{mm}$，可减少棱边与孔壁的摩擦，提高钻头的使用寿命，适用于钻较软材料和钻孔精度要求较高的大直径钻头如图 4-9 所示。

（2）顶角：磨出双重顶角 $2\phi=70°\sim75°$，$f_0=0.2D$，可增大刀尖角 ε_r，改善刀尖处的散热条件，适于钻铸铁的较大直径的钻头，如图 4-10 所示。

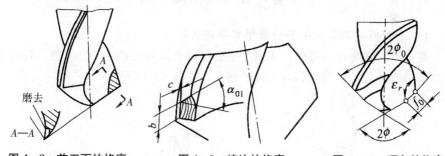

图 4-8　前刀面的修磨　　　图 4-9　棱边的修磨　　　图 4-10　顶角的修磨

13. 怎样修磨麻花钻的主切削刃？

答：磨主切削刃的目的是为将磨钝或损坏的主切削刃磨锋利，同时将顶角与后角修磨到所要求的正确角度。其方法为：用手捏住钻头，将主切削刃摆平，钻头中心与砂轮面的夹角等于 1/2 顶角。刃磨时，使刃口接触砂轮，左手使钻头柄向下摆动，所摆动的角度即是钻头的后角。当向下摆动时右手捻动钻头绕自身的中线旋转，这样磨出的钻头，钻心处的后角会大些，有利于切削。磨好一条主切削刃后再磨另一条主切削刃。钻头磨好后，两条切削刃要对称。

14. 怎样修磨麻花钻的横刃？

答：修磨横刃的目的是要把横刃磨短，并使钻心处的前角增大，使钻头便于定位，减少轴向抗力，利于切削。钻头的切削性能好与坏，往往横刃部分起着很大作用。如果材料软，可多磨去一些，一般要把横刃磨短到原来的 1/3～1/5。但 5mm 直径以下的小直径钻头，不需要修磨横刃。修磨横刃的方法是：磨削点大致在砂轮水平中心面上，钻与砂轮的相对位置如图 4-11（a）所示。

钻头与砂轮侧面构成15°角（向左偏），与砂轮中心面构成55°角，刃磨时钻头刃背与砂轮圆角接触，磨削是由外部逐渐向钻心处移动，直至磨出内刃前角，如图4-11（b）所示。修磨中钻头略有转动，磨量由小到大，至钻心处时应保证内刃前角和内刃斜角。横刃长度要准确，磨时动作要轻，防止刃口退火或钻心过薄。

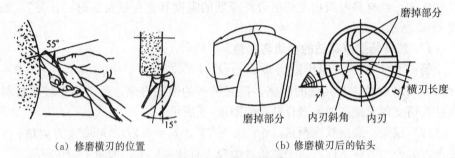

（a）修磨横刃的位置　　　　　　　　　（b）修磨横刃后的钻头

图4-11　横刃的修磨

15. 怎样修磨麻花钻的开分屑槽和平钻头？

答：（1）修磨开分屑槽：在两个主后刀面上修磨出错开的分屑槽，有利于分屑、排屑，适于钻钢材料的大直径钻头，如图4-12所示。

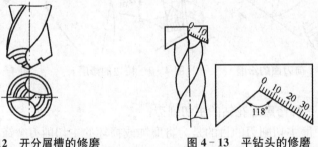

图4-12　开分屑槽的修磨　　　　　　　图4-13　平钻头的修磨

（2）修磨平钻头（如图4-13所示）：平钻头又称薄板钻头。在装配和检修工作中，常遇到在薄钢板、铝板、铜板等比较薄的板材上钻孔，又会遇到毛坯面上划平面或钻一些沉孔等加工。用普通钻钻孔，会出现孔不圆、孔口飞边、孔被撕破，甚至使薄板料变形，缠绕钻头导致发生事故的可能，更不能划平面或钻沉孔。因此，必须把钻头磨成如图4-13所示的几何形状，通常称做平钻头。这种钻头切削时，钻心先切入工件定位中心，起钳制工件作用，然后两个锋利外尖（刃口）迅速切入工件，使工件孔外圆周部分切离。平钻头修磨的特点是：主切削刃分外刃、圆弧刃、内刃三段，横刃变短、变尖、磨低，如果用于划平面或钻平沉孔，需将圆弧刃和外刃磨平并低于钻心。使用时，先划平面或钻沉孔，然后再将孔钻出。

16. 标准麻花钻的几何参数有哪些？

答： 标准麻花钻的切削部分的螺旋槽表面称为前刀面，切削部分顶端两个曲面称为后刀面，它与工件的切削表面（即圆锥螺旋面的孔底）相对。钻头的棱边（刃带）是与已加工表面相对的表面，称为副后刀面。前刀面与后刀面的交线称为主切削刃（简称切削刃）。两个后刀面的交线称为横刃。前刀面与副后刀面的交线称为副切削刃。各部位的名称、代号如图 4 - 14 所示，其中的几何参数见表 4 - 3。

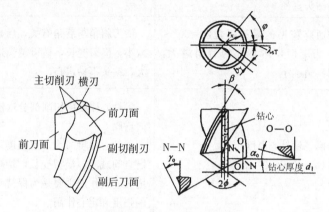

图 4 - 14　麻花钻的切削部位

表 4 - 3　　　　　　　　　　　麻花钻切削部位几何参数

要素	参　数	特　点
顶角 2ϕ	标准顶角 $2\phi = 118° \pm 2°$ 钻一般金属时常用 $2\phi = 100° \sim 140°$ 钻非金属时常用 $2\phi = 50° \sim 90°$ 对软的材料取小值，硬的取大值	减小顶角：轴向力小，耐磨性好，利于散热，但扭矩增大，排屑困难，适用于脆性大、耐磨性好的材料 加大顶角：定心差，切削厚度增大，切削扭矩低，适用于钻塑性大、强度高的材料
螺旋角 β	一般螺旋角 $\beta = 18° \sim 32°$ 　对软和韧性材料取大些，反之取小些，如钻紫铜和铝合金取 $35° \sim 40°$，钻高强度钢和铸铁取 $10° \sim 15°$，钻青铜和黄铜取 $8° \sim 12°$	螺旋角即钻头轴向剖面内的前角，因此螺旋角越大，前角越大，切削刃越锋利，切削越省力，切屑容易排出，但螺旋角越大，切削刃强度及散热条件也越差，螺旋角的大小，应根据不同材料来确定
前角 γ_0	γ_0（外缘）$\approx \beta$ γ_0（内刃）$\approx -30°$ γ_0（横刃）$\approx -54° \sim -60°$	主切削刃上各点的前角变化很大，从外缘到钻心，由大逐渐变小，直至负值

要素	参　数	特　点
后角 α_0	标准麻花钻在外缘处的后角数值如下： $d_0 < 15\text{mm}$，$\alpha_0 = 11° \sim 14°$ $d_0 = 15 \sim 30\text{mm}$，$\alpha_0 = 9° \sim 12°$ $d_0 > 30\text{mm}$，$\alpha_0 = 8° \sim 11°$ d_0 为钻头直径	钻头上每一点的后角，从外缘到中心逐渐增大，后角越大，摩擦越小，切削力减小，但刃口的强度减弱
横刃斜角 ϕ	普通麻花钻的横刃斜角 $\phi = 50° \sim 55°$，刃磨时，钻心处的后角越大，横刃斜角越小	横刃斜角与后角有关，后角大，斜角减小，横刃变长，横刃越长进给抗力越大，钻头不易定心
钻心厚度 d_1	标准麻花钻钻心厚度 $d_1 = (0.125 \sim 0.2)\, d_0$	①钻心厚度由切削部分逐渐向尾部方向增厚 ②钻心厚度过大，虽强度增加，但容屑空间减小，横刃变长，切削时轴向力增大，其作用主要是为保持钻头有足够的强度和定心作用
刃倾角 λ_{sT}	主切削刃上任一点的端面刃倾角 λ_{sTx} 计算式为： $$\sin\lambda_{sTx} = \frac{d_1}{2r_x}$$ d_1 为钻心厚度，r_x 为主切削刃上任一点的半径	①主切削刃各点的端面，刃倾角外缘处最大（绝对值最小），近钻心处最小（绝对值最大） ②标准麻花钻主切削刃的刃倾角为负值，刃倾角影响着切削刃的强度、前角变化、切削力的分布及切屑流出的方向

17. 你知道根据工件材料选择麻花钻的几何角度吗？

答：工件材料与麻花钻的几何角度见表 4-4。

表 4-4　　　　　工件材料和麻花钻的几何角度

钻削材料	钻头角度（°）			
	顶角 2ϕ（°）	后角 α_0（°）	横刃斜角 ϕ（°）	螺旋角 β（°）
一般材料	116~118	12~15	45~55	20~32
一般硬材料	116~118	6~9	25~35	20~32
铝合金（通孔）	90~120	12	35~45	17~20

续表

钻削材料	钻头角度（°）			
	顶角 2ϕ（°）	后角 α_0（°）	横刃斜角 ψ（°）	螺旋角 β（°）
铝合金（深孔）	118～130	12	35～45	32～45
软黄铜和青铜	118	12～25	35～45	10～30
硬青铜	118	5～7	25～35	10～30
铜和铜合金	110～130	10～15	35～45	30～40
软铸铁	90～118	12～15	30～45	20～32
硬（冷）铸铁	118～135	5～7	25～35	20～32
调质钢	118～125	12～15	35～45	20～32
铸钢	118	12～15	35～45	20～32
锰钢（7%～13%锰）	150	10	25～35	20～32
高速钢（未淬火）	135	5～7	25～35	20～32
镍钢（250～400HBS）	135～150	5～7	25～35	20～32
木材	70	12	35～45	30～40
硬橡胶	60～90	12～15	35～45	10～20

18. 你知道通用型麻花钻的几何角度吗？

答：通用型麻花钻的几何角度见表 4-5。

表 4-5 　　　　　　　　通用型麻花钻的几何角度

钻头直径 d	螺旋角 β（°）	后角 α（°）	钻头直径 d	螺旋角 β（°）	后角 α_0（°）
0.10～0.28	19	28	3.40～4.70	27	16
0.29～0.35	20	28	4.80～6.70	28	16
0.36～0.49	20	26	6.80～7.50	29	16
0.50～0.70	22	24	7.60～8.50	29	14
0.72～0.98	23	24	8.60～18.0	30	12
1.00～1.95	24	22	18.25～23.0	30	10

续表

钻头直径 d	螺旋角 $\beta(°)$	后角 $\alpha(°)$	钻头直径 d	螺旋角 $\beta(°)$	后角 $\alpha_0(°)$
2.00～2.65	25	20	23.25～100	30	8
2.70～3.30	26	18	—	—	—

注：顶角 2ϕ 均为 118°，横刃斜角为 40°～60°。

19. 群钻的修磨方法有哪些？

答：（1）磨短横刃：磨短横刃后使横刃为原来的 1/7～1/5，同时使新内刃上前角增大，这样不仅减小了轴向力，改善了定心，还提高了钻头的切削性能。

（2）磨月牙槽：即在麻花钻主后刀面上对称磨出两个月牙槽，形成凹形圆弧刃，把主切削刃分成 3 段，即外刃、圆弧刃、内刃。圆弧刃增大了靠近钻心处的前角，使切削省力。由于主切削刃被分成了几段，所以有利于分屑、排屑和断屑。钻削时圆弧刃在孔底切削出一道圆环筋，能起稳定钻头方向、限制钻头摆动、加强定心的作用。磨月牙槽还能降低钻尖高度，不仅使横刃锋利，还不影响钻尖强度。

（3）磨出单边分屑槽：即在一条外刃上磨出凹形分屑槽，有利于排屑和减小切削力。

20. 标准群钻结构参数有哪些？

答：群钻是利用标准麻花钻刃磨而成的新型钻头，其特点是生产率高，加工精度高，适应性强，寿命长。标准群钻主要用来对碳钢和合金钢进行钻削加工，是在标准麻花钻的基础上磨出月牙槽、磨短横刃和磨出单面分屑槽而形成的。其结构特点是有"三尖七刃两槽"。三尖是由于磨出的月牙槽，主切削刃形成三个尖；七刃

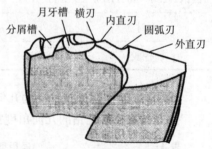

图 4 - 15　标准群钻结构

是两条外刃、两条内刃、两条圆弧刃、一条横刃；两槽是月牙槽和单面分屑槽（如图 4 - 15 所示）。

标准群钻的结构和几何参数见表 4 - 6。

21. 你了解钻孔能达到的精度要求与钻孔工艺参数吗？

答：（1）钻孔加工精度：用钻头在实心材料上加工出孔的方法称为钻孔。钻孔可以达到的标准公差等级一般为 IT10～IT11 级，表面粗糙度值一般为 $Ra50～Ra12.5\mu m$。所以钻孔只能加工要求不高的孔或作为孔的粗加工。

（2）钻孔的一般工艺：

①根据图样孔径要求选择钻头的直径，一般孔选择麻花钻，硬度较高的零

件选择硬质合金钻头，深孔选择深孔钻。

表 4-6　　　　　　　　　　标准群钻切削部分形状和几何参数

钻头直径 D (mm)	尖高 h (mm)	圆弧半径 (mm)	外刃长 (mm)	槽距 l_1 (mm)	槽宽 l_2 (mm)	几何参数	几何形状
>5~7	0.20	0.75	1.3	—	—	$2\phi\approx125°$ $2\phi'\approx135°$	
>7~10	0.28	1.0	1.9	—	—	$\phi\approx65°$ $\tau\approx25°$ $\gamma_\tau\approx-15°$	
>10~15	0.36	1.5	2.7	—	—	$\alpha\approx10°\sim15°$ $\alpha_R\approx12°\sim18°$	
>15~20	0.55	1.5	5.5	1.4	2.7	$l\approx0.2\sim0.3d$ $l_1\approx l/2.5\sim l/3$	
>20~25	0.7	2	7	1.8	3.4	$l_2\approx l/3$ $R\approx0.1d$ $h\approx0.04d$	
>25~30	0.85	2.5	8.5	2.2	4.2	$b\approx0.03\sim0.04d$ （一般）	
>30~35	1	3	10	2.5	5	$b\approx0.02$（铝合金） $c\approx1.5f$	
>35~40	1.15	3.5	11.5	2.9	5.8	d—钻头直径 f—直刀量	

②根据零件和钻孔部位的特点，选用合适的钻孔设备。

③根据零件材料和钻头的材料、钻头的直径大小，以及孔的加工精度要求，选用合理的切削速度。

④单件钻孔采用划线方法确定钻孔位置，在划线上打冲眼后试钻锥坑，根据锥坑与划线位置的偏差，进一步调整钻头与工件基准的相对位置，使钻头轴线与划线对准后进行钻孔。批量生产使用专用钻夹具保证孔与工件基准的相对位置精度。

（3）钻孔工艺参数：钻孔工艺参数见表 4-7。

表 4-7　　　　　　　　　　钻孔工艺参数

钻孔直径（mm）	定孔直径（mm）	转速（r/min）	进给量（r/mm）
38	19~23	200~250	0.3~0.5
51	19~23	100~150	0.3~0.5
60	19~23	60~100	0.3~0.5

钻孔直径（mm）	定孔直径（mm）	转速（r/min）	进给量（r/mm）
76	19～23	60～100	0.3～0.5

22. 如何选用钻孔时所用的切削液？

答：由于钻孔一般都属于粗加工，所以冷却润滑的目的以冷却为主，即主要是提高钻头的切削能力和耐用度。钻孔时常用冷却液的选用见表 4-8。

表 4-8　　　　　　　　钻孔时切削液的选用

加　工　材　料	切　削　液
铸　铁	不加
不锈钢	食醋
紫铜、黄铜、青铜	①5%～8%乳化液加煤油的混合液 ②菜油
碳钢、结构钢、铸铁、可锻铸铁	①3%～5%乳化液 ②机油
工具钢	①机油和菜油的混合液 ②3%～5%乳化液
合金钢	①硫化油 ②3%～5%乳化液
纯铝、铝合金	粗加工用 5%～8%乳化液或用肥皂水；精钻孔时，用煤油加机油
镁合金	4%的盐水
硬橡胶	①清水 ②煤油
硬质板、塑料、电木、胶木板、赛璐珞	通风冷却
有机玻璃	①10%～15%乳化剂 ②煤油 ③柴油
石　料	清水

23. 如何选择钻孔的切削用量？

答：(1) 钻削用量与计算方法：切削用量是切削加工过程中的切削速度、进给量和背吃刀量的总称，又称切削三要素。

①切削速度 v_c：钻孔时的切削速度是指钻孔时，钻头切削刃最大直径处的

线速度，其单位是：m/min。计算时采用以下计算公式：

$$v_c = \frac{\pi dn}{1000}$$

式中　d——钻头直径（mm）；

　　　n——钻头的转速（r/min）；

　　　v_c——切削速度（m/min）。

②进给量 f：指钻孔时，钻头每转一转，钻头与工件的轴向位移量，单位：mm/r。

③背吃刀量 a_p：指工件已加工表面与待加工表面的垂直距离，钻孔时背吃刀量等于钻头半径，单位：mm。

（2）钻削用量选择方法：

①钻削时合理选择钻削用量，可提高钻孔精度和生产效率，并能防止机床过载或损坏。由于钻孔时背吃刀量已由钻头直径所定，所以钻孔时的切削用量只需选择切削速度 v_c 和进给量 f。

②选用较高的切削速度和进给量都能提高生产效率。但切削速度 v_c 太高会造成强烈摩擦，降低钻头寿命。如果进给量 f 过大，虽对钻头寿命影响较小，但将直接影响到已加工表面的残留面积，而残留面积越大，加工表面越粗糙。由此可知，对钻孔的生产率来说，v_c 和 f 的影响是相同的，对钻头使用寿命来说，v_c 比 f 的影响大；对钻孔的表面粗糙度来说，一般情况下，f 比 v_c 的影响大。

③钻孔时选择切削用量的基本原则是：在允许范围内，尽量选择较大的 f，当 f 受到表面粗糙度和钻头刚度的限制时，再考虑选择较大的 v_c。

④具体选择时，应根据钻头直径、钻头材料、工件材料、表面粗糙度等方面决定。一般情况可查有关数据表，并在实际加工中进行适当的调整。

24. 如何选择精孔钻的钻削用量？

答：精孔钻的钻削用量见表 4 - 9。

表 4 - 9　　　　　　　　　　精孔钻的钻削用量

工件材料	钻孔余量（mm）	钻头转速（r/min）	进给量 f（mm）	切削液
铸铁	0.5～0.8	210～230	0.05～0.1	5％～8％乳化油水溶液
中碳钢	0.5～1.0	100～120	0.08～0.15	机油

25. 如何选择钻钢料和钻铸铁材料的钻削用量？

答：钻钢料的切削用量见表 4 - 10，钻铸铁材料的切削用量见表 4 - 11。

表 4 - 10　　　　　钻钢料的切削用量

加工材料					直　径 D（mm）								
碳钢 （10，15，20，35，40，45，50 等）	合金钢 （40Cr，38CrSi，60Mn，35CrMo，18CrMnTi 等）	其他钢	深径比 L/D	切削用量	8	10	12	16	20	25	30	35	40～60
正火 <207HB 或 σ_b< 600MPa	<143HB 或 σ_b<500MPa	易切钢	≤3	进给量 s/mm·r^{-1}	0.24	0.32	0.40	0.5	0.6	0.67	0.75	0.81	0.9
				切削速度 v/m·min^{-1}	24	24	24	25	25	25	26	26	26
				转速 n/r·min^{-1}	950	760	640	500	400	320	275	235	—
			3～8	进给量 s/mm·r^{-1}	0.2	0.26	0.32	0.38	0.48	0.55	0.6	0.67	0.75
				切削速度 v/m·min^{-1}	19	19	19	20	20	20	21	21	21
				转速 n/r·min^{-1}	750	600	500	390	300	240	220	190	—
170～229HB 或 σ_b=600～800MPa	143～207HB 或 σ_b=500～700MPa	碳素工具钢、铸钢	≤3	进给量 s/mm·r^{-1}	0.2	0.28	0.35	0.4	0.5	0.56	0.62	0.69	0.75
				切削速度 v/m·min^{-1}	20	20	20	21	21	21	22	22	22
				转速 n/r·min^{-1}	800	640	530	420	335	270	230	200	—
			3～8	进给量 s/mm·r^{-1}	0.17	0.22	0.28	0.32	0.4	0.45	0.5	0.56	0.62
				切削速度 v/m·min^{-1}	16	16	16	17	17	17	18	18	18
				转速 n/r·min^{-1}	640	510	420	335	270	220	190	165	—

加工材料					直 径 D (mm)								
碳钢 （10，15，20，35，40，45，50等）	合金钢 （40Cr，38CrSi，60Mn，35CrMo，18CrMnTi等）	其他钢	深径比 L/D	切削用量	8	10	12	16	20	25	30	35	40～60
229～285HB 或 σ_b=800～1000MPa	207～255HB 或 σ_b=700～900MPa	合金工具钢，易切不锈钢，合金铸钢	≤3	进给量 s/mm·r⁻¹	0.17	0.22	0.28	0.32	0.4	0.45	0.5	0.56	0.62
				切削速度 v/m·min⁻¹	16	16	16	17	17	17	18	18	18
				转速 n/r·min⁻¹	640	510	420	335	270	220	190	165	—
			3～8	进给量 s/mm·r⁻¹	0.13	0.18	0.22	0.26	0.32	0.36	0.4	0.45	0.5
				切削速度 v/m·min⁻¹	13	13	13	13.5	13.5	13.5	14	14	14
				转速 n/r·min⁻¹	520	420	350	270	220	170	150	125	—
285～321HB 或 σ_b=1000～1200MPa	255～302HB 或 σ_b=900～1100MPa	奥氏体不锈钢	≤3	进给量 s/mm·r⁻¹	0.13	0.18	0.22	0.26	0.32	0.36	0.4	0.45	0.5
				切削速度 v/m·min⁻¹	12	12	12	12.5	12.5	12.5	13	13	13
				转速 n/r·min⁻¹	480	380	320	250	200	160	140	120	—
			3～8	进给量 s/mm·r⁻¹	0.12	0.15	0.18	0.22	0.26	0.3	0.32	0.38	0.41
				切削速度 v/m·min⁻¹	11	11	11	11.5	11.5	11.5	12	12	12
				转速 n/r·min⁻¹	440	350	290	230	185	145	125	110	—

注：①钻头平均耐用度 90min。

②当钻床和刀具刚度低、钻孔精度要求高和钻削条件不好时，应适当降低进给量 s。

表 4-11　　　　钻铸铁材料的切削用量

加工材料		深径比 L/D	切削用量	直径 D（mm）								
灰铸铁	可锻铸铁或锰铸铁			8	10	12	16	20	25	30	35	40～60
143～229HB HT100 HT150	KTH300-06 KTH330-08 KTH350-10 KTH370-12	≤3	进给量 s/mm·r⁻¹	0.3	0.4	0.5	0.6	0.75	0.81	0.9	1	1.1
			切削速度 v/m·min⁻¹	20	20	20	21	21	21	22	22	22
			转速 n/r·min⁻¹	800	640	530	420	335	270	230	200	—
		3～8	进给量 s/mm·r⁻¹	0.24	0.32	0.4	0.5	0.6	0.67	0.75	0.81	0.9
			切削速度 v/m·min⁻¹	16	16	16	17	17	17	18	18	18
			转速 n/r·min⁻¹	640	510	420	335	270	220	190	165	—
170～269HB HT200 HT250 HT300 HT350	KTZ450-06 KTZ550-04 KTZ650-02 KTZ700-02 锰铸铁	≤3	进给量 s/mm·r⁻¹	0.24	0.32	0.4	0.5	0.6	0.67	0.75	0.81	0.9
			切削速度 v/m·min⁻¹	16	16	16	17	17	17	18	18	18
			转速 n/r·min⁻¹	640	510	420	335	270	220	190	165	—
		3～8	进给量 s/mm·r⁻¹	0.2	0.26	0.32	0.38	0.48	0.55	0.6	0.67	0.75
			切削速度 v/m·min⁻¹	13	13	13	14	14	14	15	15	15
			转速 n/r·min⁻¹	520	420	350	270	220	170	150	125	—

26. 一般件的钻孔方法如何？

答：（1）先把已划完线的孔中心冲眼，并冲大一些。应注意保持冲完的冲眼与原冲眼中心一致，使钻头容易定位，不偏离中心，然后用钻头钻一浅坑，检查钻出的锥坑与所划的圆加工线或证明线是否同心，否则及时纠正。然后再将孔完全钻出。

（2）钻通孔时，当孔要钻透前，手动进给的要减小压力，采用自动进给的最好改为手动进给或减小走刀量，以防止钻头刚钻穿工件时，轴向力突然减少，使钻头以很大的进给量自动切入造成钻头折断或钻孔质量降低等情况的发生。钻盲孔时，应调整好钻床上深度标尺挡块，或实际测量钻出孔的深度，控制钻孔深度的准确性。

（3）钻 1mm 以下的小直径孔时候，由于钻头过细，刚性较差、强度较弱，螺旋槽较窄不易排屑，钻头容易折断，对此钻孔时要注意，开始钻进时进给力要小，防止钻头弯曲和滑移，钻削过程中要及时排屑，添加切削液，进给力应小而平稳，在没有微动进给的钻床上钻微孔，应设微调装置，同时在钻小孔时，要选择精度较高的钻床并应选择较高的速度进行钻孔。

（4）钻深孔时，一般钻到钻头直径 3 倍深度时需将钻头提出排屑，以后每钻进一定深度，应将钻头均匀提出排屑，以免钻头因切屑阻塞而折断。

对于钻孔深度超过钻头长度或更深些的深孔，这时可使用直柄或锥柄长钻头，及加长杆钻头钻孔。这几种钻头可外购或自制，一般都采用自制加长杆钻头的方法。如自制长钻头，在钻头与接杆、接杆与钻尾的连接部，强度要足够，外圆要修光，接口部位尺寸不得超过钻头尺寸，避免使用时易断。对于一些特殊的深孔，如某些长轴的中心透孔的加工，一般都要在专用设备或机床上进行加工。

（5）一般钻 30mm 以上孔径的孔要分两次或三次钻削，先用较小直径的钻头钻出中心孔，深度应大于钻头直径（如果钻透效果更好），再用 0.5～0.7 倍孔径的钻头钻孔，然后再用所需孔径的钻头钻孔，这样可以减小轴向力，保护机床，同时可以提高钻孔质量。

27. 如何钻孔距有精度要求的平行孔？

答： 按精度要求先钻出一孔，然后用小钻头钻第二孔，深度为 0.5～1mm（可选用中心钻钻小孔），然后用卡尺测量并计算出孔距。如超出要求，则修正小孔中心，直到达到要求后，再将孔按尺寸钻出。

28. 如何在斜面上钻孔？

答： （1）钻孔前用铣刀在斜面上铣出一个平台或用凿子在斜面上凿出一个小平面。利用工作台或垫铁将工件固定，并使铣出或凿出的小平面与钻床床面平行。然后再将孔钻出。

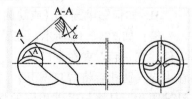

图 4-16　圆弧刃多能钻的磨制示意

（2）可用圆弧刃多能钻直接在斜面上将孔钻到一定深度，再换钻头将孔钻出。圆弧刃多能钻可自行磨制，如图 4-16 所示。这种钻头类似于棒铣刀，圆弧刃上各点均成相同后角（6°～10°），横刃经过修磨，钻头长度要短，以增强刚度，一般用短钻头改制。钻孔时虽然单面受力，由于刃呈弧形，钻头所受的径向力小些，改善了偏切受力情况。钻孔时应选择低转数手动进给。

（3）可采用垫块将斜度垫成水平，或使用与钻床配套的有调整角度的工作台，将斜度调整成水平的方法。先钻出一个浅窝坑后，再逐渐把工件转到倾斜位置钻孔。

（4）使用专用工装或钻模定位钻孔。

（3）、（4）两种方法只对一部分工件可用。

29. 如何在薄板上开大孔？

答：当需要在薄板上开大孔时，一是受钻床所限，二是没有这样大的钻头，因此都采用刀杆切割方法加工大孔（也称划大孔）。

如图 4-17 所示，刀具自制，按刀杆端部导向部位直径尺寸，在工件中心上先钻出一孔，

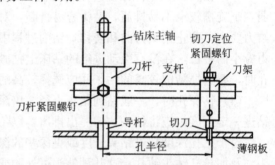

图 4-17　用刀杆在薄板上开大孔示意

将刀杆插入孔内，把刀架上的切刀调到大孔的尺寸，固定后进行开孔。开孔前应将板料压紧，采用慢转速，进刀量要小，使刀在板料上切削。当工件即将透时，应及时停止进刀，防止损坏刀头，未切透部分可用手锤敲下来。制作刀杆时要注意，工件孔径大，刀杆的直径一定要相对加大，使刀杆有足够的强度。

30. 如何在圆柱形工件上钻孔？

答：（1）精度要求较高的孔，要使用定心工具找正，将定心工具装在钻具上并找正。一般情况下可使用钢板尺找正。

（2）按定心工具 90°顶角部分找正 V 形铁并压紧固定。将工件置于 V 形铁内，换下定心工具装上钻头，用直角尺校正轴的中心线，使其与台面垂直，并压紧工件。

（3）试钻、纠正孔位，正确后方可钻削。

31. 如何钻半圆孔（或缺圆孔）？

答：如图 4-18 所示，在工件上钻半圆孔，可用与工件相同材料的物体与工件并在一起，夹在平口钳上。也可用工装将其夹紧，或采用点焊的方法焊接在一起（钻孔后将焊口凿开），找出中心后钻孔，分开后即是要钻的半圆孔。钻缺圆孔，是将与工件相同的材料嵌入工件内，与工件合在一起钻孔，然后拆开。

32. 你知道麻花钻钻孔中常见问题及对策吗？

答：麻花钻钻孔中常见问题及对策见表 4-12。

 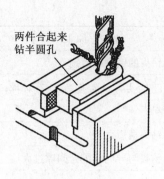

（a）钻缺圆孔　　　　　　　（b）钻半圆孔

图 4-18　钻半圆孔方法

表 4-12　　　　　　　　　麻花钻钻孔中常见问题和对策

问题	产 生 原 因	对 策
孔径增大、误差大	①钻头左、右切削刃不对称，摆差大	①刃磨时保证钻头左、右切削刃对称，摆差在允许范围内
	②钻头横刃太长	②修磨横刃，减小横刃长度
	③钻头刃口崩刃	③及时发现崩刃情况，并更换钻头
	④钻头刃带上有积屑瘤	④将刃带上的积屑瘤用油石修整到合格
	⑤钻头弯曲	⑤校直或更换
	⑥进给量太大	⑥降低进给量
	⑦钻床主轴摆差大或松动	⑦及时调整和维修钻床
孔径小	①钻头刃带严重磨损	①更换合格的钻头
	②钻出的孔不圆	②见下一项
钻孔时产生振动或不圆	①钻头后角太大	①减小钻头后角
	②无导向套或导向套与钻头配合间隙过大	②钻杆伸出过长时必须有导向套，采用合适间隙的导向套或先打中心孔再钻孔
	③钻头左、右切削刃不对称，摆差大	③刃磨时保证钻头左、右切削刃对称，摆差在允许范围内
	④主轴轴承松动	④调整或更换轴承
	⑤工件夹紧不牢	⑤改进夹具与定位装置
	⑥工件表面不平整，有气孔砂眼	⑥更换合格毛坯
	⑦工件内部有制品、交叉孔	⑦改变工序顺序或改变工件

问 题	产 生 原 因	对 策
孔位超差，孔歪斜	①钻头的钻尖已磨钝	①重磨钻头
	②钻头左、右切削刃不对称，摆差大	②刃磨时保证钻头左、右切削刃对称，摆差在允许范围内
	③钻头横刃太长	③修磨横刃，减小横刃长度
	④钻头与导向套配合间隙过大	④采用合适间隙的导向套
	⑤主轴与导向套轴线不同轴，或与工作台面不垂直	⑤校正机床夹具位置，检查钻床主轴的垂直度
	⑥钻头在切削时振动	⑥先打中心孔再钻孔，采用导向套或改为工件回转的方式
	⑦工件表面不平整，有气孔砂眼	⑦更换合格毛坯
	⑧工件内部有缺口、交叉孔	⑧改变工序顺序或改变工件结构
	⑨导向套底端面与工作表面间的距离远，导向套长度短	⑨加长导向套长度
	⑩工件夹紧不牢：a. 工件表面倾斜；b. 进给量不均匀	⑩改进夹具与定位装置：a. 正确定位安装；b. 使进给量均匀
孔壁表面粗糙	①钻头不锋利	①将钻头磨锋利
	②后角太大	②采用适当后角
	③进给量太大	③减少进给量
	④切削液供给不足，或性能差	④加大切削液流量，选择性能好的切削液
	⑤切屑堵塞钻头的螺旋槽	⑤采用断屑措施或采用分级进给方式
	⑥夹具刚性不够	⑥改进夹具
	⑦工件材料硬度过低	⑦增加热处理工序，适当提高工件硬度
钻头折断	①切削用量选择不当	①减少进给量和切削速度
	②钻头崩刃	②出现崩刃情况要及时发现，当加工较硬的钢件时，后角要适当减小
	③钻头横刃太长	③修磨横刃，减小横刃长度
	④钻头刃带严重磨损呈正锥形	④及时更换钻头，刃磨时将磨损部分全部磨掉

问题	产生原因	对　策
钻头折断	⑤导向套底端面与工件表面间距离太近，排屑困难	⑤加大导向套与工件间的距离
	⑥切削液供应不足	⑥切削液喷嘴对准加工孔口，加大切削液流量
	⑦切屑堵塞钻头的螺旋槽，或卷在钻头上，切削液不能进入孔内	⑦减小切削速度、进给量；采用断屑措施或采用分级进给方式，使钻头退出数次
	⑧导向套磨损成倒锥形，退刀时，钻屑夹在钻头与导向套之间	⑧及时更换导向套
	⑨快速行程终了位置距工件太近，快速行程转向工件进给时误差大	⑨增加工作行程距离
	⑩孔钻通时，由于进给阻力迅速下降而进给量突然增加	⑩修磨钻头顶角，尽可能降低钻孔轴向力，孔将要钻通时改为手动进给，并控制进给量
	⑪工件或夹具刚性不足，钻通时弹性恢复，使进给量突然增加	⑪减少机床、工件、夹具的弹性变形；改进夹紧定位；增加工件、夹具刚性；增加二次进给
	⑫进给丝杠磨损，动力头重锤重量不足。动力液压缸反压力不足，致使孔钻通时，动力头自动下落，使进给量增大	⑫及时维修机床，增加动力头重锤重量；增加二次进给
	⑬钻铸件时遇到缩孔	⑬对可能有缩孔的铸件减少进给量
	⑭锥柄扁尾折断	⑭更换钻头，并注意擦净锥柄油污
钻头寿命低	①同"钻头折断"中前七项	①同"钻头折断"中相应项
	②钻头切削部分几何形状与所加工的材料不适应	②加工铜件时，钻头选用较小后角，避免钻头自动钻入工件，使进给量突然增加；加工低碳钢时，适当增大后角；加工较硬钢材时，采用双重钻头顶角、开分屑槽或修磨横刃等
	③其他	③改用新型适用的高速钢（铝高速钢、钴高速钢）钻头，或采用涂层刀具，消除加工件的夹砂、硬点等

33. 什么是扩孔加工？扩孔加工具有哪些工艺特点？

答：（1）扩孔加工是指用扩孔钻或麻花钻，将工件上原有的孔进行扩大的加工。扩孔加工一般应用于孔的半精加工和铰孔前的预加工。

（2）扩孔加工工艺特点：

①扩孔钻的结构特点。扩孔通常使用扩孔钻，由于扩孔的切削条件比钻孔有较大的改善，因此扩孔钻结构与麻花钻有很大的区别。其结构特点是：扩孔因中心不切削，故扩孔钻没有横刃，切削刃较短。由于背吃力 a_p 小，容屑槽较小、较浅，钻心较粗，刀齿增加，整体式扩孔钻有 3～4 个齿。

②扩孔加工的切削用量。基于上述特点，扩孔钻具有较好的刚度、导向性和切削稳定性，从而能在保证质量的前提下，在扩孔时可增大切削用量。

③扩孔加工公差等级可达 IT10～IT9，表面粗糙度值为 $Ra12.5～Ra3.2pm$，与钻孔相比具有较高的位置精度和形状精度。

34. 扩孔工艺参数有哪些？

答：扩孔的工艺参数见表 4 - 13。

表 4 - 13　　　　　　　　　　扩孔的工艺规范

扩孔直径（mm）	定位直径（mm）	转速（r/min）	进给量（r/mm）
48～54	19～23	70～118	0.2～0.5
64～81	32	70～118	0.2～0.5
84～108	64	40～60	0.2～0.5
113～134	100	40	0.2～0.5

35. 你知道扩孔钻的磨钝标准和耐用度吗？

答：扩孔钻的磨钝标准和耐用度见表 4 - 14 及表 4 - 15。

表 4 - 14　　　　　　　　　　扩孔钻的磨钝标准

刀具材料	加工材料	直径 do（mm）	
		≤20	＞20
		后刀面最大磨损限度（mm）	
高速钢	钢	0.4～0.8	0.4～0.8
	不锈钢、耐热钢	—	
	钛合金	—	
	铸铁	0.6～0.9	0.9～1.4
硬质合金	钢（扩孔钻）、铸铁	0.6～0.8	0.8～1.4
	淬硬钢	0.5～0.7	

　　　　　　　　　　　　　扩孔钻（扩孔）的耐用度

加工形式	加工材料	刀具材料	刀具直径 do（mm）							
			<6	6～10	11～20	21～30	31～40	41～50	51～60	61～80
			刀 具 寿 命 T（min）							
单刀加工	结构钢及铸钢，铸铁、铜合金及铝合金	高速钢、硬质合金	—	—	30	40	50	60	80	100

多刀加工	刀 具 数 量				
	3	5	8	10	≥15
	刀 具 寿 命				
	50	80	100	120	140
	80	110	140	150	170
	100	130	170	180	200
	120	160	200	220	250
	150	200	240	260	300

注：进行多刀加工时，如扩孔钻及刀头的直径大于 60mm，则随调整复杂程度的不同，刀具寿命取为 $T=150\sim300\text{min}$。

36. 高速钢扩孔钻加工结构钢时，如何选用切削速度？

答： 高速钢扩孔钻加工结构碳钢（$\sigma_b=650\text{MPa}$）时的切削速度见表 4‑16。

表 4‑16　　高速钢扩孔钻加工结构碳钢（$\sigma_b=650\text{MPa}$）时的切削速度

f（mm/r）	$d_0=15\text{mm}$ 整体 $a_p=1.0\text{mm}$	$d_0=20\text{mm}$ 整体 $a_p=1.5\text{mm}$	$d_0=25\text{mm}$ 整体 $a_p=1.5\text{mm}$	$d_0=25\text{mm}$ 套式 $a_p=1.5\text{mm}$	$d_0=30\text{mm}$ 整体 $a_p=1.5\text{mm}$	$d_0=30\text{mm}$ 套式 $a_p=1.5\text{mm}$	$d_0=35\text{mm}$ 整体 $a_p=1.5\text{mm}$
0.3	34.0	38.0	29.7	26.5	—	—	—
0.4	29.4	32.1	25.7	22.9	27.1	24.2	25.2
0.5	26.3	28.7	23.0	20.5	24.3	21.7	22.5
0.6	24.0	26.2	21.0	18.7	22.1	19.8	20.5
0.7	22.2	24.2	19.4	17.3	20.5	18.3	19.0
0.8	—	22.7	18.2	16.2	19.2	17.1	17.8
0.9	—	21.4	17.1	15.3	18.1	16.1	16.8

续表

f (mm/r)	$d_0=15$mm 整体 $a_p=1.0$mm	$d_0=20$mm 整体 $a_p=1.5$mm	$d_0=25$mm 整体 $a_p=1.5$mm	$d_0=25$mm 套式 $a_p=1.5$mm	$d_0=30$mm 整体 $a_p=1.5$mm	$d_0=30$mm 套式 $a_p=1.5$mm	$d_0=35$mm 整体 $a_p=1.5$mm
1.0	—	20.3	16.2	14.5	17.2	15.3	15.9
1.2	—	—	14.8	13.2	15.6	14.0	14.5
1.4	—	—	—	—	14.5	12.9	13.4
1.6	—	—	—	—	—	—	12.6

f (mm/r)	$d_0=35$mm 套式 $a_p=1.5$mm	$d_0=40$mm 整体 $a_p=2.0$mm	$d_0=40$mm 套式 $a_p=2.0$mm	$d_0=50$mm 套式 $a_p=2.5$mm	$d_0=60$mm 套式 $a_p=3.0$mm	$d_0=70$mm 套式 $a_p=3.5$mm	$d_0=80$mm 套式 $a_p=4.0$mm
0.4	22.4	24.7	—	—	—	—	—
0.5	20.1	22.1	19.7	18.5	17.6	—	—
0.6	18.3	20.2	18.0	16.9	16.1	15.5	14.4
0.7	17.0	18.7	16.7	15.6	14.9	14.3	13.4
0.8	15.9	17.5	15.6	14.6	13.9	13.4	12.5
1.0	14.2	15.6	14.0	13.1	12.5	12.0	11.1
1.2	13.0	14.3	12.7	12.0	11.4	10.9	10.2
1.4	12.0	13.2	11.8	11.1	10.5	10.1	9.4
1.6	11.2	12.3	11.0	10.4	9.9	9.5	8.8
1.8	—	—	—	9.8	9.3	8.9	8.3
2.0	—	—	—	9.3	8.8	8.5	7.9
2.2	—	—	—	—	8.4	8.1	7.5
2.4	—	—	—	—	—	7.7	7.2

37. 高速钢扩孔钻加工灰铸铁时，如何选用切削速度？

答：高速钢扩孔钻加工灰铸铁（190HBW）时的切削速度见表 4-17。

表 4-17　　　高速钢扩孔钻加工灰铸铁（190HBW）时的切削速度

f (mm/r)	$d_0=15$mm 整体 $a_p=1.0$mm	$d_0=20$mm 整体 $a_p=1.5$mm	$d_0=25$mm 整体 $a_p=1.5$mm	$d_0=25$mm 套式 $a_p=1.5$mm	$d_0=30$mm 整体 $a_p=1.5$mm	$d_0=30$mm 套式 $a_p=1.5$mm	$d_0=35$mm 整体 $a_p=1.5$mm
0.3	33.1	35.1	—	—	—	—	—
0.4	29.5	31.3	29.4	26.4	—	—	—
0.5	27.0	28.6	26.9	24.1	28.0	23.7	

续表

f (mm/r)	$d_0=15$mm 整体 $a_p=1.0$mm	$d_0=20$mm 整体 $a_p=1.5$mm	$d_0=25$mm 整体 $a_p=1.5$mm	$d_0=25$mm 套式 $a_p=1.5$mm	$d_0=30$mm 整体 $a_p=1.5$mm	$d_0=30$mm 套式 $a_p=1.5$mm	$d_0=35$mm 整体 $a_p=1.5$mm
0.6	25.1	26.6	25.0	22.4	26.0	23.2	25.7
0.8	22.4	23.7	22.3	20.0	23.0	20.7	22.9
1.0	20.5	21.7	20.4	18.3	21.2	19.0	20.9
1.2	19.0	20.1	19.0	17.0	19.7	17.6	19.5
1.4	—	18.9	17.8	16.0	18.5	16.6	18.3
1.6	—	17.9	16.9	15.1	17.5	15.7	17.3
1.8	—	—	16.1	14.4	16.7	15.0	16.5
2.0	—	—	—	—	16.0	14.4	15.9
2.4	—	—	—	—	—	—	14.7
2.8	—	—	—	—	—	—	—

f (mm/r)	$d_0=35$mm 套式 $a_p=1.5$mm	$d_0=40$mm 整体 $a_p=2.0$mm	$d_0=40$mm 套式 $a_p=2.0$mm	$d_0=50$mm 套式 $a_p=2.5$mm	$d_0=60$mm 套式 $a_p=3.0$mm	$d_0=70$mm 套式 $a_p=3.5$mm	$d_0=80$mm 套式 $a_p=4.0$mm
0.6	23.0	25.6	23.0				
0.8	20.5	22.8	20.5	20.3	20.1		
1.0	18.7	20.9	18.7	18.5	18.4	18.3	18.2
1.2	17.4	19.4	17.4	17.2	17.1	17.0	16.9
1.4	16.4	18.3	16.4	16.2	16.1	16.0	15.9
1.6	15.5	17.3	15.5	15.4	15.2	15.2	15.1
2.0	14.2	15.8	14.2	14.0	13.9	13.9	13.8
2.4	12.4	14.7	13.2	13.1	13.0	12.9	12.8
2.8	—	13.8	12.4	12.3	12.2	12.1	12.1
3.2	—	—	—	11.6	11.6	11.5	11.4
3.6	—	—	—	—	11.0	11.0	10.9
4.0	—	—	—	—	—	10.5	10.5

38. 扩孔方法有哪些?

答: (1) 用麻花钻扩孔。在实际生产中,常用经修磨的麻花钻当扩孔钻使用。在实心材料上钻孔,如果孔径较大,不能用麻花钻一次钻出,常用直径较小的麻花钻预钻一孔,然后用大直径的麻花钻进行扩孔,如图 4-19 所示。

在预钻孔上扩孔的麻花钻,其几何参数与钻孔时基本相同。由于扩孔时避免了麻花钻横刃切削的不良影响,可适当提高切削用量。同时,由于吃刀深度减小,使切屑容易排出,因此扩孔后,孔的表面粗糙度也有一定的提高。用麻花钻扩孔时,扩孔前的钻孔直径为孔径的 0.5～0.7 倍,扩孔时的切削速度约为钻孔的 1/2,进给量为钻孔的 1.5～2 倍。

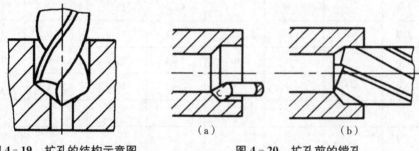

图 4-19 扩孔的结构示意图   图 4-20 扩孔前的镗孔

(2) 用扩孔钻扩孔。扩孔钻的切削条件要比麻花钻头好。由于它的切削刃较多,因此扩孔时切削比较平稳,导向作用好,不易产生偏移。为提高扩孔的精度,还应注意以下几点:

①钻孔后,在不改变工件和机床主轴相互位置的情况下,立即换上扩孔钻,进行扩孔。这样可使钻头与扩孔钻的中心重合,使切削均匀平稳保证加工质量。

②扩孔前先用镗刀镗出一段直径与扩孔钻相同的导向孔,如图 4-20 所示,这样可使扩孔钻在一开始就有较好的导向,而不致随原有不正确的孔偏斜。这种方法多用于在铸孔、锻孔上进行扩孔。

③可采用钻套为导向进行扩孔。套式扩孔钻使用前先装在具有 1∶30 锥度的专用刀杆上,刀杆的尾部具有莫氏自锁圆锥,如图 4-21 所示。

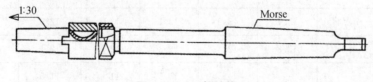

图 4-21 刀杆结构

39. 你知道扩孔钻扩孔中的常见问题及对策吗?

答: 扩孔钻扩孔中的常见问题及对策见表 4-18。

表 4 - 18　　　　　　　　　　扩孔钻扩孔中常见问题及对策

问　题	产生原因	对　　策
孔径增大	①扩孔钻切削刃摆差大	①刃磨时保证摆差在允许范围内
	②扩孔钻刃口崩刃	②及时发现崩刃情况，更换刀具
	③扩孔钻刃带上有切屑瘤	③将刃带上的切屑瘤用油石修整到合格
	④安装扩孔钻时，锥柄表面有油污，或锥面有磕、碰伤	④安装扩孔钻前必须将扩孔钻锥柄及机床主轴锥孔内部油污擦干净，用油石修光锥面磕、碰伤处
孔表面粗糙	①切削用量过大	①适当降低切削用量
	②切削液供给不足	②切削液喷嘴对准加工孔口，加大切削液流量
	③扩孔钻过度磨损	③定期更换扩孔钻；刃磨时把磨损区全部磨去
孔位置精度超差	①导向套配合间隙大	①位置公差要求较高时，导向套与刀具配合要精密
	②主轴与导向套同轴度误差大	②校正机床与导向套位置
	③主轴轴承松动	③调整主轴轴承间隙
定程切削精度不够	①主轴轴向间隙太大	①调整主轴上的背母，消除轴向间隙
	②切削定程装置的滚轮拨叉机构损坏或离合器调整不当	②检查修复损坏零件，调整离合器，使撞块与滚轮相碰时，离合器能立即脱开
钻孔轴线倾斜	①主轴移动轴线与立柱导轨不平行	①检查其平行度，若主轴套移动中心线与立柱导轨平行度超差，则应修刮进给箱导轨面
	②主轴回转中心线与工作台面不垂直	②检查其垂直度，若主轴套移动中心线对工作台面的垂直度超差，则应修刮工作台面导轨
钻孔时振摆	①进给箱或下部工作台锁紧不牢固	①锁紧进给箱或下部工作台
	②导套与主轴套磨损严重	②更换导套和主轴套
	③钻杆弯曲变形或轴承损坏	③校正钻杆或更换轴承

40. 什么是锪孔加工？锪孔钻的种类与用途如何？

答：用锪钻或改制的钻头将孔口表面加工成一定形状的孔和平面称为锪孔，锪孔及其应用如图 4-22 所示。锪孔钻的种类与用途如下：

 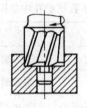

（a）锪锥形沉孔　　　（b）锪圆柱形沉孔　　　（c）锪平面

图 4 - 22　锪孔加工示意

（1）柱形锪钻：用来锪柱形沉头孔的锪钻为柱形锪钻，如图 4 - 23（a）所示。其结构如图 4 - 23（b）所示，柱形锪钻具有主切削刃和副切削刃，端面切削刃 1 为主切削刃起主要切削作用，外圆上切削刃 2 为副切削刃起修光孔壁的作用。锪钻前端有导柱，导柱直径与工件原有的孔采用基本偏差为 f 的间隙配合，以保证锪孔时有良好的定心和导向作用。导柱分整体式和可拆的两种，可拆的导柱能按工件原有孔直径的大小进行调换，使锪钻应用灵活。

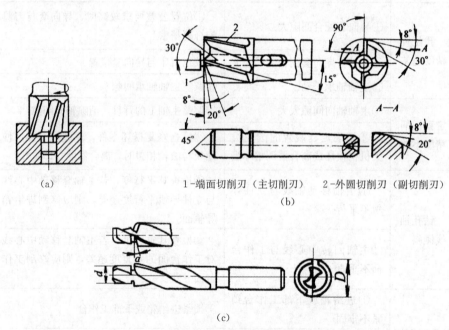

（a）

1-端面切削刃（主切削刃）　　2-外圆切削刃（副切削刃）

（b）

（c）

图 4 - 23　柱形锪钻

柱形锪钻的螺旋角就是它的前角，即 $\gamma_0 = \beta = 15°$，后角 $\alpha_f = 8°$，副后角 $\alpha'_f = 8°$。柱形锪钻也可用麻花钻改制，如图 4 - 23（c）所示。导柱直径 d 与工件原有的孔采用基本偏差为 f 的间隙配合。端面切削刃须在锯片砂轮上磨出，后角 $\alpha_f = 8°$，导柱部分两条螺旋槽锋口须倒钝。麻花钻也可改制成不带

导柱的平底锪钻，用来锪平底不通孔

（2）锥形锪钻：用来锪锥形沉头孔的锪钻为锥形锪钻，如4-24（a）所示。锥形锪钻结构如图4-24（b）所示，按其锥角大小可分60°、75°、90°和120°等4种，其中90°使用最多。直径$d=12\sim60$mm，齿数为4～12个。锥形锪钻的前角即$\gamma_0=0°$，后角$\alpha_f=6°\sim8°$，为了增加近钻尖处的容屑空间，每隔一切削刃将此处的切削刃磨去一块。

锥形锪钻也可用麻花钻改制。锥角大小按工件锥孔度数磨出，后角和外缘处前角磨得小些，避免锪孔时产生振痕。

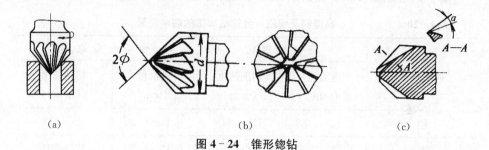

（a）　　　　　　　　　　　（b）　　　　　　　　　　（c）

图 4‑24　锥形锪钻

（3）端面锪钻：用来锪平孔端面的锪钻称为端面锪钻。端面锪钻有多齿形端面锪钻，如图4-25（a）所示。其端面刀齿为切削刃，前端导柱用来定心、导向以保证加工后的端面与孔中心线垂直。简易的端面锪钻如图4-25（b）所示。刀杆与工件孔配合端的直径采用基本偏差为f的间隙配合，保证良好的导向作用。刀杆上的方孔要尺寸准确，与刀片采用基本偏差为h的间隙配合，并且保证刀片装入后，切削刃与刀杆轴线垂直。前角由工件材料决定，锪铸铁时$\gamma_0=5°\sim10°$；锪钢件时$\gamma_0=15°\sim25°$，后角$\alpha_o=6°\sim8°$，副后角$\alpha'_f=4°\sim6°$。

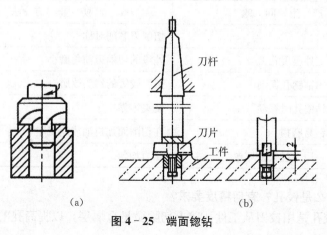

（a）　　　　　　　　　　　（b）

图 4‑25　端面锪钻

41. 如何选择锪孔的速度？

答：锪孔速度的选择因工件材料而异，详见表 4‒19。

表 4‒19 锪孔速度的选择

工件材料	铸铁	钢件	有色金属
切削速度（m/min）	8～12	8～14	25

42. 如何选择高速钢及硬质合金锪钻加工的切削用量？

答：高速钢及硬质合金锪钻加工的切削用量见表 4‒20。

表 4‒20 高速钢及硬质合金锪钻加工的切削用量

加工材料	高 速 钢 锪 钻		硬 质 合 金 锪 钻	
	进给量 f（mm/r）	切削速度 v（m/min）	进给量 f（mm/r）	切削速度 v（m/min）
铝	0.13～0.38	120～245	0.15～0.30	15～245
黄铜	0.13～0.25	45～90	0.15～0.30	120～210
软铸铁	0.13～0.18	37～43	0.15～0.30	90～107
软钢	0.08～0.13	23～26	0.10～0.20	75～90
合金钢及工具钢	0.08～0.13	12～24	0.10～0.20	55～60

43. 锪孔时产生的问题及预防方法如何？

答：锪孔时产生的问题及预防方法见表 4‒21。

表 4‒21 锪孔时产生问题及预防方法

产 生 问 题	防 止 方 法
孔径变大	切削刃磨削对称
锪材质较软工件出现孔刀	外缘的切削刃前角磨小
钻头改磨的锪钻锪孔振动	选取较短的钻头改磨
装配结构锪钻锪孔时振动	装夹牢靠
锪钢件时锪钻易磨损	在切削面加机油或润滑脂
手动进给时，用力过大损坏锪钻	压力均匀

44. 什么是铰孔？有何精度要求？

答：铰孔是用铰刀从工件孔壁上切除微量金属层，以提高孔的尺寸精度和降低表面粗糙度。由于铰刀的刀齿数量多，切削余量小，故切削阻力小，导向性好，加工精度高，一般可达 IT9～IT7，表面粗糙度值 $Ra3.2～0.8\,\mu m$，属孔的精加工。

45. 铰刀的结构、分类及特点是什么？

答：（1）铰刀结构：如图4-26所示为整体圆柱铰刀，其主要用来铰削标准系列的孔。它由工作部分、颈部和柄部3个部分组成。工作部分主要起切削和校准作用，校准处直径有倒锥度，而柄部则用于被夹具夹持，有直柄和锥柄之分。

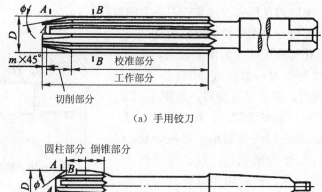

（a）手用铰刀

（b）机用铰刀

图4-26 整体圆柱铰刀的结构

（2）铰刀分类：铰刀有圆柱形和圆锥形两种，前者比较常用。

①按使用的情况来分，有手用铰刀和机用铰刀，机用铰刀又可分为直柄和锥柄（手用的都是直柄型）。

②按用途来分，铰刀可分整体圆柱铰刀（铰削标准直径系列的孔）、可调节的手用铰刀（在单件生产和修配工作中需要铰削少量的非标准孔）、锥铰刀（用于铰削圆锥孔）、螺纹槽手用铰刀（铰削有键槽孔）及硬质合金机用铰刀（用于高速铰削和铰削硬材料）。

铰刀的容屑槽有直槽和螺旋槽之分。手用铰刀一般材质为合金工具钢，机用铰刀材料为高速钢。

（3）锥铰刀：用来铰削圆锥孔的铰刀，如图4-27所示。常用的锥铰刀有以下4种：

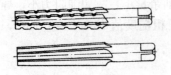 

（a）成套锥铰刀　　　　　　（b）铰削定位销孔铰刀

图 4‑27　锥铰刀的种类

①1：10 锥铰刀是用来铰削联轴器上与锥销配合的锥孔。

②莫氏锥铰刀是用来铰削 0 号～6 号莫氏锥孔。

③1：30 锥铰刀是用来铰削套式刀具上的锥孔。

④1：50 锥铰刀是用来铰削定位销孔。

1：10 锥孔和莫氏锥孔的锥度较大，为了铰孔省力，这类铰刀一般制成 2～3 把一套，其中一把精铰刀，其余是粗铰刀，如图 4‑27（a）所示是 2 把一套的锥铰刀。粗铰刀的切削刃上开有螺旋形分布的分屑槽，以减轻切削负荷。对尺寸较小的圆锥孔，铰孔前可按小端直径钻出圆柱孔，然后再用圆锥铰刀铰削

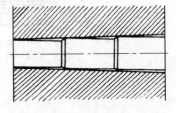

图 4‑28　阶梯孔

即可。对尺寸和深度较大或锥度较大的圆锥孔，铰孔前的底孔应钻成阶梯孔，如图 4‑28 所示。阶梯孔的最小直径按锥铰刀小端直径确定，其余各段直径可根据锥度公式推算。

（4）可调节手铰刀：在单件生产和修配工作中用来铰削非标准孔，其结构如图 4‑29 所示。可调节手铰刀由刀体、刀齿条及调节螺母等组成。刀体上开有六条斜底直槽，具有相同斜度的刀齿条嵌在槽内，并用两端螺母压紧，固定刀齿条。调节两端螺母可使刀齿条在槽中沿斜槽移动，从而改变铰刀直径。标准可调节手铰刀，其直径范围为 6～54mm。可调节手铰刀刀体用 45 钢制作。直径小于或等于 12.75mm 的刀齿条，用合金工具钢制作；直径大于 12.75mm 的刀齿条，用高速钢制作。

刀体　刀条　　　　　　　　　　　调节螺母

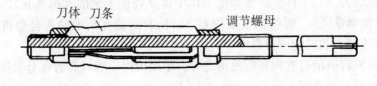

图 4‑29　可调节手铰刀

（5）螺旋槽手铰刀：用来铰削带有键槽的圆柱孔。用普通铰刀铰削带有键

92

槽的孔时，切削刃易被键槽边勾住，造成铰孔质量的降低或无法铰削。螺旋槽铰刀其切削刃沿螺旋线分布，如图4-30所示。铰削时，多条切削刃同时与键槽边产生点的接触，切削刃不会被键槽边勾住，铰削阻力沿圆周均匀分布，铰削平稳，铰出的孔光洁。铰刀螺旋槽方向一般是左旋，可避免铰削时因铰刀顺时针转动而产生自动旋进的现象；左旋的切削刃还能将铰下的切屑推出孔外。

图4-30　螺旋槽手铰刀

46. 如何修磨铰刀？

答：铰刀在使用中可以通过手工修磨，保持和提高其良好的切削性能。具体修磨方法如下：

（1）研磨或修磨后的铰刀，为了使切削刃顺利地过渡到校准部分，必须用油石仔细地将过渡处的尖角修成小圆弧，并要求各齿圆弧大小一致，以免因圆弧不一致而产生径向偏摆。

（2）铰刀刃口有毛刺或黏结切屑瘤时，要用油石研磨掉。

（3）切削刃后面磨损不严重时，可用油石沿切削刃垂直方向轻轻研磨，加以修光，如图4-31所示。

若要将铰刀刃带宽度磨窄时，也可用上述方法将刃带研出1°左右的小斜面（如图4-32所示），并保持需要的刃带宽度。但研磨后面时，不能将油石沿切削刃方向推动（如图4-33所示），这样很可能将刀齿刃口磨圆，从而降低其切削性能。

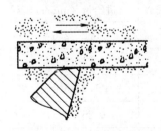 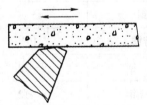 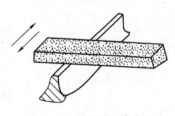

图4-31　铰刀后面的研磨　　图4-32　修订磨铰刀刃带　　图4-33　错误的研磨方法

（4）当刀齿前面需要研磨时，应将油石紧贴在前面上，沿齿槽方向轻轻推动进行研磨，但应特别注意不要研坏刃口。

（5）铰刀在研磨时，切勿将刃口研凹，必须保持铰刀原有的几何形状。

47. 铰刀号数及精度如何？

答：标准铰刀按直径公差分为一号、二号、三号，其对应的精度等级见表

4-22。

表 4-22 铰刀号数及精度

铰刀号数	未研磨	研磨
一号	H8~H9	N7、M7、K7、J7
二号	H10	H7
三号	H11	H8

48. 如何选择铰削余量？

答：正确选择铰削余量，既能保证加工孔的精度又能提高铰刀的使用寿命。铰削余量应依据加工孔径的大小、精度、表面粗糙度、材料的软硬、上道工序的加工质量和铰刀类型等多种因素进行选择。若对铰削精度要求较高的孔，必须经过扩孔或粗铰孔工序后进行精铰孔，这样才能保证铰孔的质量。一般铰削余量的选择见表 4-23。

表 4-23 铰削余量

铰孔直径（mm）	＜5	5~20	21~32	33~50	51~70
铰孔余量（mm）	0.1~0.2	0.2~0.3	0.3	0.5	0.8

49. 如何选择机铰时的切削速度和进给量？

答：机铰时切削速度和进给量的选择见表 4-24。

表 4-24 机铰时切削速度和进给量的选择

铰刀材料	工件材料	切削速度（m/min）	进给量（mm/r）
高速钢	钢	4~8	0.2~2.6
	铸铁	10	0.4~5.0
	铜、铝	8~12	1.0~6.4
硬质合金	淬火钢	8~12	0.25~0.50
	未淬火钢	8~12	0.35~1.2
	铸铁	10~14	0.9~2.2

50. 手工铰孔应注意哪些事项呢？

答：（1）工件装夹位置要正确，应使铰刀的中心线与孔的中心线重合。对薄壁工件夹紧力不要过大，以免将孔夹扁，铰削后产生变形。在铰削过程中，两手用力要平衡，旋转铰手的速度要均匀，铰手不得摆动，以保持铰削的稳定性，避免将孔径扩大或将孔口铰成喇叭形。铰削进给时，不要用过大的力压铰手，而应随着铰刀的旋转轻轻地对铰手加压，使铰刀缓慢地引伸进入孔内，并均匀进给，以保证孔的加工质量。

（2）注意变换铰刀每次停歇的位置，以消除铰刀在同一处停歇所造成的振痕。铰刀不能反转，即使退刀时也不能反转，即要按铰削方向，边旋转边向上提起铰刀。铰刀反转会使切屑卡在孔壁和后面之间，将孔壁刮毛。同时，铰刀也容易磨损，甚至造成崩刃。

（3）铰削钢料工件时，切屑碎末容易黏附在刀齿上，应经常清除。铰削过程中，如果铰刀被切屑卡住时，不能用力扳转铰手，以防损坏铰刀。应想办法将铰刀退出，清除切屑后，再加切削液，继续铰削。

51. 机动铰孔应注意哪些事项?

答：（1）必须保证钻床主轴、铰刀和工件孔三者的同轴度。当孔精度要求较高时，应采用浮动式铰刀夹头装夹铰刀，以调整铰刀的轴线位置。

常用浮动式铰刀夹头有两种。如图 4 - 34 所示是一种比较简单的浮动式铰刀夹头，图中只有销轴与夹头体为间隙配合，装锥柄铰刀的套筒只能在此轴转动方向有浮动范围，所以铰刀轴心线的调整受到一定限制，只适用于轴心线偏差不大的工件采用。如图 4 - 35 所示为万向浮动式铰刀夹头，图中套筒上端为球面，与垫块零件以点接触，这样，在销轴与夹具体配合间隙许可的范围内，铰刀的浮动范围得到扩大，所以铰刀可以在任意方向调整铰刀轴心线的偏差。这种铰刀夹头适用于要求精度较高孔的加工使用。

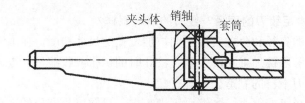

图 4 - 34　浮动式铰刀夹头

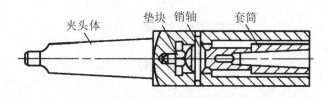

图 4 - 35　万向浮动式铰刀夹头

（2）开始铰削时先采用手动进给，当铰刀切削部分进入孔内以后，再改用自动进给。铰削盲孔时，应经常退刀，清除刀齿和孔内的切屑，以防切屑刮伤孔壁。铰削通孔时，铰刀校准部分不能全部铰出头，以免将孔的出口处刮坏。

（3）在铰削过程中，必须注入足够的切削液，以清除切屑和降低切削温度。铰孔完毕，应不停车退出铰刀，以免停车退出时拉伤孔壁。

52. 如何选用铰削时的切削液？

答：铰削的切屑一般都很细碎，容易黏附在切削刃上，甚至夹在孔壁与校准部分棱边之间，将已加工表面拉毛。铰削过程中，热量积累过多也将引起工件和铰刀的变形或孔径扩大。因此铰削时必须采用适当的切削液，以减少摩擦和散发热量，同时将切屑及时冲掉。切削液的选择见表 4-25。

表 4-25　　　　　　　　　　　铰孔时的切削液

工件材料	切　　　削　　　液
钢	①体积分数 10%～20%乳化液 ②铰孔要求较高时，可采用体积分数为 30%菜油加 70%乳化液 ③高精度铰削时，可用菜油、柴油、猪油
铸铁	①不用 ②煤油，但要引起孔径缩小（最大缩小量：0.02～0.04mm） ③低浓度乳化液
铝	煤油
铜	乳化液

53. 怎样确定铰刀的直径？铰刀的研磨怎样？

答：铰刀的直径和公差直接影响被加工孔的尺寸精度。在确定铰刀的直径和公差时，应考虑被加工孔的公差、铰孔时的扩张或收缩量、铰刀使用时的磨损量，以及铰刀本身的制造公差等。

铰孔后孔径可能缩小，其缩小因素很多，目前对收缩量的大小尚无统一规定。一般对铰刀直径的确定多采用经验数值。铰削基准孔时铰刀公差可按下式确定：

$$上偏差 = \frac{2}{3} 被加工孔公差$$

$$es = \frac{2}{3} IT$$

$$下偏差 = \frac{1}{3} 被加工孔公差$$

$$ei = \frac{1}{3} IT$$

若工件被加工孔的尺寸为 $\phi 16^{+0.027}_{0}$ mm，求所用铰刀的直径尺寸。那么，铰刀直径的基本尺寸应为 $\phi 16$mm。铰刀公差：

$$上偏差\ es=\frac{2}{3}IT=\frac{2}{3}\times 0.027=0.018mm$$

$$下偏差\ ei=\frac{1}{3}IT=\frac{1}{3}\times 0.027=0.009mm$$

因此，所选用铰刀尺寸应为 $\phi 16^{+0.018}_{0.009}$ mm。新的标准圆柱铰刀，直径上留有研磨余量，而且棱边的表面粗糙度也较差，所以铰削标准公差等级为 IT8 以上的孔时，先要将铰刀直径研磨到所需要的尺寸精度。研磨铰刀的方法有以下几种：

（1）径向调整式研磨工具，如图 4-36 所示。它是由壳套、研套和调整螺钉组成的。孔径尺寸用精镗或由待研的铰刀铰出，研套上铣出开口斜槽，由调整螺钉控制研套弹性变形，进行研磨以达到要求的尺寸。径向调整式研磨工具制造方便，但研套的孔径尺寸不易调成一致，所以研磨的精度不高。

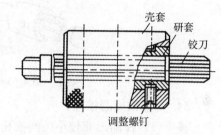

图 4-36　径向调整式研磨工具结构

（2）轴向调整式研磨工具，如图 4-37 所示。它是由壳套、研套、调整螺母和限位螺钉组成的。研套和壳套以圆锥配合。研套沿轴向铣有开口直槽，这样可依靠弹性变形改变孔径的尺寸。研套外圆上还铣有直槽，在限位螺钉的控制下，只能做轴向移动而不能转动。当旋动两端的调整螺母，研套在轴向移动的同时可使研套的孔径得到调整。轴向调整式研磨工具的研套孔径胀缩均匀、准确，能使尺寸公差控制在很小的范围内，所以适用于研磨精密铰刀。

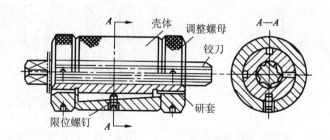

图 4-37　轴向调整式研磨工具结构

（3）整体式研磨工具是由铸铁棒经加工后，孔径尺寸最后由待研的铰刀铰出。这种研具制造简单，但没有调整量，只适用于研磨单件生产精度要求不高的铰刀。

无论采用哪种研具，研磨方法都相同。铰刀用两顶尖和拨盘装夹在车床上。研磨时铰刀由拨盘带动旋转，如图 4-38 所示，旋转方向要与铰削方向相反，转速以 40～60r/min 为宜。研具套在铰刀的工作部分上，将研套孔的尺寸调整到能在铰刀上自由滑动和转动为宜。研磨剂的放置要均匀。研磨时，用手握住研具作轴向均匀的往复移动。研磨过程中要随时注意检查，及时清除铰刀沟槽中的研垢，并重新换上研磨剂再研磨。

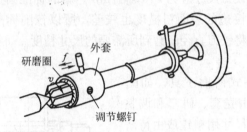

图 4-38　铰刀的研磨

54. 怎样铰削圆锥孔？

答：（1）铰削尺寸较小的圆锥孔：先按圆锥孔小端直径并留铰削余量钻出圆柱孔，孔口按圆锥孔大端直径锪出 45°的倒角，然后用圆锥铰刀铰削。在铰削过程中一定要及时用精密配锥（或圆锥销）试深控制尺寸，如图 4-39 所示。

（2）铰削尺寸较大的圆锥孔：铰孔前先将工件钻出阶梯孔，如图 4-40 所示。1：50 的圆锥孔可钻两节阶梯孔。1：10 圆锥孔、1：30 圆锥孔、莫氏锥孔、圆锥管螺纹底孔可钻三节阶梯孔。阶梯孔的最小直径按锥孔小端直径确定，并留有铰削余量。其余各段直径可根据锥度计算公式算得。

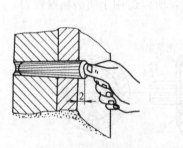

图 4-39　用圆锥销检查铰孔尺寸

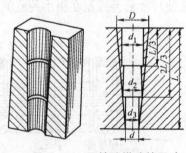

图 4-40　预钻阶梯孔的尺寸

55. 你知道铰孔中的常见问题及对策吗？

答：铰孔中常见问题及对策见表 4-26。

铰孔中常见问题及对策

问 题	原 因	对 策
孔壁表面粗糙度值超差	①铰孔余量太大或太小	①选留适当余量
	②进给量太大或太小	②选适当进给量
	③切削刃不锋利或前、后面粗糙度高	③修磨前、后面
	④未用切削液或选择不当	④选择合适的切削液
	⑤铰刀退出时反转	⑤铰刀退出也应顺转
	⑥切削速度过高，产生刀瘤	⑥降低切削速度
	⑦切屑积聚过多	⑦及时清除切屑
	⑧刀刃上有崩裂、缺口	⑧重新刃磨或更换铰刀
孔呈多角形	①铰削余量太大，铰刀震动	①分粗、精两次铰孔
	②铰削前底孔不圆	②铰前先扩孔
	③孔口端面不平或太硬	③锪平孔端面
孔径扩大	①铰刀与孔中心不重合	①采用浮动夹头或快换夹头
	②手铰孔时两手用力不均	②注意两手用力平衡
	③铰铸铁孔未加注煤油	③加注煤油
	④铰锥孔铰得过深	④及时用锥度规检验
	⑤进给量与加工余量过大	⑤减小进给量或加工余量
孔径收缩	①铰刀磨损直径变小	①修磨前刀面或更换新铰刀
	②铰刀钝刃	②重磨铰刀
	③铰铸铁加注煤油	③不加煤油
喇叭口	①切削锥角太大，铰削余量太大	①减小切削锥角和余量
	②刀刃径向跳大	②重铰进刀
	③钻床主轴中心与铰孔中心不重合	③重新装夹
	④手铰时，铰刀不正或用力不平衡	④保证铰刀与孔端面垂直

第五章　锯削、錾削、锉削

1. 什么是锯削？有何特点？

答：用锯对材料或工件进行切断或锯槽的加工方法称为锯削，用于锯断各种原材料或半成品，锯掉工件上多余部分或工件上锯槽等。锯条安装的松紧程度要适当；工件的锯削部位装夹时，应尽量靠近钳口，防止振动；锯削薄壁管件，必须选用细齿锯条；锯薄板件，还要在其两侧夹上木板，且锯条相对工件的倾斜角应≤45°。

2. 什么是手锯？它由哪两部分组成？其规格与应用如何？

答：手锯是钳工对材料或工件进行分割和切割的锯削工具，它由锯弓和锯条两部分组成。锯弓有固定式和可调式两种（如图 5-1 所示）。锯条是直接锯割材料和工件的刀具，一般由渗碳钢冷轧制成，也可用碳素工具钢或合金钢制成，经热处理淬硬。锯条的规格按其长度和粗细的不同区分，长度以锯条两端安装孔的中心距表示，常用的是 300mm；粗细是按照锯条每 25mm 长度内所包含的锯齿数，有 14、18、24 和 32 等几种。其规格和应用见表 5-1。

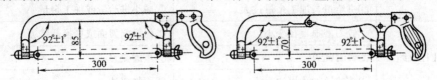

（a）固定式　　　　　　　　　（b）可调式

图 5-1　锯弓结构

表 5-1　　　　　　　　　　　　锯条规格和应用

种类	每 25mm 长度内齿数	应　　用
粗	14～18	锯削铸铁、紫铜、软钢、黄铜、铝、人造胶质材料
中	22～24	锯削中等硬度钢、厚壁的钢管、铜管、硬度较高的轻金属、黄铜、较厚型材
中细	32～20	一般工厂中用
细	32	锯削薄片金属、小型材、薄壁钢管、硬度较高的金属

3. 如何选择锯齿的切削角度及锯路？

答：锯条是手锯的切削部分。锯削时正确选用锯条是锯削操作中不容忽视的问题，要做到合理选用锯齿的切削角度及锯路，必须先了解以下几点：

（1）锯削时要达到较高的工作效率，同时使锯齿具有一定的强度。因此切削部分必须具有足够的容屑槽以及保证锯齿较大的楔角。目前使用的锯条锯齿角度是：前角为 0°；楔角为 50°；后角为 40°。锯齿角度如图 5-2 所示。

根据所锯材料的不同，锯齿上的各个角度也不相同。锯削时，可参照表 5-2 进行选择。

表 5-2   锯齿角度的选择

材　料	后角 α_0	楔角 β_0	前角 γ_0
一般	40°	50°	0°
硬性	20°	65°	5°
软性	30°	50°	10°

（2）锯削时，锯入工件越深锯缝两边对锯条的摩擦阻力越大，甚至把锯条咬住。制造时将锯条上的锯齿按一定规律左右错开排列成一定的形状称为锯路。锯路有交叉形、波浪形等。锯齿排列如图 5-3 所示。锯条有了锯路，使工件的锯缝宽度大于锯条背部的厚度，锯条便不会被锯缝咬住，减少了锯条与锯缝的摩擦阻力，锯条也不致摩擦过热而加快磨损。

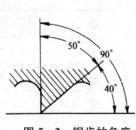

图 5-2　锯齿的角度

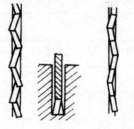

图 5-3　锯齿排列

锯削时锯齿的粗细应根据锯削材料的软硬和锯削面的厚薄来选择。粗齿锯条的容屑槽较大，适应锯削软材料和锯削面较大的工件。因为此时每锯一次的切屑较多，粗齿的容屑槽大，就不至于产生堵塞而影响切削效率。细齿锯条适应锯削硬材料，硬材料不易锯入，每锯一次的切屑较少，不致堵塞容屑槽，选用细齿锯条可使同时参加切削的齿数增加，从而使每齿的切削量减少，材料容易被切除，锯削比较省力，锯齿也不易磨损。

锯削面较小（薄）的工件，如锯割管子和薄板时，必须选用细齿锯条，否则锯齿很容易被钩住以致崩齿。

4. 手锯条怎样进行淬火与回火？

答：手锯条通常用碳素工具钢（T10、T12）或 20 号渗碳钢制成。碳素工具钢制作的手锯条淬火时，先预热至 770℃～790℃，然后在油中冷却，回火温度为 175℃～185℃，回火时间为 45min。

手锯条材料如果采用 20 号钢，可在液体渗碳后直接淬火。渗碳剂配方为：尿素 40％＋碳酸钠 28％＋氯化钾 20％＋氯化钠 12％。

手锯条淬火时，为减少侧面弯曲，可采用夹具，使锯条在张紧状态下淬火。淬火时产生的平面弯曲，可置于压紧夹具中回火校直。

热处理后，锯条齿部的硬度为 HRA 82.5～84.5，销孔处硬度小于 HRA 74。变形允差：侧面弯曲应小于 1.2mm，平面弯曲应小于 1.5mm。

5. 怎样根据工件的材料选择锯齿的粗细和锯削的速度？

答：锯齿有粗、中、细之分，其粗细必须与工件的材料相适应。一般说来，锯软性的、断面较大的工件用粗齿锯条；锯硬性的、断面较小的工件用细齿锯条。另外，不同的材料，锯削的速度也不一样。锯削时，锯齿的粗细和锯削的速度可根据表 5-3 选择。

表 5-3　　　　　　　　　　锯齿粗细和锯削速度的选择

材料种类	每分钟往复次数	锯齿粗细程度	每 25mm 长齿数
轻金属、紫铜和其他软性材料	80～90	粗	14～16
强度在 6MPa 以下的钢	60	中	22
工具钢	40	细	32
壁厚中等的管子和型钢	50	中	22
薄壁管子	40	细	32
压制材料	40	粗	14～16
强度超过 6MPa 的钢	30	细	32

6. 安装锯条时，应注意些什么？

答：安装锯条时，应注意以下几点：

（1）手锯是在向前推进时进行切削的，所以安装锯条时要保证齿尖向前。如图 5-4 所示锯条安装方向。

（2）同时安装锯条时其紧松也要适当：安装过紧，锯条受力大，锯削时稍有阻滞而产生弯折时，锯条很容易崩断；锯条安装得过松，锯条不但容易弯曲造成折断，而且锯缝易歪斜。

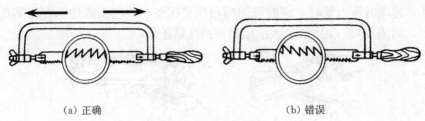

| (a) 正确 | (b) 错误 |

图 5-4　锯条的安装

(3) 锯条安装好后，还应检查锯条安装得是否歪斜、扭曲，因前后夹头的方榫与锯弓方孔有一定的间隙，如歪斜、扭曲，必须校正。

7. 锯削的操作要点有哪些?

答: 锯削的操作要点有以下几点:

(1) 工件的夹持应当稳当牢固，不可有弹动。工件伸出部分要短，并将工件夹在虎钳的左面。

(2) 压力、速度和往复长度。锯削时，两手作用在手锯上的压力和锯条在工件上的往复速度、长度，都将影响到锯削效率。确定锯削时的压力和速度，必须按照工件材料的性质来决定。

锯削硬材料时，因不易切入，压力应该大些;锯削软材料时，压力应小些。但不管何种材料，当向前推锯时，对手锯要加压力;向后拉时，不但不要加压力，还应把手锯微微抬起，以减少锯齿的磨损。每当锯削快结束时，压力应减小。钢锯的锯削速度以每分钟往复 20～40 次为宜。锯削软材料速度可快些，锯削硬材料速度应慢些。速度过快锯齿易磨损，过慢效率不高。锯削时，应使锯条全部长度都参加锯削，但不要碰撞到锯弓架的两端，这样锯条在锯削中的消耗平均分配于全部锯齿，从而延长锯条使用寿命，相反如只使用锯条中间一部分，将造成锯齿磨损不匀，锯条使用寿命缩短。锯削时一般往复长度不应小于锯条长度的三分之二。

8. 锯削的基本方法有哪些?

答: 锯削的基本方法包括锯削时锯弓的运动方式和起锯方法。

(1) 锯弓的运动方式有两种:一是直线往复运动，此方法适用于锯缝底面要求平直的槽子和薄型工件;另一种是摆动式，锯削时锯弓两端可自然上下摆动，这样可减少切削阻力，提高工作效率。

(2) 起锯是锯削工作的开始，起锯质量的好坏直接影响锯削质量。起锯有近起锯和远起锯两种，如图 5-5 所示起锯方法，在实际操作中较多采用远起锯。锯削时，无论采用哪种起锯方法，其起锯角要小（α 不超过 15° 为宜），若起锯的角度太大，锯齿会钩住工件的棱边，造成锯齿崩裂。但起锯角也不能太小，起锯角太小，锯齿不易切入，锯条易滑动而锯伤工件表面。

另外，起锯时压力要轻，同时可用拇指挡住锯条，使它正确地锯在所需的位置上，如图 5-5（d）所示表示用拇指挡住锯条起锯。

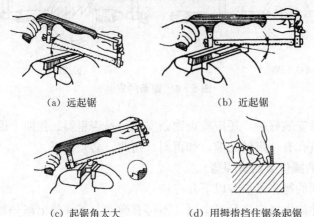

(a) 远起锯　　　　　　　　(b) 近起锯

(c) 起锯角太大　　　　(d) 用拇指挡住锯条起锯

图 5-5　起锯方法

（3）发现锯齿崩裂应立即停止锯削，取下锯条在砂轮上把崩齿的地方小心磨光，并把崩齿后面的几齿磨低些，如图 5-6 所示锯齿崩裂的处理。从工件锯缝中清除断齿后继续锯削。

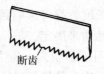　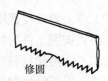

断齿　　　　　　修圆

图 5-6　锯齿崩裂的处理

9. 锯条损坏的原因是什么？怎样预防？

答：锯条损坏的原因及预防方法见表 5-4。

表 5-4　　　　　　　　锯条损坏的原因及预防方法

锯条损坏形式	损坏原因	预防方法
锯条折断	① 锯条装得过松或过紧	① 锯条松紧应装得适中
	② 工件抖动或松动	② 工件装夹应稳固，且使锯缝尽量靠近钳口
	③ 锯缝歪斜，借正时锯条扭曲折断	③ 握稳锯弓，使锯缝与划线重合
	④ 压力太大	④ 压力应适当
	⑤ 新锯条在旧锯缝中卡住	⑤ 调换新锯条从新的方向锯削
锯齿崩裂	① 锯条粗细选择不当	① 正确选用粗、细锯条
	② 起锯方向不对	② 纠正起锯方向和起锯角度
	③ 突然碰到砂眼杂质	③ 锯削铸件碰到砂眼时应减小压力

锯条损坏形式	损 坏 原 因	预 防 方 法
锯齿很快磨损	① 锯削时不加切削液	① 注意选用切削液
	② 速度太快（新工人易犯这个毛病）	② 锯削速度应适当

10. 锯削时产生废品的原因是什么？怎样预防？

答：锯削时产生废品的原因及预防方法见表 5-5。

表 5-5　　　　　　　　　　锯削时产生废品的原因及预防方法

废品形式	产 生 原 因	预 防 方 法
尺寸不对	① 划线不准	① 看清图样，划线时注意检查
	② 没按线加工	② 锯削时留有尺寸线
锯缝歪斜	① 锯条扭曲	① 重新调整锯条松紧
	② 锯齿一侧磨钝	② 重换新锯条
	③ 工件夹斜	③ 注意检查工件的夹持
	④ 压力过大	④ 减轻压力
拉伤表面	① 起锯时压力不均	① 速度放慢，压力均匀
	② 跑锯	② 注意握稳锯弓

11. 试举实例说明锯削方法。

答【例 5-1】棒料和轴类零件的锯削。

锯削前，将工件夹持平稳，尽量保持水平位置，使锯条与它保持垂直，以防止锯缝歪斜。

当被锯削工件锯后的断面要求比较平整、光洁，则锯削时应从一个方向连续锯削到结束。当锯后的断面要求不太高，锯削时每到一定深度（不超过中心）可不断改变锯削方向，最后一次锯断，这样锯削抗力减小，容易切入，提高了工作效率。

如锯削毛坯材料时，断面质量要求不高，为了节省时间，可分几个方向锯削（都不超过中心），然后将毛坯折断。毛坯棒料的锯削如图 5-7所示。

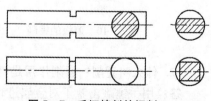

图 5-7　毛坯棒料的锯削

【例 5－2】管子的锯削。

锯削前把管子水平地夹持在台虎钳内，不能夹得太紧，以免管子变形，对于薄壁管子或精加工过的管子都应夹在木垫内，如图 5－8 所示薄壁管的夹持。

管子锯削时，不可从一个方向锯削到结束，这样锯削时锯齿易被钩住而崩齿，如图 5－9（b）所示，这样锯出的锯缝因为锯条跳动也不平整。所以当锯条锯到近管子内壁处，应将管子向推锯方向转过一个角度。锯条再依原有的锯缝继续锯削，不断转动，不断锯削，直至锯削结束。管子的锯削如图 5－9（a）所示。

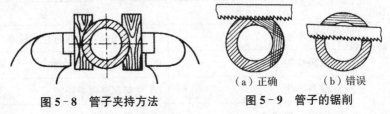

图 5－8　管子夹持方法　　　　图 5－9　管子的锯削
　　　　　　　　　　　　　　　（a）正确　　（b）错误

【例 5－3】扁钢、条料、薄板的锯削。

锯削扁钢、条料时，可采用远起锯从宽的面上锯下去。如一定要从窄的面锯下去，特别是锯薄板料时，可将薄板夹持在两木块之间，连同木块一起锯削。这样锯削可增加锯条同时参加锯削的齿数，而且工件刚度较好便于锯削。锯薄板的方法如图 5－10 所示。

【例 5－4】深缝的锯削。

当工件锯缝深度超过锯弓的高度时，可将锯条转过 90°安装后再锯，如图 5－11 所示，同时要调整工件夹持位置时，使锯削部分处于钳口附近，避免工件的跳动。

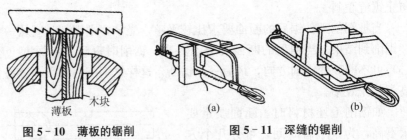

薄板　　木块　　　　　　　　（a）　　　　　　（b）

图 5－10　薄板的锯削　　　　图 5－11　深缝的锯削

12. 什么叫錾削？錾削作用是什么？其工作范围有哪些？

答：用手锤敲击錾子对金属进行切削加工的一种方法称为錾削。錾削的作用就是錾掉或錾断金属，使其达到理想长度、尺寸要求及理想的形状。錾削的工作范围是从不平整的粗糙的工件表面或毛坯面錾去多余的金属、分割材料、錾油槽、錾出各种所需的形状等。因某种原因不能或不必要利用机床加工而利用錾削加工又很方便时，也用錾削，由于錾子可以根据需要做成各种形状，在一些特殊场合，可以完成机械加工不能完成的工作，如一些不规则形体的加工、一些特殊模具的加工、錾削字头等。錾削虽然是手工操作，但在现代工业生产中也是一项不可缺少的操作，需要操作者具有高超的技艺。

13. 錾削工具有哪几种？各有什么用途？

答：（1）手锤：钳工用手锤是由锤头和木柄两部分组成的（如图 5-12 所示）。锤柄装得不好，会直接影响操作。因此安装手锤时，要使锤柄中线与锤头中线垂直，装后打入锤楔，以防使用时锤头脱出发生意外。

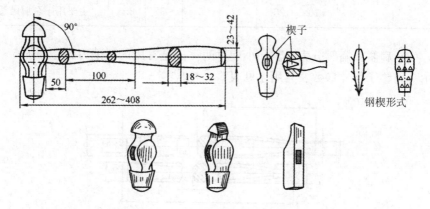

图 5-12　钳工手锤的形式

钳工用的锤头一般用碳素工具钢或合金工具钢锻成。锤头两端经热处理淬硬，其规格有 0.25kg、0.5kg、1.5kg 等多种。锤子形状有圆头和方头两种。

（2）三角錾：如图 5-13 所示，主要用在模具加工中。三角錾的选用见表5-6。

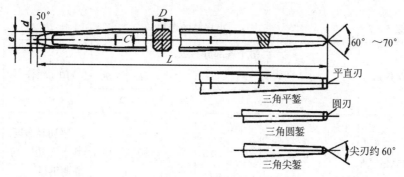

图 5-13　三角錾的形状

107

表 5‑6 三角凿的选用

工件硬度（HBS）	凿子材料	凿子各部分参数（mm）					用　途
		L	D	C	e	d	
＜320	W18Cr4V，W9Cr4V2	150	7	10	7	5	模具錾削及各种沟槽的挖凿
		140	6	9	6	4	
200～300		120	5	7	5	3	各种模具小沟槽刻制与修整
		100～120	5	5	5	2.5	主要用于金属雕錾

（3）扁錾：扁錾分大扁錾和小扁錾两类，是常用的錾削刃具，如图 5‑14 所示。扁錾子尺寸参数及其用途见表 5‑7 和表 5‑8。

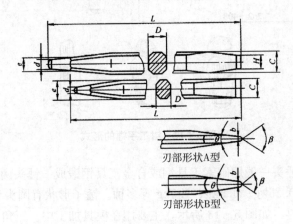

图 5‑14　扁錾形状及其各部名称

表 5‑7 小扁錾的选用

凿子材料	凿子各部分参数								用　途	刃部形状
	L	D	C	e	b	d	β	θ		
	(mm)						(°)			
T8，T7A，65Mn	150	12	15	12	3.5	6	50	13	錾切铸件毛刺、飞边，切断薄钢板	B 型

续表

凿子材料	凿子各部分参数								用　　途	刃部形状
	L	D	C	e	b	d	β	θ		
	(mm)						(°)			
W18Cr4V，W9Cr4V2	130	9	12	9	2.5	4	45	12	平面修整、棱角錾削	B型
	120	6	8	5	2	3	40	10	小平面精錾或加工量极小的平面錾削	B型
	100	6	7	4	2	2.5	40	10	极小平面的錾削、修整	B型

注：小扁錾可用六棱钢锻制，錾身不锻，刃部和头部各参数可参照本表。

表 5-8　　　　　　　　　大扁錾的选用

工件材料（<320 HBS)	凿子材料	凿子各部分参数									主要用途	刃部形状
		L	D	C	e	H	b	d	β	θ		
		(mm)							(°)			
硬钢、硬铸铁	T8A，6SiMnW	200	15	20	15	17	4	8	65	18	錾断硬钢；錾削浇冒口	A型
铸铁	T7A，T7，65Mn	180	14	18	14	15	3.5	7	55	16	錾削铸件	A型
韧性钢件	T8A，T8Mn	170	13	17	13	15	3	7	55	15	形面錾削；棱角錾削	B型
软钢、铜合金	W12Cr4VMo	160	12	16	12	14	2.5	6	50	12	圆钢錾削；形面錾削	B型
铝、锌	W9Cr4V	140	12	15	12	13	2	5	45	10	圆钢錾削；形面凿削	B型

注：大扁錾可用六棱钢锻制，錾身不锻，刃部和头部参数可参照本表。

（4）圆扁錾：圆扁錾分凸凹圆弧錾刃，圆弧 R 可根据工件加工部位 R 尺寸确定。錾子形状如图 5-15 所示，其选用见表 5-9。

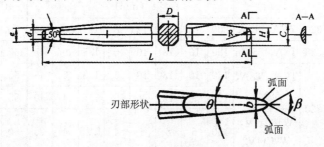

图 5-15　圆扁錾的形状

凿子材料	錾子各部位参数									用　　途
	L	D	C	e	H	b	d	β	θ	
	(mm)							(°)		
T7A，T8A	180	10	15	10	13	3.5	7	55	16	可錾曲线和圆孔，主要用于模具加工，各种圆弧面的修錾和加工量较小的粗錾削
W18Cr4V	160	9	12	8	10	2.5	6	50	12	
W9Cr4V2	130	8	10	7	8	2	5	50	10	

注：圆扁凿可用六棱钢或其他材料锻制，錾身不锻，刃部和头部各参数可参照本表。

（5）尖錾：如图 5‐16 所示，其刃较窄，一般在 2～10mm，刃部可根据需要，用砂轮磨成圆形、三角形等。尖錾的选用见表 5‐10。

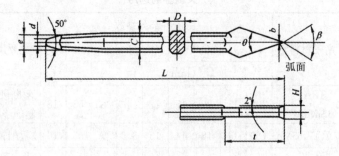

图 5‐16　尖錾的形状

表 5‐10　　　　　　　　　　　　尖凿的选用

工　件		凿子材料	錾子各部分参数										用途
材料	硬度(HBS)		L	D	C	e	H	$b/2$	d	t	β	θ	
			(mm)								(°)		
硬钢	<320	T7A，T8A	200	12	15	12	8	2	6		50	60	20	开槽、凿口、挖凿
软钢	<320	T8A，65Mn	180	10	13	10	6	1.5	5		45	60	18	
软钢、铸铁、铜合金	<220	T7A，T8A，65Mn	170	10	13	10	5	1.5	5		45	55	18	
			160	9	12	9	5	1.5	4		40	55	15	
铜合金、铝合金		W18Cr4V，W9Cr4V2	130	6	8	6	4	1.25	4		25	50	15	

110

（6）油槽錾：油槽錾应用于錾削轴瓦和一些设备上的油槽等，油槽錾应根据所需加工油槽的形状、尺寸和轴瓦（指轴套类、不可开合的）直径进行磨削，其各部参考尺寸及外形如图5-17所示。

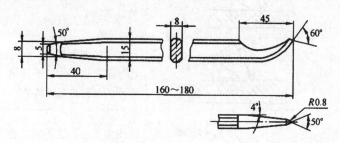

图5-17　油槽凿的形状

油槽錾可以錾削机械设备不易加工的部位，是钳工比较常用的刃具。制作油槽錾时可选择以下几种材料：

①碳素工具钢：T8，T10等。

②热扎弹簧钢：65钢，65Mn等。

③高速工具钢：9Mn2，9Mn2V，MnCrWV等。

（7）其他：除上述錾子外还有金属雕刻錾，主要用于雕刻各种金属模具的沟槽、凹字、凹的美术图形等。钢字錾主要用来刻钢字用，模具制造中也经常用到。

14. 怎样选择錾子的楔角？錾削角度对錾削有何影响？

答：（1）錾子楔角的选择：錾子楔角的选择见表5-11。

表5-11　　　　　　　　　　錾子楔角的选择

工件材料	低碳钢	中碳钢	铸铁、工具钢	有色金属
錾子楔角（°）	50～60	55～65	60～0	30～50

（2）錾削角度对錾削的影响：錾削角度对錾削的影响见表5-12。

表5-12　　　　　　　　　　錾削角度对錾削的影响

錾削角度	錾削图形	对錾削的影响
后角太大		后角太大，錾子极易切入材料深处，造成錾削困难。切削刃损坏

111

续表

錾削角度	錾削图形	对錾削的影响
后角太小		后角太小，錾子的切削刃不易切入材料表面
楔角太大		錾子的楔角越大，强度越大，但切削的阻力也增大，不易切入工件，被切削的材料易光不易平
楔角太小		楔角太小，錾子的强度也减弱，使刃部容易折断
正常情况下錾子的切削角度	 正常錾削	γ_0——錾子前角 β——錾子楔角，$35°\sim65°$ α_0——錾子后角，$5°\sim8°$

15. 錾子的刃磨有哪些要求?

答：錾子的刃磨有以下几点要求：

(1) 錾子刃磨的一般顺序为：腮面→侧面→刃面→切削刃→錾顶头部。

(2) 刃磨时，錾子的主体应保持基本平直，切削刃应与主体的中心轴线垂直，刃面、腮面应平整光滑，平扁錾、圆錾、尖錾要保持对称，油槽錾、三角錾、弯头錾应保持左右对称。

(3) 錾子刃磨时，錾子的刃口斜放在砂轮轮缘上，其位置应稍高于砂轮中心，且轻轻施加压力，并使錾子在砂轮全宽上左右移动，磨出所要求的楔角。

(4) 刃磨錾子时，一定要勤蘸水，使錾子刃口部位始终保持冷却，对于碳素工具钢制作的錾子尤其需要，以免刃口退火。当发现錾子刃部变了颜色，表明錾子刃部已经退火，必须再经热处理淬硬后才能使用。

(5) 錾子经过在砂轮上刃磨后，应在油石上再细磨一下刃面，使切削力更锐利、耐用。对于錾削精细工件的錾子尤其需要。

16. 錾子的热处理过程是怎样的?

答：钳工使用的錾子，一般都是利用錾子的坯料自行磨制成形，并自行淬火后使用。有的錾子坯料也需钳工自制。錾子淬火的好与坏，直接影响錾子的质量和使用寿命。钳工应很好地掌握錾子的淬火方法，在錾子磨损或刃磨丧失硬度时，自行淬火处理。錾子的淬火方法如下：

（1）加热：将粗磨后的錾子切削刃部，长约 20mm，用电盐浴炉或乙炔焰加热到暗樱桃红颜色，在 750℃～780℃ 之间，要稍保温一段时间，使錾子刃部热透，温度均匀。

（2）淬火：迅速地将錾子垂直地浸入水中 5～6mm，待錾子伸出水面部分冷却到棕黑色（520℃～580℃）时，即从水中将錾子取出，利用上部未沾水部位的余热自行回火。

（3）回火：仔细地观察刃部的颜色变化，錾子提出水面时呈灰白色，由于身部蓄热使刃部温度逐渐上升变黄 → 棕黄 → 紫 → 蓝，这时温度为 270℃～300℃。

（4）冷却：当刃部回火部分出现黄中带紫，轻微带些蓝色斑点时，急速把錾子加热部分全部浸入水中冷却。錾子刃部的硬度一般要求为 53～56HRC，其余部分为 30～40HRC。淬火后的錾子，精磨后即可使用。

17. 錾子的握法有哪几种？各用于何处？

答：錾子的握法有以下 3 种：

（1）正握：正握时，用左手的中指、无名指和小指紧握錾杆，錾子上部伸出约 20mm，拇指与食指自然地接触，手心向下。这种握法适用于錾切大平面、大毛刺和较宽的键槽等。

（2）反握：用左手五指头部握住錾杆，手心向上。这种握法适用于錾切小毛刺和小键槽等。

（3）立握：握法与反握相同，但手心需垂直于地面。它适用于錾断板料。

18. 錾子损坏的原因有哪些？

答：錾子损坏的原因见表 5-13。

表 5-13　　　　　　　　　　錾子损坏的原因

损坏形式	损 坏 原 因
卷边	① 錾子硬度太低 ② 楔角太小，錾子强度降低 ③ 錾削量太大
切削刃崩口	① 工件硬度太高或硬度不均匀 ② 錾子硬度太高，回火不好 ③ 锤击力过猛，錾子打滑

19. 錾子的使用注意事项有哪些？

答：钳工在使用錾子时应注意以下几点：

（1）錾子在切削过程中，要尽量使刃部都能加入切削，以免使切削力只集中在一点或一个部分上，造成崩刃。

（2）每次的切削用量不应过大，应根据錾子的尺寸大小、材料种类及工件的材料硬度等采用合适的切削用量。

（3）錾子在使用中刃部要保持锋利。使用过的錾子在重新刃磨时其主体几何尺寸应保持基本不变。刃部用到过于短时，应及时锻制修复。

（4）錾子在手里握得不要太紧，锤击方向应与錾子的主体轴线一致，不应斜击。錾子的头部经过长时间的锤击会产生蘑菇顶，应及时将它磨掉，以免飞刺飞出伤人。

（5）錾削硬金属或精细工件时，为了使錾子刃部保持持久锋利，錾削时可在刃部蘸些油，或设一个油盘，盘中放些油供使用。

20. 钳工常用錾削方法有哪些？

答：钳工常用錾削方法有以下几点：

（1）錾断：工件的錾断方法主要有两种：一种是在虎钳上錾断；另一种是在铁砧上錾断。这种方法主要用于下料和去除较大余量。要錾断的材料厚度与直径不能过大，一般板料在 4mm 以下，圆料直径在 13mm 以下。

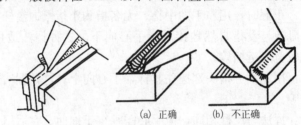

(a) 正确　　(b) 不正确

图 5-18　平面的錾削示意

（2）錾平面：平面的錾削要先划出尺寸界线。夹持工件时，界线应露在钳口上面，但不宜过高，如图 5-18 所示。一次不可錾的量太大，否则将会使工件损坏；如太薄，錾子将容易从工件表面滑脱。錾削平面主要用扁錾錾削，每次錾削量在 0.5～2mm，细錾时为 0.5mm 左右，并应为下一道工序留有余量，一般在 0.5～1mm。起錾可在工件中部或端部进行，錾削接近尽头时，应从另一端錾削余量部分。当平面宽度大于錾子时，先用尖錾在平面上錾出相隔 10～20mm 的平行槽，然后用扁錾将窄面錾去，如图 5-19 所示。

（3）錾油槽：先在工件上划上油槽线路，按线路錾削油槽，錾子的宽度、刃部形状应与图样要求相一致，刃部要修磨得锋利。錾削时，錾削的方向应随着油槽曲线走，保持切削角度，用力均匀，使錾出的

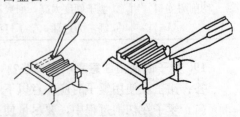

图 5-19　宽平面錾削示意

114

油槽光滑、深浅均匀，如图 5－20 所示，否则将难以保证油槽宽度、深度和表面粗糙度要求。

（4）錾键槽：如图 5－21 所示。对于带圆弧的键槽，錾削时应先划出加工线，可在圆弧处钻出直径与深度和槽宽度与深度相等的盲孔，然后选择合适的尖錾，将键槽錾出。窄的键槽一次錾出即可，宽的键槽可分为两次或三次錾出。一般每次錾削用量为 0.5～1mm。錾键槽时应留有修整的余量。

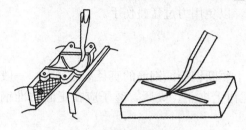

图 5－20　錾削油槽示意

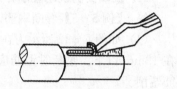

图 5－21　錾削键槽示意

21. 錾削产生废品的原因是什么？怎样防止？

答： 錾削产生废品的原因与防止方法见表 5－14。

表 5－14　　　　　　　产生废品的原因与防止方法

类　型	原　因	防　止　方　法
工件变形	①立握錾，切断时工件下面垫得不平 ②刀口过厚，将工件挤变形 ③夹紧力过大，工件夹变形或夹伤	①放平工件，较大工件由一人夹持 ②修磨錾子刃口 ③较软金属应加钳口保护，夹紧力适当
工件表面不平	①錾子楔入工件 ②錾子刃口不锋利 ③錾子刃口崩伤 ④锤击力不够	①调好錾削角度 ②修磨錾子刃口 ③修磨錾子刃口 ④用力均匀，速度适当
錾伤工件	①錾掉了边角 ②起錾时，錾子没有吃进就用力錾削 ③錾子刃口忽上忽下 ④尺寸不对	①快到尽头时调头錾 ②起錾要稳，从角上起錾，用力要小 ③掌稳錾子，用力平稳均匀 ④划线时注意检查．錾削时要注意观察

22. 你知道錾削作业的安全技术有哪些吗？

答： 錾削作业安全技术有如下几点：

（1）錾削脆性金属和修磨錾子时要戴防护眼镜，以免碎屑崩伤眼睛。

（2）握锤的手不准戴手套，以免手锤外脱伤人。

（3）锤头松动、锤柄有裂纹、手锤无楔均不能使用，以免锤头飞出。

（4）錾顶由于长时间敲击，出现飞刺、翻头，须进行修磨，否则容易扎伤手面。

（5）工作前检查工作场所，有无不安全因素，如有应及时排除。

（6）錾削工作台应设有安全保护网。

（7）錾削将近终止时，锤击要轻，以免用力过猛碰伤手。

23. 试举实例说明錾削方法。

答：【例 5-5】錾断钢筋。

（1）如图 5-22 所示为在台虎钳上錾断钢筋。钢筋的直径不能过大，一般在 12mm 以下。錾断时钢筋应在台虎钳上夹正、夹紧，錾子应在正面对准钢筋錾削。

（2）另外一种錾断方法是錾子制作宜宽些，为 50～80mm 宽，单面刃口，切削角度在 60°～80°之间，錾子刃为圆弧形，接近要錾断钢筋的圆半径，侧面装有手柄（木柄或铁柄）。垫铁切削部位为直角，中间有一条半圆槽（放置钢筋用），使用时需两人操作，一人持凿子，另一人用大锤敲击大錾子进行錾削。此法可切断 20mm 以下钢筋，操作简便，应用广涉。

【例 5-6】錾切板料。

在缺乏机器设备的场合下，有时要依靠錾子来切断板料或分割出形状较复杂的薄板工件。

（1）如图 5-23 所示为板料夹在台虎钳上进行切断。将工件在台虎钳上夹持牢固，以防切断过程中板料松动而使切口歪斜。工件的切断线要与钳口平齐，用扁凿沿着钳口并与板料面形成一定的夹角（约 45°），自右向左錾切。

（2）如图 5-24 所示为较大的板料在铁砧上进行切断的方法。此时板料下面要衬以废旧的软铁，以免损伤錾子切削刃。

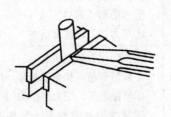
图 5-22　虎钳上錾断钢筋

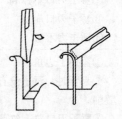
图 5-23　板料切断方法

（3）如图 5-25 所示为切割形状复杂板料的方法。一般是先按轮廓线钻出密集的排孔，再用扁錾或尖錾逐步地切成（扁錾刃口宽一般以 10mm 左右为宜）。

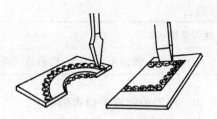

图 5 - 24　大尺寸板料切断方法　　　　图 5 - 25　复杂形状的切断

【例 5 - 7】椭圆孔的錾削。

(1) 如图 5 - 26 所示，将椭圆孔的轮廓线划出并打上冲眼。

(2) 选用直径与椭圆孔短轴尺寸相同的钻头，将椭圆的中心孔钻出。

(3) 用尖錾在椭圆长轴方向上錾出一些弧槽，应注意掌握深浅尺寸。

(4) 用圆弧錾对椭圆孔粗加工成形。

(5) 用精錾修形，达到图样尺寸要求为止。

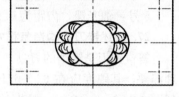

图 5 - 26　錾削椭圆孔

24. 什么是锉削？锉削适用于哪些场合？

答：用锉刀对工件上锉去多余的部分，使工件达到所要求的尺寸、形状和表面粗糙度，这种工作称为锉削。锉削是钳工工作的主要操作之一，而且也是一种精加工方法。锉削的加工精度可达 0.01mm，表面粗糙度可达 0.8 μm。它的加工范围很广，可加工工件的表面、内孔、沟槽和各种复杂的外表面。在现代工业生产的条件下，在一些不便于机械加工的场合仍需要锉削。例如，在组装过程中对别零件的修整、修理工作及小量生产条件下有些复杂零件的加工等。锉削是手工操作，是钳工的一项重要的基本操作技艺，也是考核钳工实际技能水平的主要操作方法。

25. 常用的钳工锉有哪几种？各有什么用处？

答：常用钳工锉的种类和用途见表 5 - 15。

表 5 - 15　　　　　　　　　常用钳工锉的种类和用途

锉刀类别	用　　途
扁锉	锉平面、外圆面、凸弧面
方锉	锉方孔、长方孔、窄平面
圆锉	锉圆孔、半径较小的凹弧面、椭圆面
半圆锉	锉凹弧面、平面
三角锉	锉内角、三角孔、平面

锉刀类别	用　途
刀锉	锉内角、窄槽、楔形槽、锉方孔、三角孔、长方孔内的平面

26. 锉刀的粗细等级有哪些？

答：锉刀的粗细规格是按锉刀齿纹的齿距大小来表示的，其粗细等级分以下几种：

1 号：粗锉刀，齿距为 2.3～0.83mm。

2 号：中粗锉刀，齿距为 0.77～0.42mm。

3 号：细锉刀，齿距为 0.33～0.25mm。

4 号：双细锉刀，齿距为 0.25～0.2mm。

5 号：油光锉，齿距为 0.2～0.16mm。

27. 试述锉刀的构造怎样？

答：锉刀是锉削的刀具。锉刀用高碳工具钢 T12 或 T13 制成，并经热处理淬硬，其硬度应在 62～67HRC。锉刀的规格一般用长度表示，如 150mm（6in），200mm（8in），最短的为 100mm 锉刀，最长的为 400mm 锉刀。圆锉的规格用直径的大小来表示，方锉的规格用方形尺寸来表示。锉刀的面是切削的主要工作面，锉刀的两个侧面有的没有齿，有的其中一个边有齿，没齿的一边称为光面。它可以在锉削时不碰伤另一面。锉刀的构造如图 5‑27 所示。

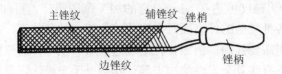

图 5‑27　锉刀各部名称

28. 试述锉刀的类型及规格有哪些？

答：（1）常用钳工锉：钳工锉是钳工常用的锉刀，钳工锉按其断面形状又可分为齐头扁锉、半圆锉、三角锉、方锉和圆锉，以适应各种表面的锉削。钳工锉的断面形状如图 5‑28 所示。常用钳工锉的类别与规格见表 5‑16。

图 5‑28　钳工锉断面形状

表 5-16   常用钳工锉的类别与规格

锉刀类别	规 格（mm）								
	100	125	150	200	250	300	350	400	450
圆锉	3.5	4.5	5.5	7.0	9.0	11.1	14.0	18.0	—
半圆锉	12	14	16	20	24	28	32	36	—
扁锉	12	14	16	20	24	28	32	36	40
三角锉	8.0	9.5	11.0	13.0	16.0	19.0	22.0	26.0	—
方锉	3.5	4.5	5.5	7.0	9.0	11.0	14.0	18.0	22

（2）异形锉：异形锉是用来加工零件上特殊表面用的，有弯形和直形两种（图 5-29）。

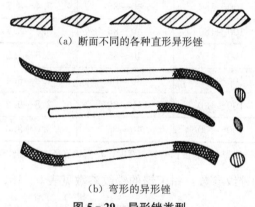

（a）断面不同的各种直形异形锉

（b）弯形的异形锉

图 5-29　异形锉类型

（3）整形锉：整形锉（图 5-30）以组锉体现较多，有 5 组支、7 组支、10 组支、最多为 12 组支。但也有单只供货的形状特殊的特种锉，如菱形锉、刀形锉等。整形锉用于修整工件上细小部位，其规格见表 5-17。

图 5-30　整形锉类型

（4）人造金刚石整形锉：人造金刚石整形锉的规格与整形锉相似，有 5 支组、10 支组的。它不是用锉纹切削，而是利用粘在周围的人造金刚砂切削

（磨削），主要用于硬度较高件的整形工作，在模具制造时使用较多。

表 5‑17 整形锉规格

名 称	尺 寸（mm）			
	L	l	b 或 d	δ
齐头扁锉	100～180	40～85	2.8～9.2	0.6～2.0
尖头扁锉	100～180	40～85	2.8～9.2	0.6～2.0
半圆锉	100～180	40～85	2.9～8.5	0.9～2.9
三角锉	100～180	40～85	1.9～6.0	0.4～1.1
方锉	100～180	40～85	1.2～4.2	0.4～1.0
圆锉	100～180	40～85	$d=1.4～4.9$ $d_1=0.4～1.0$	—
单面三角锉	100～180	40～85	3.4～8.7	1.0～3.4
刀形锉	100～180	40～85	3.0～8.7	0.9～3.0
双半圆锉	100～180	40～85	2.6～7.8	1.0～3.4
椭圆锉	100～180	40～85	1.8～6.4	1.2～4.3
圆边扁锉	100～180	40～85	2.8～9.2	0.6～2.0
菱形锉	100～180	40～85	3.0～8.6	1.0～3.5

注：L‑锉刀全长；l‑锉刀有效长度；b‑锉刀宽度；d‑圆锉直径；δ‑锉纹深度。

（5）钳工锉的锉纹参数：钳工锉的锉纹参数见表 5‑18。

表 5‑18 钳工锉的锉纹参数

规格（mm）	锉 纹 号					辅锉纹条数
	主锉纹条数					
	1	2	3	4	5	
100	14	20	28	40	56	
125	12	18	25	36	50	
150	11	16	22	32	45	
200	10	14	20	28	40	
250	9	12	18	25	36	为主锉纹条数的 75%～95%
300	8	11	16	22	32	
350	7	10	14	20	—	
400	6	9	12	—	—	
450	5.5	8	11	—	—	

续表

规格 （mm）	锉纹号					辅锉纹条数
	主锉纹条数					
	1	2	3	4	5	
公差	±5%（其公差值不足 0.5 条时可圆整为 0.5 条）					±8%

规 格（mm）	边锉 纹条数	方锉纹斜角 λ		辅锉纹斜角 ω		边锉纹斜角 θ
		1～3 号 锉纹	4～5 号 锉纹	1～3 号 锉纹	4～5 号 锉纹	
100、 125、 150、 200、250、300、350、 400、450	主锉 纺条数 的 100% ～120%	65°	72°	45°	52°	90°
公差	±20%	±5°				±10°

29. 你知道怎样选用锉刀和保养锉刀吗？

答： 每种锉刀都有它适当的用途和不同的使用场合，只有合理地选用，才能充分发挥它的效能和不致于过早地丧失锉削能力。锉刀的选择，决定于工件锉削余量的大小、精度要求的高低、表面粗糙度的粗细和工件材料的性质。锉刀断面形状的选择，决定于工件锉削表面的形状，不同表面的锉削，如图 5-31 所示。锉削软材料时，如果没有专用的单齿纹软材料锉刀，则选用粗锉刀。锉刀长度规格的选择，决定于工件锉削表面的大小。

合理选用锉刀是保证锉削质量、充分发挥锉刀效能的前提，正确使用和保养则是延长锉刀使用寿命的一个重要环节，因此使用锉刀时必须注意以下几点：

（1）不可用锉刀锉削毛坯的硬皮及淬硬的表面，否则锉纹会很快磨损而丧失锉削能力。

（2）锉刀应选用一面，用钝后再用另一面。

（3）发现切屑嵌入纹槽内，应及时用铜丝刷顺齿纹方向将切屑刷去。

（4）锉刀的放置要合理，不能重叠堆放，以免损坏锉齿。

（5）不可用锉刀代替其他工具敲打或撬物。

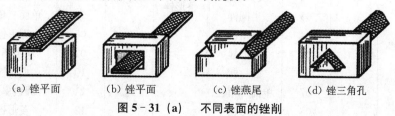

| (a) 锉平面 | (b) 锉平面 | (c) 锉燕尾 | (d) 锉三角孔 |

图 5-31 (a)　不同表面的锉削

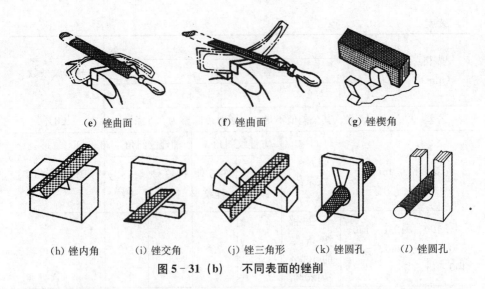

(e) 锉曲面   (f) 锉曲面   (g) 锉楔角

(h) 锉内角   (i) 锉交角   (j) 锉三角形   (k) 锉圆孔   (l) 锉圆孔

图 5 - 31 (b)   不同表面的锉削

30. 你知道锉刀的类别与形式代号吗?

答: 各种类别、规格的锉刀, 按 GB5809 规定, 可用锉刀编号加以表示。锉刀编号依次是由类别代号→形式代号→规格→锉纹号组成。锉刀的类别与形式代号见表 5 - 19。

锉刀的其他代号规定如下: p 表示普通型; b 表示薄型; h 表示厚型; z 表示窄型; t 表示特窄型; s 表示螺旋型。

表 5 - 19   锉刀类别与形式代号

类别	类别代号	形式代号	形 式	类别	类别代号	形式代号	形 式
钳工锉	Q	01	齐头扁锉	异形锉	Y	09	双半圆锉
		02	尖头扁锉			10	椭圆锉
		03	半圆锉	整形锉	Z	01	齐头扁锉
		04	三角锉			02	尖头扁锉
		05	矩形锉			03	半圆锉
		06	圆 锉			04	三角锉
异形锉	Y	01	齐头扁锉			05	矩形锉
		02	尖头扁锉			06	圆 锉
		03	半圆锉			07	单面三角锉
		04	三角锉			08	刀形锉
		05	矩形锉			09	双半圆锉
		06	圆 锉			10	椭圆锉
		07	单面三角锉			11	圆边扁锉
		08	刀形锉			12	菱形锉

31. 如何选用锉刀?

答:(1)锉刀的断面形状和长度要与工件锉削表面形状大小相适应。

(2)根据工件材质选用。锉削有色金属件应选用单齿纹锉刀,钢铁件应选用双齿纹锉刀,不得混用。

(3)锉刀的尺寸规格要根据工件的加工余量和工件的硬度选用,当工件的加工余量大、材质硬度高时选用大尺寸规格的锉刀,否则选用小规格的锉刀。根据工件加工余量、精度或表面粗糙度选择锉刀见表5-20。锉刀齿纹粗细规格见表5-21。

表 5-20 　　　　　　根据工件加工余量、精度或表面粗糙度选择锉刀

锉刀	适　用　条　件		
	加工余量（mm）	尺寸精度（mm）	表面粗糙度 Ra（μm）
粗齿锉	0.5～2.0	0.2～0.5	100～25
中齿锉	0.2～0.5	0.05～0.2	12.5～6.3
细齿锉	0.05～0.2	0.01～0.05	6.3～3.2

表 5-21 　　　　　　　　　　锉刀齿纹粗细规格

锉刀粗细	适　用　场　合		
	锉削余量（mm）	尺寸精度（mm）	表面粗糙度 Ra（μm）
1号:粗齿锉,齿距为2.3～0.83mm	0.5～1.0	0.20～0.5	100～25
2号:中粗齿锉,齿距为0.77～0.42mm	0.2～0.5	0.05～0.2	25～6.3
3号:细齿锉,齿距为0.33～0.25mm	0.1～0.3	0.02～0.05	12.5～3.2
4号:双细齿锉,齿距为0.25～0.2mm	0.1～0.2	0.01～0.02	6.3～1.6
5号:油光锉,齿距为0.2～0.16mm	0.1 以下	0.01	1.6～0.8

32. 锉刀的握法如何?

答:正确握持锉刀有助于锉削质量的提高。因锉刀的种类较多,所以锉刀的握法还必须随着锉刀的大小、使用的地方不同而改变。

较大锉刀的握法如图5-32所示。其握法是用右手握着锉刀柄,柄端顶住拇指根部的手掌,拇指放在锉刀柄上,其余手指由下而上地握着锉刀木柄,如图5-32(a)所示。左手在锉刀上的放法有3种,如图5-32(b)所示。两

手结合起来握锉刀的姿势如图 5-32（c）所示。

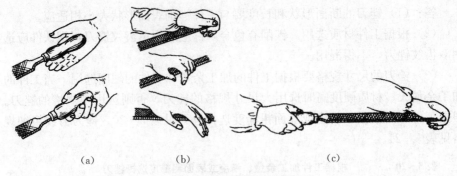

（a）　　　　　　　　（b）　　　　　　　　（c）

图 5-32　较大锉刀的握法

中、小型锉刀的握法如图 5-33 所示。握持中型锉刀时，右手的握法与握大锉刀一样，左手只需大拇指和食指轻轻地扶导，如图 5-33（a）所示。在使用较小锉刀时，为了避免锉刀弯曲，用左手的几个手指压在锉刀的中部，如图 5-33（b）所示。使用最小锉刀只需用一只右手握住锉刀，将食指放在上面，如图 5-33（c）所示。

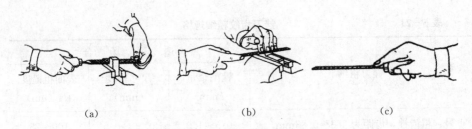

（a）　　　　　　　　（b）　　　　　　　　（c）

图 5-33　中、小型锉刀的握法

33. 确定锉削顺序的一般原则有哪些？

答：（1）选择工件所有锉削面中最大的平面先锉，达到规定的平面度要求后作为其他平面锉削时的测量基准。

（2）先锉平行面达到规定的平面度、平行度要求后，再锉与其相关的垂直面，以便于控制尺寸和精度要求。

（3）平面与曲面连接时，应当先锉平面后再锉曲面，以便于圆滑连接。

34. 怎样锉削平面？

答：平面锉法有以下 3 种，见表 5-22。

35. 怎样锉削曲面？

答：曲面锉法分外圆弧面和内圆弧面两种锉法。

表 5 - 22 平面的锉削方法

锉削方法	说　明	图　示
顺向锉法	如右图所示，它是顺着同一方向对工件进行锉削，是最基本的锉削方法。用此方法锉削可得到正直的锉痕，比较整齐美观，适用于工件表面最后的锉光和锉削不大的平面	
交叉锉法	如右图所示，它是从两个交叉方向对工件进行锉削。锉削时锉刀与工件的接触面增大，锉刀容易掌握平稳，锉削时还可从锉痕上反映出锉削面的高低情况，表面容易锉平，但锉痕不正直。所以当锉削余量较多时可先采用交叉锉法，余量基本锉完时再改用顺向锉法，使锉削表面锉痕正直、美观	
推锉法	如右图（a）所示，它是用两手对称地横握锉刀，用大拇指推动锉刀顺着工件长度方向进行锉削。推锉法适合于锉削狭长平面和修整尺寸时应用。 锉削平面时，不管采用顺向锉还是交叉锉，当抽回锉刀时锉刀如下图（b）、（c）、（d）所示每次向旁边移动一些，这样可使整个加工面均匀地锉削	（a） （b）（c）（d）

（1）外圆弧面锉法：外圆弧面锉法如图 5 - 34 所示，当余量不大或对外圆弧面作修整时，一般采用锉刀顺着圆弧锉削的方法，如图 5 - 34（a）所示，在锉刀作前进运动时，还应绕工件圆弧的中心作摆动。

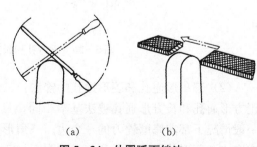

（a）　　　　　（b）

图 5 - 34　外圆弧面锉法

125

当锉削余量较大时，可采用横着圆弧锉的方法，如图 5‑34（b）所示，按圆弧要求锉成多棱形，然后再用顺着圆弧锉的方法，精锉成圆弧。

（2）内圆弧面锉法：锉削内圆弧面时，锉刀要同时完成 3 个运动：前进运动；向左或向右的移动；绕锉刀中心线转动（按顺时针方向或逆时针方向转动约 90°），3 种运动须同时进行，才能锉好内圆弧面，如图 5‑35（c）所示。如不同时完成上述 3 种运动，如图 5‑35（a）、（b）所示，就不能锉出合格的内圆弧面。

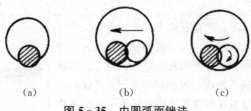

（a）　　　　　（b）　　　　　（c）

图 5‑35　内圆弧面锉法

36. 怎样锉削通孔？

答：锉通孔分有多种情况，因此要根据通孔的形状、余量和精度选择相应的锉刀。通孔主要有正方孔、长方孔和三角形孔。

（1）正方孔和长方孔的锉法：用方锉和扁锉采用直锉法进行锉削。关键是 90°直角的锉削。锉削内直角时，要对方锉和小平锉加以修整，将其中一边在砂轮上进行修磨，使其与锉刀切削面小于 90°，一般为 75°～80°。使锉刀切削面能够清根，并碰不到与其垂直的面。原因在于 90°角的锉刀面不能真正地锉出 90°角的工件来：一是锉刀垂直精度不够；二是锉削时，同时锉两个面保证不了两面同时受力均匀。锉削时对正方孔和长方孔的检测，一般用 90°直角尺和自制样板进行，也可采用自制的比锉削孔的尺寸小一些的样块，对所锉削的孔进行研磨，视其接触点的方法进行测量，如图 5‑36（a）、（b）所示。

（a）　　　　　　　　　（b）

图 5‑36　正方孔和长方孔的锉法

（2）三角形通孔和菱形通孔的锉法：三角形通孔和菱形通孔的锉削方法与正方形通孔和长方形通孔锉法基本相同，只是使用的锉刀为三角锉和小平锉。一般情况下都需修磨锉刀的一个边。三角形锉刀要小于 60°，菱形磨边外角角度应小于菱形的最小内角角度，如图 5‑37（a）、（b）所示。

126

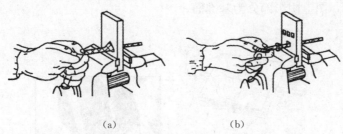

（a） （b）

图 5-37 三角形通孔和菱形通孔的锉法

37. 怎样检查锉削的质量？

答：锉削属于钳工细加工，因此，锉削中一定要进行质量检测，要按图样上的尺寸和技术要求进行。锉削的检测工作都是在锉削过程中进行的，以控制工件的尺寸及其他精度要求，其检测说明如下：

（1）平直度检测：钳工锉削时检测平直度的方法有光隙法和研磨法两种。

①用刀口直尺或钢板尺以光隙法检测：如图 5-38（a）所示为用刀口直尺检测直线度，将工件擦净后用刀口直尺（或钢板尺）靠在工件平面上，如果刀口直尺与工件表面透光微弱均匀，则该平面是平直的；假如透光强弱不一，表明该表面高低不平，如图 5-38（b）所示。检测时应在工件的横向、纵向和对角线方向多处进行，如图 5-38（c）所示。钢板尺光隙法一般只在粗加工检测时使用。用这种方法也可对平面度进行测量。

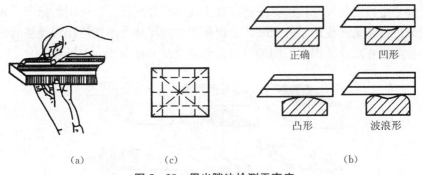

正确 凹形

凸形 波浪形

（a） （c） （b）

图 5-38 用光隙法检测平直度

②用研磨法检测：如图 5-39 所示为研磨法检测平直度，在平板上涂丹粉（或蓝油），然后把锉削工件放在平板上，锉削面与平板面接触，均匀轻微地摩擦几下。如果锉削面着色均匀，说明平直了。其精度按研点的分布情况判断。呈灰亮色点是高处，有的没有着色是凹处，说明高低不平。

（2）垂直度检测：检测垂直度使用直角尺（又称弯尺），锉削时一般需采用光隙法，以基准面为基准，对其他所要求的测量面，有次序地检查，如图

5-40所示，图上阴影部分为基准面。

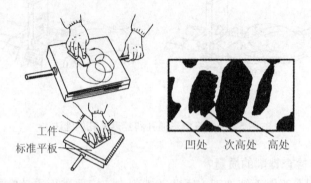

图 5-39　用研磨法检测平直度

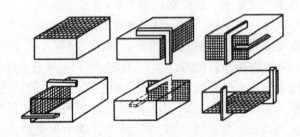

图 5-40　垂直度的检测

（3）平行度与尺寸检测：平行度和工件各部位的尺寸，可用游标卡尺和千分尺来进行测量。使用千分尺时，要根据工件的尺寸大小选用相应规格的千分尺，检测时在尺寸范围内不同的位置多测量几次，如图 5-41 所示。

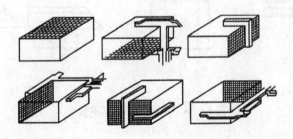

图 5-41　平行度与尺寸的检测

（4）表面粗糙度检测：一般用眼睛直接观察，为鉴定准确，应使用表面粗糙度样规来比照检查。对于一些特殊部位、特殊的尺寸要求，一般是选择特定的量具，提前做出测量用样板、量规或辅助工装、工具，如塞尺、半径样板规、百分表架等，然后再对工件进行检测。

第六章　铆接、弯曲、矫正、锡焊

1. 什么叫铆接？铆接有何特点？

答：利用铆钉将两个或两个以上的零件或构件联接为一个整体，这种连接方法称为铆接，如图 6-1 所示。铆接时，将铆钉插入两个工件（或两个以上的工件）的孔内，并把铆钉头紧贴着工件表面，然后将铆钉杆的一端镦粗而成铆合头，这样就把两个工件（或两个以上的工件）相互连接起来。铆接的一般特点是，构件简单，连接可靠，操作简便。

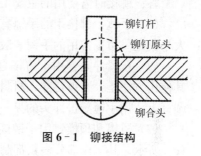

图 6-1　铆接结构

2. 铆接按其使用的要求可分为哪几类？

答：铆接按其使用的要求不同，可分为以下两类：

（1）活动铆接（或称铰链铆接）：接合部位是可以相互转动的，如各种手用钳、剪刀、圆规、卡钳、铰链等的铆接。

（2）固定铆接：接合部位是固定不动的，这种铆接按用途和要求不同，又可分为以下 3 种。

①强固铆接：用于结构需要有足够的强度，承受强大作用力的地方，如叶轮体与叶片、桥梁、车辆和起重机等。

②紧密铆接：用于低压容器装置，这种铆接不能承受大的压力，只能承受小的均匀压力。紧密铆接要求其接缝处非常严密，如气筒、水箱、油罐等。这种铆接的铆钉小而排列密，铆缝中常夹有橡皮或其他填料，以防气体或液体的渗漏。

③强密铆接：用于能承受很大的压力、接缝非常严密的高压容器装置，即使在一定的压力下，液体或气体也保持不渗漏，如蒸汽锅炉、压缩空气罐及其他高压容器的铆接都属这一类。

3. 铆接的方法分为哪几类？

答：按铆接的方法不同分类，可分为冷铆、热铆和混合铆 3 种。

（1）冷铆：铆接时，铆钉不需加热，直接镦出铆合头，因此铆钉的材料必须具有较高的延展性。直径在 8mm 以下的钢制铆钉都可以用冷铆方法进行铆接。

（2）热铆：把铆钉全部加热到一定程度，然后再铆接。铆钉受热后延展性好，容易成形，并且在冷却后铆钉杆收缩，更加大了结合强度。在热铆时要把孔径放大 0.5～1mm，使铆钉在热态时容易插入。直径大于 8mm 的钢铆钉大多用热铆。

（3）混合铆：在铆接时，不把铆钉全部加热，只把铆钉的铆合头端加热。对很长的铆钉，一般采用这种方法，使铆钉杆不会弯曲。

4. 铆接需要用的主要工具有哪几种？

答：铆接时需要用的主要工具有如下 3 种。

（1）手锤：铆接用的手锤有圆头手锤和方头手锤两种，其大小由铆钉直径大小决定。钳工常用的手锤一般为 0.25～1kg 的圆头手锤。

（2）压紧冲头：用于将铆合板料相互压紧与贴合，如图 6-2（a）所示。其使用方法是：当铆钉穿入材料的铆钉孔后，将压紧冲头有孔的一端套在铆钉圆杆上，用手锤敲击冲头的另一端，使板料互相压紧贴合。

（3）罩模和顶模：用于铆接半圆头铆钉和铆标牌用铆钉，如图 6-2（b）、（c）所示。其工作部分多数都制成半圆形的凹球面，也可制成凹形，用于铆接平头铆钉。罩模和顶模的区别在于柄部，罩模的柄是圆柱形的，而顶模的柄部制有扁身，以便在台虎钳上夹持稳固，铆接方便。

（4）冲头：铆接空心铆钉用冲头，如图 6-2（d）所示，两个一组，一个制成顶尖形的，一个制成带圆凸形的。

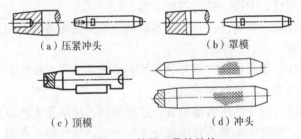

（a）压紧冲头　　　　　　　　　（b）罩模

（c）顶模　　　　　　　　　（d）冲头

图 6-2　铆接工具的结构

5. 铆接有哪些基本形式？

答：铆接的基本形式是由零件相互结合的位置所决定的，主要有以下 3 种。

（1）搭接：它是铆接最简单的连接形式，如图 6-3（a）所示。当两块板铆接后，要求在一个平面上时，应先把一块板先折边，然后再搭接。

（2）对接：将两块板置于同一平面，在上面覆有盖板，用铆钉铆合。这种连接分为单盖板和双盖板两种，如图 6-3（b）所示。

（3）角接：它是两块钢板互相垂直或组成一定角度的连接。在角接处覆以角钢，用铆钉铆合。按要求不同，角接处可覆以单根或两根角钢，如图 6-3（c）所示。

（4）相互铆接：两件或两件以上的工件，形状相同或类似，相互重叠或结合在一起的铆接，如图 6-3（d）所示。

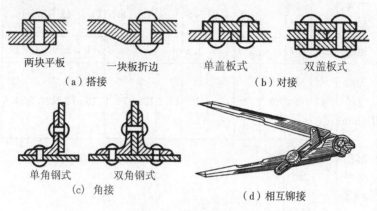

（a）搭接　　　　　　　　　　　　　（b）对接

（c）角接　　　　　　　　（d）相互铆接

图 6-3　铆接的形式

6. 怎样正确选择铆钉的直径？

答：铆钉直径的大小和被铆合的板料厚度有关，其直径一般为板厚的 1.8 倍。在实际生产中，铆钉直径也可根据板料厚度参考表 6-1 选定。

表 6-1　　　　　　　　　　　　　　　　铆钉直径的选择

板料厚度(mm)	1.5	2.0	2.5	3.0	3.5	4.0	4.5	5.0
铆钉直径(mm)	2.5	2.5～3.0	3.0～3.5	3.5	3.5～4.0	4.0～4.5	4.5～5.0	5.0～6.0
板料厚度(mm)	5.5	6.0	6～8	8～10	10～12	12～16	16～24	24～30
铆钉直径(mm)	5.0～6.0	6.0～8.0	8.0～10	10～11	11	14	17	20
板料厚度(mm)	30～38	38～46	46～54	54～62	62～70	70～76	76～82	
铆钉直径(mm)	23	26	29	32	35	38	41	

7. 铆接时，怎样确定工件通孔？

答：铆接时被铆合板料上（工件上）的通孔直径，对铆接质量也有较大的影响。通孔直径加工小了，铆钉插入困难；通孔直径加工大了，铆合后工件会产生松动，尤其是在铆钉杆比较长的时候，会造成铆合后铆钉杆在孔内产生弯曲的现象。合适的铆钉通孔直径，可参照表 6-2 中的数值进行选取。

表 6 - 2　　　　　　　　　　　　铆钉通孔直径与沉孔直径

铆钉直径		2	2.5	3	3.5	4	5	6	7	8	10	11.5	13	16	19	22
通孔直径（mm）	精配	2.1	2.6	3.1	3.6	4.1	5.2	6.2	7.2	8.2	10.5	12	13.5	16.5	20	23
	中等装配	—	—	—	—	4.2	5.5	6.5	7.5	8.5	10.5	12	13.5	16.5	20	23
	粗配	2.2	2.7	3.4	3.9	4.5	5.8	6.8	7.8	8.8	11	12.5	14	17	21	24
用于沉头钢铆钉	大端直径 D(mm)	4	5	6	7	8	10	11.2	12.6	14.4	16	18.5	20.5	24.5	30	35
	沉孔角度 α(°)					90°					75°			60°		

8. 怎样确定铆钉的长度？

答：铆钉的长度对铆接的质量有较大的影响。铆钉的圆杆长度除包括铆合板料的厚度外，还有留作铆合头的部分，其长度必须足够。通常半圆头铆钉伸出部分的长度，应为铆钉直径的 1.25～1.5 倍，沉头铆钉的伸出部分应为铆钉直径的 0.8～1.2 倍。当铆合头的质量要求比较高时，伸出部分的长度应通过试铆来确定，尤其是铆合件数量比较大时，更应如此。

在实际生产中，铆钉圆杆长度，也可以用下列的计算公式来计算。因铆钉种类不同，计算公式区别如下：

半圆头铆钉：$L=S+(1.25～1.5)d$

沉头铆钉：$L=S+(0.8～1.2)d$

击芯铆钉：$L=S+(2～3)$

抽芯铆钉：$L=S+(3～6)$

式中　d——铆钉直径（mm）；

　　　L——铆钉圆杆长度（mm）；

　　　S——铆接件板料的总厚度（mm）。

9. 铆钉可分为哪些形式？各应用在什么场合？

答：按形状不同，铆钉可分为平头、半圆头、沉头、半圆沉头和皮带铆钉等几种。各种铆钉的形状和用途见表 6 - 3。按材料不同，铆钉又分为钢质、铜质、铝质等几种，钢质铆钉应具有较高的韧性和延展性。

表 6-3　　　　　　　　　铆钉的名称、形状与用途

铆钉名称	图　形	用　　途
平头铆钉		常用于一般无特殊要求的铁皮箱、防护罩及其结合件的铆接中
沉头铆钉		用于制品的表面要求平整、不允许有外露的铆接
半沉头铆钉		常用于薄板、皮革、帆布、木材、塑料等允许表面有微小凸起的铆接中
半圆头铆钉		多用于强固接缝或强密接缝处，如钢结构的屋架、桥架、车辆、船舶及起重机连接部件的铆接
平锥头铆钉		
空心铆钉		用于铆接处有空心要求的地方，如电器组件的铆接或用于受剪切力不大的地方
抽芯铆钉		各有沉头和扁圆头两种形式，具有铆接效率高、工艺简单等特点，适用于单面与盲面的薄板和型钢与型钢的连接
击芯铆钉		

10. 如何铆接半圆头铆钉?

答: 首先将工件彼此贴合→按图样给出的尺寸划线钻孔→孔口倒角→将铆钉插入孔内→用压紧冲头压紧板料 [如图 6-4 (a) 所示]→镦出铆钉伸出部分 [如图 6-4 (b) 所示]→初步铆打成形 [如图 6-4 (c) 所示]→最后用罩模修整 [如图 6-4 (d) 所示]。如果采用圆钢料作为铆钉，应同时将钢料两头均匀镦粗，初步铆打成形并用罩模修磨两端铆合头。

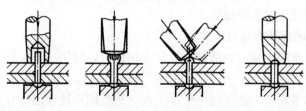

(a) 压紧板料　　(b) 镦粗铆钉　　(c) 铆打成形　　(d) 修整

图 6-4　半圆头铆钉的铆接方法

133

11. 如何铆接空心铆钉？

答： 空心铆钉的铆接如图 6-5 所示。把板料互相贴合、划线、钻孔并孔口倒角，将铆钉插入后，先用样冲（或类似的冲头）冲压一下，使铆钉孔口张开与工件孔口贴紧，再用特制冲头使翻开的铆钉孔口贴平于工件孔口。

12. 如何铆接沉头铆钉？

答： 沉头铆钉的铆接过程如图 6-6 所示，一种是用成品的沉头铆钉铆接，另一种是用圆钢按铆钉长度的确定方法，留出两端铆合头部分后截断作为铆钉。使用这两种铆钉时，铆接方法相同。用截断的圆钢作为铆钉的铆接过程。前 4 个步骤与半圆头铆钉的铆接相同→在正中镦粗面 1 和面 2→铆面 2→铆面 1→最后修平高出的部分。如果用成品铆钉（一端已有沉头），只需将铆合头一端的材料，经铆打填平沉头座即可。

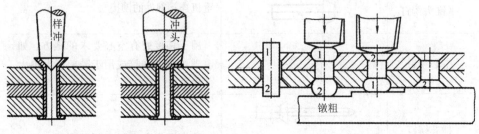

图 6-5　空心铆钉的铆接　　　　　图 6-6　沉头铆钉的铆接

13. 如何铆接抽芯铆钉？

答： 把板料贴合，经划线、钻孔、孔口倒角后，将抽芯铆钉插入孔内，并将伸出铆钉头的钉芯部分插入拉铆枪头部孔内，启动拉铆枪，钉芯被抽出，钉芯头部凸缘将伸出板料的铆钉杆部头端膨胀成铆合头，钉芯即在钉芯头部的凹槽处断开而被抽出，如图 6-7 所示。这种铆钉由于具有使用简便、易于操作、快速铆合的特点，使用越来越广泛。

14. 如何铆接击芯铆钉？

答： 把板料贴合，经划线、钻孔、孔口倒角后，将击芯铆钉插入铆合件孔内，用手锤敲击铆钉芯，当钉芯被敲到与铆钉头平齐时，钉芯便被击至铆钉杆的底部，铆钉伸出铆件的部分即被四面胀开，工件被铆合，如图 6-8 所示。这种铆钉使用简单、易于操作。

15. 铆钉的拆卸方法有哪些？

答：（1）半圆头铆钉的拆卸：直径小的铆钉，可用凿子、砂轮或锉刀将一端铆钉头修平，再用小于铆钉直径的冲子将铆钉冲出。直径大的铆钉，可用上述方法在铆钉半圆头上加工出一个小平面，然后用样冲冲出中心，再用小于铆钉直径 1mm 的钻头将铆钉头钻掉，用小于孔径的冲头冲出铆钉，如图 6-9

所示。

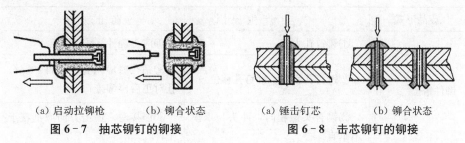

(a) 启动拉铆枪　　(b) 铆合状态　　　　　　(a) 锤击钉芯　　(b) 铆合状态

图 6-7　抽芯铆钉的铆接　　　　　　　图 6-8　击芯铆钉的铆接

(2) 沉头铆钉的拆卸：拆卸沉头铆钉时，可用样冲在铆钉头上冲个中心孔，再用小于铆钉直径 1mm 的钻头将铆钉头钻掉，然后用小于孔径的冲头将铆钉冲出，如图 6-10 所示。

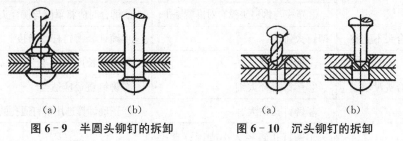

(a)　　　　(b)　　　　　　　　(a)　　　　(b)

图 6-9　半圆头铆钉的拆卸　　　　　　图 6-10　沉头铆钉的拆卸

(3) 抽芯铆钉的拆卸：如图 6-11 所示，用与铆钉杆相同直径的钻头，对准钉芯孔扩孔、直至铆钉头落掉，然后用冲子将铆钉冲出。

(4) 击芯铆钉的拆卸：如图 6-12 所示，用冲钉冲击钉芯，再用与铆钉杆相同的钻头，钻掉铆钉基体。如果铆件比较薄，可直接用冲头将铆钉冲掉。

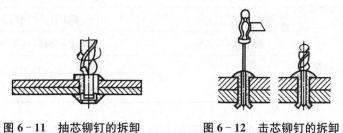

图 6-11　抽芯铆钉的拆卸　　　　　　图 6-12　击芯铆钉的拆卸

16. 你知道铆接废品产生的原因和防止方法有哪些吗？

答：铆接废品产生的原因和防止方法见表 6-4。

表 6-4　　　　　　　　　废品产生的原因和防止方法

废品形式	产 生 原 因	防 止 方 法
铆件错位	①铆钉孔太长	①应正确计算铆钉长度
	②铆钉孔歪斜，铆钉孔移位	②钻孔时应垂直于工件，铆钉孔对正后再铆接
	③铆合头镦粗时，冲头与罩模不垂直	③铆接时，锤击方向应垂直于工件
铆合头偏斜和不光亮或有凹痕	①罩模工作面粗糙不光	①罩模工作面应打磨光亮
	②锤击时，罩模弹出铆合头	②铆合时，不要连续锤击，锤击力应适当
	③罩模与铆钉头没有对准就锤击	③铆合时应将罩模与铆合头对准
铆合头不完整	铆钉太短	应正确计算铆钉杆的长度
铆合头没填满	①铆钉太短	①铆钉长度应适当
	②铆钉直径太细	②铆钉直径应适当
	③铆钉孔钻大	③正确计算选用铆钉通孔的直径
铆合头没贴紧工件	①铆钉孔直径太小或铆钉直径太大	①正确计算孔径与铆钉的直径
	②孔口没有倒角	②孔口应有倒角
工件上有凹痕	①锤击时，罩模歪斜	①铆合时，罩模应垂直于工件
	②罩模孔大或深	②罩模大小应与铆合头相符
铆钉杆在孔内弯曲	①铆钉孔太大	①应正确计算孔径
	②铆钉杆直径太小	②应选用尺寸相符的标准铆钉
工件之间有间隙	①工件板料不平整	①铆接的板料应平整
	②板料没压紧	②铆钉插入孔后应用压紧冲头将板料压紧

17. 何谓弯形？弯曲时材料变形的大小与哪些因素有关？

答：将原来平直的板料或型材弯成所需形状的加工方法称为弯形。弯形是使材料产生塑性变形，因此只有塑性好的材料才能进行弯形。如图 6-13（a）所示为弯形前的钢板，如图 6-13（b）所示为钢板弯形后的情况。它的外层材料伸长（图中 e—e 及 d—d），内层材料缩短（图中 a—a 及 b—b）而中间一层材料（图中 c—c）在弯形后的长度不变，这一层叫中性层。材料弯曲部分的断面，虽然由于发生拉伸和压缩，使它产生变形，但其断面面积保持不变。

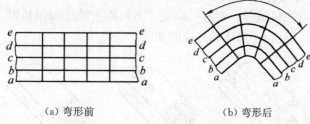

（a）弯形前　　　　　　　　　　（b）弯形后

图 6‑13　钢板弯形前后的情况

由于工件在弯形后，中性层的长度不变，因此，在计算弯曲工件的毛坯长度时，可按中性层的长度计算。在一般情况下，工件弯形后，中性层不在材料的正中，而是偏向内层材料的一边。经试验证明，中性层的位置，与材料的弯曲半径 r 和材料厚度 t 有关。在材料弯曲过程中，其变形大小与下列因素有关（图 6‑14）：

当 r/t 比值愈小，变形愈大；r/t 比值愈大，则变形愈小。当弯曲角 α 愈小，变形愈小；弯曲角 α 愈大，则变形愈大。

由此可见，当材料厚度不变，弯曲半径愈大，变形愈小，而中性层愈接近材料厚度的中间。如弯曲半径不变，材料厚度愈小，而中性层也愈接近材料厚度的中间。因此在不同的弯曲情况下，中性层的位置是不同的，如图 6‑15 所示。

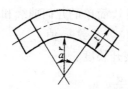
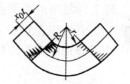

图 6‑14　弯曲半径和弯曲角　　**图 6‑15　弯曲时中性层的位置**

18. 怎样确定弯曲中性层位置系数 x_0？

中性层位置的系数 x_0 的数值见表 6‑5。

表 6‑5　　　　　　　　　　弯曲中性层位置系数 x_0

r/t	0.25	0.5	0.8	1	2	3	4	5	6	7	8	10	12	14	≥16
x_0	0.2	0.25	0.3	0.35	0.37	0.4	0.41	0.43	0.44	0.45	0.46	0.47	0.48	0.49	0.5

从表中 r/t 比值可知，当弯曲半径 $r \geqslant 16$ 倍材料厚度 t 时，中性层在材料厚度的中间。在一般情况下，为了简化计算，当 $r/t \geqslant 5$ 时，即按 $x_0 = 0.5$ 进

行计算。

19. 板材弯曲机械分哪几种？各有何特点？

答：板材弯曲机械分：对称三轴辊、不对称三轴辊和四轴辊〔如图 6 - 16 (a)、(b)、(c) 所示〕。具体特点说明如下：

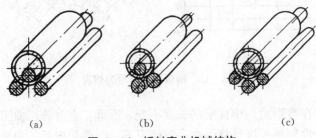

(a)　　　　　　　　(b)　　　　　　　　(c)

图 6 - 16　板材弯曲机械结构

(1) 对称三轴辊：如图 6 - 16 (a) 所示，其结构简单，重量轻，维修方便，两下轴辊距离小，成形较准确，但有较大的剩余直边。

(2) 不对称三轴辊：如图 6 - 16 (b) 所示，结构简单，剩余直边小，不必预弯剩余直边，但板料需要调头卷弯，操作麻烦。轴辊排列不对称，受力大，卷弯能力小。

(3) 四轴辊：如图 6 - 16 (c) 所示，板材对中方便，能一次性完成卷弯工作，但结构复杂，两侧轴辊相距较远，操作技术不易掌握。

20. 怎样计算工件弯形前毛坯的长度？

答：(1) 将工件复杂的弯形形状分解成几段简单的几何曲线和直线。

(2) 计算 r/t 值，按表 6 - 5 查出中性层位置系数 x_0 值。

(3) 按中性层分别计算各段几何曲线的展开长度。

$$A = \pi(r + x_0 t)\frac{\alpha}{180°}$$

式中　A——圆弧部分的长度（mm）；

　　　r——内弯曲半径（mm）；

　　　x_0——中性层位置系数；

　　　t——材料厚度（mm）；

　　　α——弯形角（整圆弯曲时 $\alpha = 360°$，直角弯曲时 $\alpha = 90°$）。

对于内边弯成直角不带圆弧的制件，按 $r = 0$ 计算。

(4) 将各段几何曲线的展开长度和直线部分相加即为工件毛坯的总长度。

21. 怎样计算不同弯形件的展开长度 L？

答：不同弯形件展开长度 L 的计算见表 6 - 6。

曲线名称	图 示	计 算 公 式
弯曲部分有圆角的 $\frac{r}{t} > 0.5$		弯曲部分（α 角范围内）中性层长度加不弯曲部分直线长度之和 $$L = A + B + \frac{\alpha}{180°}(r + x_0 t)\pi$$ $\alpha > 90°$ 时，x_0 值宜适当减小，反之宜大 弯曲件有几个弯角时，则将全部弯曲部分展开长加全部直线部分长即可
铰链圈弯曲		$L = 1.5\pi(r + x_0 t) + r + l$ 铰链圈中性层位移系数 x_0

铰链圈中性层位移系数 x_0

r/t	0.5	0.8	1.0	1.2	1.5
x_0	0.77	0.73	0.70	0.67	0.62
r/t	1.8	2	2.5	≥3	
x_0	0.58	0.54	0.52	0.5	

曲线名称	图 示	计 算 公 式
90°折角 $\frac{r}{t} < 0.5$		$L = A + B + \cdots + nkt$ A、B（包括多折角时的直边）都为内缘尺寸 n——折角数目 k——折角系数，无论单角、多角弯曲，每次只弯一个角时，$k = 0.4$，每次弯二个角，$k = 0.3$，每次三个角以上，$k = 0.25$
180°折角		$L = A + B - 0.43t$
>90°折角		$L = A + B + \dfrac{180° - \alpha}{90°} \times 0.4t$

续表

曲线名称	图　示	计　算　公　式
>90°多折角		当各折角相同时： $$L = A+B+C+\cdots\frac{180°-\alpha}{90°}nkt$$ 当各折角不同时： $$\left(\frac{180°-\alpha_1}{90°}+\frac{180°-\alpha_2}{90°}+\cdots\right)kt$$ k 的意义及取值参照本表90°折角一栏

22. 怎样计算板材展开长度？

答：板材弯曲时，若弯曲半径 R 与厚度 t 之比大于 4，则中性层位于板厚中间位置，即中性层重合；若小于或等于 4，则中性层位于板厚的内侧，它随变形程度而定。中性层位置可用下列公式计算：

$$R_0 = R + x_0 t$$

式中　R_0——中性层弯曲半径（mm）；

R——板材内层弯曲半径（mm）；

t——板材厚度（mm）；

x_0——板材中性层位置的移动系数，见表 6−7。

表 6−7　　　　　　　　　　板材中性层位置的移动系数

R/t	0.1	0.25	0.5	1.0	2.0	3.0	4.0	>4.0
x_0	0.32	0.35	0.38	0.42	0.455	0.47	0.475	0.5

几种常见板材制件的展开长度计算见表 6−8。

表 6−8　　　　　　　　　几种常见板材制件的展开长度计算

压弯方式	图　示	计　算　公　式
折角		$$L = A+B+C+D+nKt$$
直角弯曲		$$L = A+B+\frac{\pi(R_1+x_0 t)}{2}$$

140

压弯方式	图　示	计　算　公　式
椭圆筒体	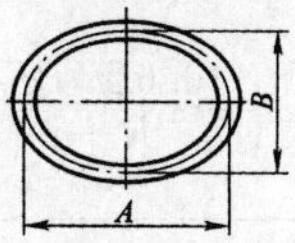	$L = \pi \dfrac{A_1 + B_1}{2}$
任意弯曲	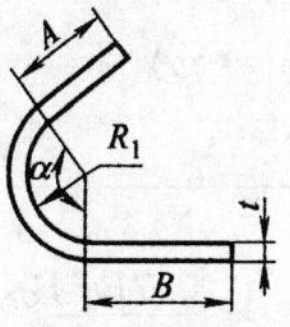	$L = A + B + \dfrac{\pi\alpha}{180}(R_1 + x_0 t)$
圆筒体	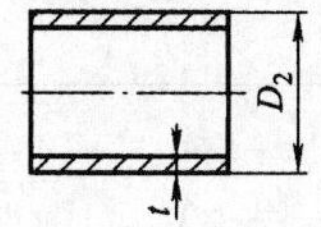	$L = \pi(D_2 - t)$
平立混合弯曲	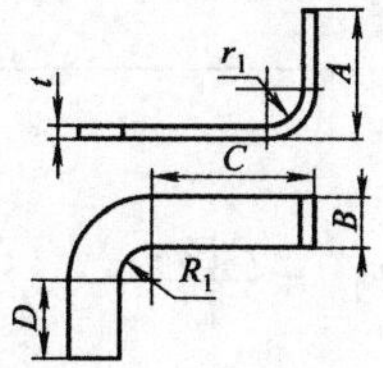	$L = A + C + D - 2(r_1 + t) + \dfrac{\pi}{2}\left(R_1 + r_1 + \dfrac{B + t}{2}\right)$

注：L——板材展开长度（mm）

　A、B、C、D——直线长度（mm）

　t——板材厚度（mm）

　n——弯角数目（弯曲半径$<0.3t$，即折角）

　K——系数。

　一般：

　$n = 1$ 时 $K = 0.5$

　$n > 1$ 时 $K = 0.25$

　R_1、r_1——弯曲半径

　D_2——圆筒外径

　α——弯曲角度

　A_1、B_1——椭圆中性层长、短轴

23. 怎样计算板材的压弯力？

答：压弯是利用压力机的模具对板材施加外力，使其弯成一定角度或一定形状的加工方法。压弯力的经验公式见表 6 - 9。

表 6 - 9 　　　　　　　　　　压弯方式及经验公式

压 弯 方 式	图　　　示	计 算 公 式
单角自由压弯		$F_{自} = \dfrac{0.6Bt^2 B\sigma_b}{R+t}$
单角校正压弯		$F_{校} = gA$
双角自由压弯		$F_{自} = \dfrac{0.7Bt^2 B\sigma_b}{R+t}$
双角校正压弯		$F_{校} = gA$
曲面自由压弯		$F_{自} = \dfrac{t^2 B\sigma_b}{L}$

注：B——板材宽度（mm）；

　t——材料厚度，mm；

　R——压弯件的内弯半径（mm）；

　σ_b——材料的抗拉强度（MPa）；

　A——压弯件被校正部分投影面（mm^2）；

　F——压弯力（N）；

　g——单位校正压力（MPa），见表 6 - 10。

表 6 - 10 　　　　　　　　　　单位校正压力 g

材　　　料	材 料 厚 度（mm）			
	<1	1～3	3～6	6～10
铝	15～20	20～30	30～40	40～50
黄铜	20～30	30～40	40～60	60～80
10～20 钢	30～40	40～60	60～80	80～100
25～30 钢	40～50	50～70	70～100	100～120

24. 你知道板材的最小弯曲半径是多少吗?

答: 板材弯曲时, 弯曲半径越小, 则外层材料的拉应力越大, 为防止材料出现裂纹或拉断, 必须对弯曲半径加以限制。使板材最外层材料接近拉裂时的弯曲半径称为最小弯曲半径, 因此在一般情况下, 板材实际弯曲半径应大于最小弯曲半径。常用板材的最小弯曲半径见表 6-11 所示。

表 6-11　　　　　　　　　常用板材最小弯曲半径

材　料	低碳钢	硬铝 LY2	铝	紫　铜	黄　铜
材料厚度（mm）	最　小　弯　曲　半　径（mm）				
0.3	0.5	1.0	0.5	0.3	0.4
0.4	0.5	1.5	0.5	0.4	0.5
0.5	0.6	1.5	0.5	0.5	0.5
0.6	0.8	1.8	0.6	0.6	0.6
0.8	1.0	2.4	1.0	0.8	0.8
1.0	1.2	3.0	1.0	1.0	1.0
1.2	1.5	3.6	1.2	1.2	1.2
1.5	1.8	4.5	1.5	1.5	1.5
2.0	2.5	6.5	2.0	1.5	2.0
2.5	3.5	9.0	2.5	2.0	2.5
3.0	5.5	11.0	3.0	2.5	3.5
4.0	9.0	16.0	4.0	3.5	4.5
5.0	13.0	19.5	5.5	4.0	5.5
6.0	15.5	22.0	6.5	5.0	6.5

25. 你知道板材卷弯和垂直距离的计算吗?

答: 板材卷弯一般要经多次进给滚弯才能达到所需要的弯曲半径, 因此每次上下轴辊的压下量一般为 5～10mm。卷弯前, 可根据所需弯制板材的弯曲半径计算出上下轴辊的相对位置, 以便控制卷弯终了时上轴辊的位置。轴辊垂直距离计算如下:

(1) 三轴辊上、下辊相对位置 h (图 6-17), 其计算公式如下:

$$h = \sqrt{(r_2 + t + R)^2 - L^2} - (R - r_1)$$

式中　t——工件厚度（mm）;

　　　h——上、下轴辊的垂直距离（mm）;

　　　r_1——上轴辊的半径（mm）;

143

r_2——下轴辊的半径（mm）；

R——工件弯曲半径（mm）；

L——两下轴辊中心距的 1/2（mm）。

（2）四轴辊下、侧辊相对位置 h（图 6-18），其计算公式如下：

$$h = r_1 + R + t - \sqrt{(r_2 + t + R)^2 - L^2}$$

式中　t——工件厚度（mm）；

　　　R——工件弯曲半径（mm）；

　　　h——下、侧轴辊的垂直距离（mm）；

　　　r_1——下轴辊的半径（mm）；

　　　r_2——侧轴辊的半径（mm）；

　　　L——两侧轴辊中心距的 1/2（mm）。

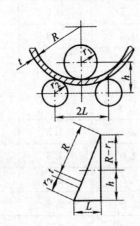

图 6-17　三轴辊上、下辊相对位置 h　　　图 6-18　四轴辊下、侧辊相对位置 h

26. 你知道常用型材、管材最小弯形半径的计算公式吗？

答：常用型材、管材最小弯形半径的计算公式见表 6-12。

表 6-12　　　　　常用型材、管材最小弯形半径的计算公式

图　示	材　料	弯形方式	计算公式
	碳钢板弯曲	热	$R_{min} = S$
		冷	$R_{min} = 2.5S$
	不锈钢钢板弯曲	热	$R_{min} = S$
		冷	$R_{min} = (2 \sim 2.5)S$

图 示	材 料	弯形方式	计 算 公 式
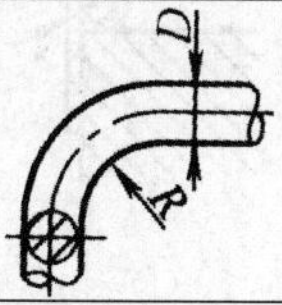	不锈钢圆钢弯曲	热	$R_{min} = D$
		冷	$R_{min} = (2 \sim 2.5)D$
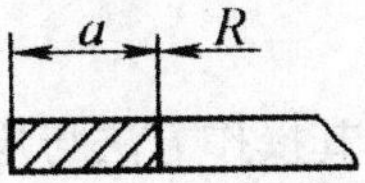	扁钢弯曲	热	$R_{min} = 3a$
		冷	$R_{min} = 12a$
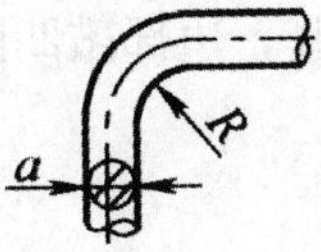	圆钢弯曲	热	$R_{min} = 2.5a$
		冷	$R_{min} = a$
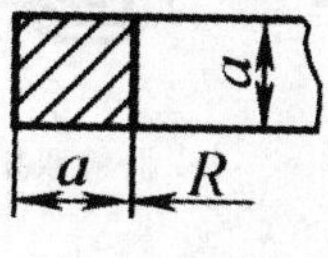	方钢弯曲	热	$R_{min} = 2.5a$
		冷	$R_{min} = a$
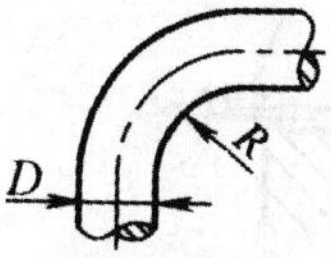	不锈耐酸钢管弯曲	充沙加热	$R_{min} = 3.5D$
		气焊嘴加热	弯曲一侧有折纹 $R_{min} = 2.5D$
		不充沙冷弯	专门弯管机上弯形 $R_{min} = 4D$
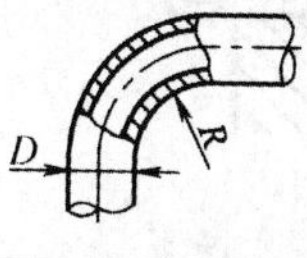	无缝钢管弯曲	冷	$D < 20,\ R \approx 2D$
		冷	$D > 20,\ R \approx 3D$

27. 简述板材手工弯形的方法有哪些?

答:(1)卷边:在板料的一端划出两条卷边线,$L = 2.5d$ 和 $L_1 = 1/4 \sim 1/3L$,然后按如图 6-19 所示的步骤进行弯形:

①把板料放到平台上,露出 L_1 长并弯成 $90°$ [如图 6-19 (a) 所示]。

②边向外伸料边弯曲,直到 L 长为止 [如图 6-19 (b)、(c) 所示]。

③翻转板料,敲打卷边向里扣 [如图 6-19 (d) 所示]。

④将合适的铁丝放入卷边内,边放边锤扣 [如图 6-19 (e) 所示]。

⑤翻转板料,接口靠紧平台缘角,轻敲接口咬紧 [如图 6-19 (f) 所示]。

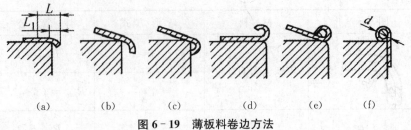

(a)   (b)   (c)   (d)   (e)   (f)

图6-19　薄板料卷边方法

(2) 咬缝：咬缝的基本类型有5种，如图6-20所示。其操作方法与弯形操作方法基本相同。下料留出咬缝量（缝宽×扣数）。操作时应根据咬缝种类留余量，决不可以搞平均。一弯一翻作好扣，二板扣合再压紧，边部敲凹防松脱，如图6-21所示。

(a) 站缝单扣　(b) 站缝双扣　　(c) 卧缝挂扣　　(d) 卧缝单扣　　(e) 卧缝双扣

图6-20　咬缝的种类

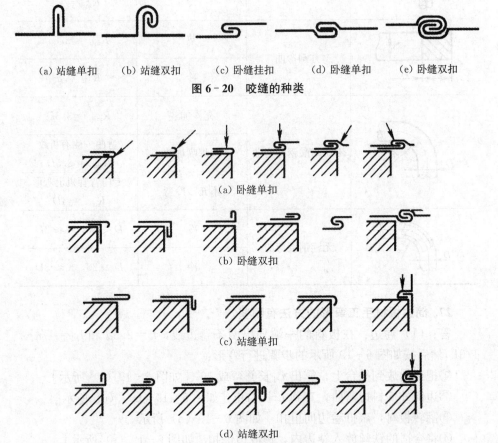

(a) 卧缝单扣

(b) 卧缝双扣

(c) 站缝单扣

(d) 站缝双扣

图6-21　咬缝操作过程

(3) 弯直角工件：如果工件形状简单、尺寸不大而且能在台虎钳上夹持，

146

应在台虎钳上弯制直角，如图6-22所示。

先在弯曲部位划好线，线与钳口对齐夹持工件，两边要与钳口垂直。用木槌在靠近弯曲部位的全长上轻轻敲打，直到打到直角为止，如图6-22（a）所示。如弯曲线以上部分较短时，可用硬木块垫在弯曲处再敲打，弯成直角，如图6-22（b）所示。

当加工工件弯曲部位的长度大于钳口长度，而且工件两端又较长，无法在台虎钳上夹持时，可将一边用压板压紧在有T形槽的平板上，用木槌或垫上方木条锤击弯曲处，如图6-23所示，使其逐渐弯成直角。

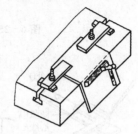

（a）用锤子直接弯形　（b）用垫木块间接弯形
图6-22　板料直角弯形方法　　　　**图6-23　较大板料弯形方法**

（4）弯多直角形工件：如图6-24所示的工件，可用木垫或金属垫作辅助工具。将板料按划线夹入台虎钳的两块角衬内，弯成A角，如图6-24（a）所示。再用衬垫①弯成B角，如图6-24（b）所示。最后用衬垫②弯成C角，如图6-24（c）所示。

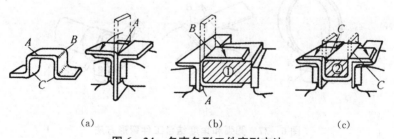

（a）　　　　　　　　　（b）　　　　　　　　　（c）

图6-24　多直角形工件弯形方法

（5）弯圆弧形工件：圆弧形工件有如下两种弯曲方法。

方法1：先在材料上划好弯曲处位置线，按线夹在台虎钳的两块角铁衬垫里；用方头锤子的窄头锤击，如图6-25（a）、（b）、（c）三步初步弯曲成形；最后在半圆模上修整圆弧至合格，如图6-25（d）所示。

方法2：先划出圆弧中心线R和两端转角弯曲线Q，如图6-26（a）所示；沿圆弧中心线R将板料夹紧在钳口上弯形，如图6-26（b）所示；将心轴的轴线方向与板料弯形线Q对正，并夹紧在钳口上，应使钳口作用点P与

心轴圆心 O 在一直线上，并使心轴的上表面略高于钳口平面，把 a 脚沿心轴弯形，使其紧贴在心轴表面上，如图 6-26（c）所示；翻转板料，重复上述操作过程，把 b 脚沿心轴弯形，最后使 a、b 脚平行，如图 6-26（d）所示。

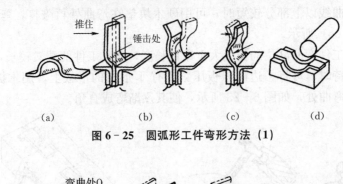

图 6-25　圆弧形工件弯形方法（1）

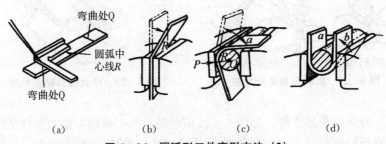

图 6-26　圆弧形工件弯形方法（2）

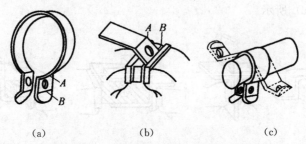

图 6-27　圆弧和角度结合工件弯形方法

（6）弯圆弧和角度结合的工件：先在板料上划弯形线，如图 6-27（a）所示，并加工好两端的圆弧和孔；再按划线将工件夹在台虎钳的衬垫内，如图 6-27（b）所示，先分别弯好两端 A、B 两处；最后在圆钢上弯工件的圆弧，如图 6-27（c）所示。

28. 常用机械弯形方法及适用范围有哪些？

答：常用机械弯形方法及适用范围见表 6-13。

148

表 6 - 13　　　　　　　板材机械压弯方法

类　型	图　示	说　明
V形自由弯曲	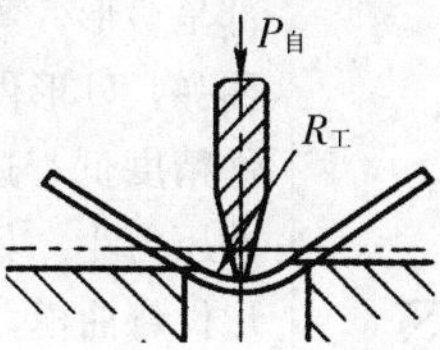	V形自由弯曲如左图所示。凸模圆角半径（$R_凸$）很小，工件圆角半径在弯曲时自然形成，调节凸模下死点位置，可以得到不同的弯曲角度及曲率半径。模具通用性强。这种弯曲变形程度较小，回弹量大，故质量不易控制。适用于精度要求不高的大中型工件的小批量生产
V形接触弯曲	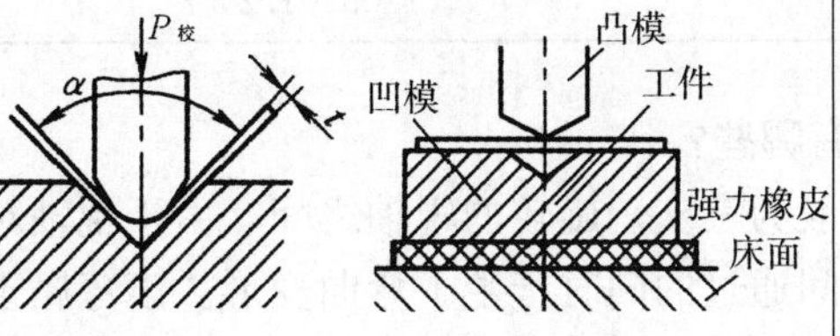	V形接触弯曲如左图所示。凸模角度等于或稍小于凹模角度（$2° \sim 3°$）。弯曲时凸模到下死点位置时，应使弯曲件的弯曲角度 α 刚好与凹模的角度吻合，此时工件圆角半径等于自由弯曲半径。由于材料力学性能不稳定，厚度会有偏差，故工件精度不太高（介于自由弯曲和校正弯曲之间），但弯曲力比校正弯曲小。模具寿命长［左图（a）］。如左图（b）所示方法主要用于厚度、宽度都较大的弯曲件。用衬有强力橡皮的弯曲模，可以减少薄板弯曲时由于厚度不均等引起的弯曲角度误差
V形校正弯曲	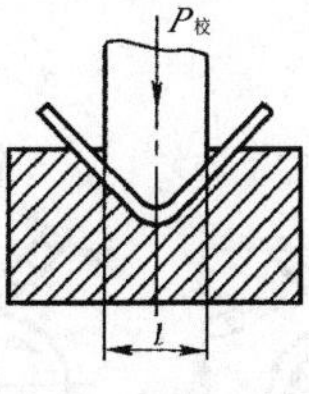	V形校正弯曲如左图所示。凸模在下死点时与工件、凹模全部接触，并施加很大压力使材料内部应力增加，提高塑性变形程度，因而提高了弯曲精度。由于校正压力很大，故适用于厚度及宽度较小的工件。为了避免压力机下死点位置不准，引起机床超载而损坏，不宜使用曲柄压力机。$P_校 = 80 \sim 120\text{MPa}$（详细数据参见有关资料）

续表

类 型	图 示	说　明
U形件弯曲	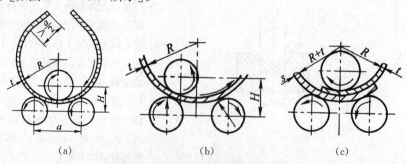 (a)　　　(b)	U形件弯曲如左图（a）所示。U形件弯曲模属于自由弯曲，底部呈弓形。弯曲结束，弓形部分回弹，U形件两侧便张开。弯曲件精度低，这种模具结构简单，冲压力小。如左图（b）所示U形件弯曲模，属于校正弯曲。顶板在开始弯曲时对材料底部有一压力，避免弓形产生，保证了冲压后的质量 U形件弯曲模的凸、凹模之间的间隙 Z，太大会引起过大的回弹量，过小则会使材料表面擦伤，并增加弯曲力。一般 $Z \approx (1.05 \sim 1.2)\, t$

29. 板材机械滚弯的方法有哪些?

答：板材放置在一组（一般为三支）旋转的辊轴之间，由于辊轴对板材的压力和摩擦力，使板材在辊轴间通过的同时产生了弯曲变形。滚弯属于自由弯曲，因此回弹量较大，一次辊压难以达到精度要求。但可多次滚压，并调节 H，可使工件弯曲半径达到一定精度。其特点是不需要特殊的工具和模具，通用性大。对称型三辊轴滚圆机使用时，工件两端有 $a/2$ 长的一段未受到弯曲［如图 6-28（a）所示］，因此必须在滚弯前用压弯法将两端压出圆弧形。不对称三辊卷板机可以使直线部分减至最小，但弯曲力要大得多，且不能在一次滚压中将两端都滚弯［如图 6-28（b）所示］。厚度较薄及圆筒直径较大时，可将板料端部垫上已有一定曲率半径圆弧的厚垫板一起滚压，使其二端先滚出圆弧［如图 6-28（c）所示］。

(a)　　　　　　　(b)　　　　　　　(c)

图 6-28　板材机械滚弯过程示意

30. 板材机械折弯的方法有哪些?

答:折弯是在折板机上进行的,主要用于长度较长、弯曲角较小的薄板件(图 6 - 29)。控制折板的旋转角度及调换上压板的头部镶块,可以弯曲不同角度及不同弯曲半径的零件。

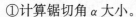

图 6 - 29　折弯示意

31. 角钢弯形的方法及变形步骤有哪些?

答:角钢弯形的类型及弯形步骤如下:

(1) 对角钢进行角度弯形。角钢角度弯形有
3 种形式,如图 6 - 30 所示,其中大于 90°的弯曲程度较小;等于 90°的弯曲程度中等;小于 90°的弯曲程度大。弯形步骤如下:

①计算锯切角 α 大小。

②划线锯切 α 角槽,锯切时应保证 $\alpha/2$ 角的对称。两边要平整,必要时可以锉平。V 形尖角处要清根,以免弯形后结合不严,如图 6 - 31(a)所示。

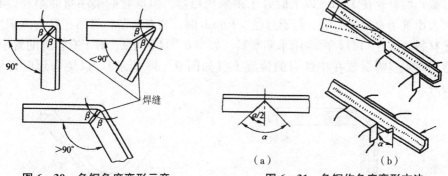

图 6 - 30　角钢角度弯形示意　　　图 6 - 31　角钢作角度弯形方法

③弯形。一般可夹在台虎钳上进行,边弯曲边锤打弯曲处,如图 6 - 31
(b)所示。β 角越小,弯形中锤打越要密些、力大些。对退火、正火处理的角钢弯形,可适当快些;未作过处理的角钢,弯曲中要密打弯曲处,以防产生裂纹。

(2) 对角钢进行弯圆。角钢的弯圆分为角钢边向里弯圆和向外弯圆两种。一般需要一个与弯圆圆弧一致的弯形工具配合弯形,必要时也可采用局部加热弯形。

①角钢边向里弯圆,如图 6 - 32 所示形式。

a. 将角钢 a 处与型胎工具夹紧。

b. 敲打 b 处使之贴靠型胎工具,并将其夹紧。

c. 均匀敲打 c 处,使 c 处平整。

②角钢边向外弯圆,如图 6 - 33 所示形式。

151

a. 将角钢 a' 处与型胎工具夹紧。

b. 敲打 b' 处使之贴靠型胎工具，并将其夹紧。

c. 均匀敲打 c' 处，防止 c' 翘起，使 c' 处平整。

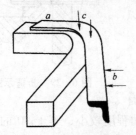 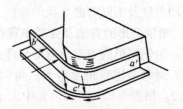

图 6‑32　角钢边向里弯圆示意　　　图 6‑33　角钢边向外弯圆方法

32. 管材弯形的方法有哪些？

答：管子弯形分冷弯与热弯两种。直径在 12mm 以下的管子可采用冷弯方法，而直径在 12mm 以上的管子则采用热弯。但弯管的最小弯曲半径，必须大于管子直径的 4 倍。管子直径＞10mm 时，在弯形前，必须在管内灌满填充材料（表 6‑14），两端用木塞塞紧（如图 6‑34 所示）。对于有焊缝的管子，弯形时须将焊缝放在中性层的位置上（如图 6‑35 所示），以免弯形时焊缝裂开。

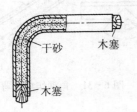 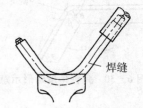

图 6‑34　管内灌砂及两端塞上木塞　　　图 6‑35　管子弯形时焊缝位置

表 6‑14　　　　　　　　　弯曲管子时管内填充材料的选择

管子材料	管内填充材料	弯曲管子条件
钢　管	普通黄沙	将黄沙充分烘炒干燥后，填入管内，热弯或冷弯
普通纯铜管、黄铜管	铅或松香	将铜管退火后，再填充冷弯。应注意：铅在热熔时，要严防滴水，以免溅伤
薄壁纯铜管、黄铜管	水	将铜管退火后灌水冰冻冷弯
塑料管	细黄沙（也可不填充）	温热软化后迅速弯曲

33. 怎样用手工冷弯管子?

答:(1)对直径较小的铜管手工弯形时,应将铜管退火后,用手边弯边整形,修整弯形产生的扁圆形状,使弯形圆弧光滑圆整,如图6-36所示。切记不可一下子弯很大的弯曲度,这样不易修整产生的变形。

(2)钢管弯形(图6-37)首先应将管子装沙、封堵,并根据弯曲半径先固定定位柱,然后再固定别挡。弯形时应逐步弯形,将管子一个别挡一个别挡别进来,用铜锤锤打弯曲高处,也要锤打弯曲的侧面,以纠正弯形时产生的扁圆形状。热弯直径较大管子时,可在管子弯曲处加热后,采用这种方法弯形。

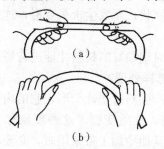

图6-36 手工冷弯小直径铜管示意

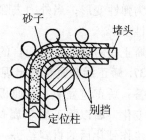

图6-37 钢管弯形示意

34. 怎样用弯管工具冷弯管子?

答:冷弯小直径油管一般在弯管工具(图6-38)上进行。弯管工具由底板、转盘、靠铁、钩子和手柄等组成。转盘圆周上和靠铁侧面上有圆弧槽,圆弧槽按所弯的油管直径而定(最大直径可达12mm),当转盘和靠铁的位置固定后(两者均可转动,靠铁不可移动)即可使用。使用时,将油管插入转盘和靠铁的圆弧槽中,钩子钩住管子,按所需的弯曲位置扳动手柄,使管子跟随手柄弯到所需角度。

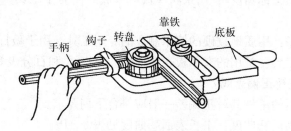

图6-38 弯管工具结构

35. 何谓矫正?矫正分哪几种?

答:通过外力作用,消除材料或工件的弯曲、扭曲、凹凸不平等缺陷的加工方法称为矫正。根据矫正时材料的温度可分为冷矫和热矫两种:前者是在常温下进行的,适用于变形较小、塑性较好的钢材;后者是将钢材加热到

153

700℃～1000℃进行的，适用于变形严重、塑性较差的钢材。根据作用外力的来源与性质可分为手工矫正、机械矫正和火焰矫正3种，其中手工矫正是钳工经常采用的矫正方法。

（1）手工矫正。钳工用手工工具在平台、铁砧、V形块或台虎钳上进行的矫正。矫正时，采用扭转、弯曲、延展、伸张等方法。

（2）机械矫正。在矫直机、压力机、冲床等设备上进行的一种矫正操作。

36. 什么是金属的弹性变形和塑性变形？矫正是对哪种变形而言的？

答：在外力作用下，材料发生变形，当外力去除后仍能恢复原状，这种变形称为弹性变形；当外力去除后不能恢复原状，而发生永久变形，这种变形称为塑性变形。

矫正是对塑性变形而言的，所以只有对塑性好的材料才能进行矫正。

37. 矫正后金属材料出现冷作硬化应怎样处理？

答：矫正过程中，金属板材、型材要产生新的塑性变形，它的内部组织要发生变化。所以矫正后金属材料硬度提高，性质变脆，这种现象称为冷作硬化。冷作硬化后的材料给进一步的矫正或其他冷加工带来困难，必要时可进行退火处理，使材料恢复原来的力学性能。

38. 常用矫正工具有哪些？它们有什么用途？

答：（1）矫正平板：用作矫正工件的基准工具。

（2）铁砧：用作敲打条料或角钢时的砧座。

（3）软、硬锤子：用于矫正一般材料。通常使用圆头锤子和方头锤子。矫正已加工过的表面或有色金属制件，应使用软锤子（如铜锤、铅锤、木槌和橡皮锤等）。

（4）压力机：用于矫正较长的轴类零件或棒料。

（5）抽条（又称豁皮）：用条状薄板料弯成的简易手工工具，用于抽打较大面积的薄板料。

（6）木方条：用质地较硬的檀木制成的专用工具，用于敲打板料。

（7）检验工具：常用的有平板、90°角尺、钢直尺和百分表等。

39. 你知道矫正偏差吗？

答：矫正后的工件其矫正偏差一般应符合下列要求。

（1）平板表面翘曲度：平板表面翘曲度见表6-15。

表6-15　　　　　　　　　　平板表面翘曲度

平板厚度（mm）	3～5	6～8	9～11	>12
允许翘曲度（mm/m）	≤3.0	≤2.5	≤2.0	≤1.5

（2）钢材矫正后的允许偏差：钢材矫正后的允许偏差见表6-16。

表6-16   钢材矫正后的允许偏差

偏差名称		图　示	允许偏差
钢板	局部平面度		在1m范围内： $\delta \leqslant 14$，$f \leqslant 2$ $\delta > 14$，$f \leqslant 1$
角钢	局部波状及平面度		全长直线度 $f \leqslant 0.001L$ 且局部波状及平面度在1m长度内不超过2mm
			$f < 0.01B$，但不大于1.5mm（不等边角钢按长腿宽度计算），且局部波状及平面度在1m长度内不超过2mm
槽钢和工字钢	直线度		全长直线度 $f < 0.0015L$ 且局部波状及平面度在1m长度内不超过2mm
	歪扭		歪扭： $L < 10000mm$，$f < 3mm$ $L > 10000mm$，$f < 5mm$ 用局部波状及平面度在1m长度内不超过2mm
			$f \leqslant 0.01B$，且局部波状及平面度在1m长度内不超过2mm

40. 怎样选择矫正方法？

答：（1）能用机械矫正的，尽量采用机械矫正。例如，大型工件、轴和丝杠类零件、厚钢板等一般采用机械矫正；薄钢板和较细的棒料等可采用手工矫正。

（2）工件和板料变形大的可采用机械加热矫正，变形小的则采用手工矫正。

155

41. 手工矫正时怎样使用扭转法、弯曲法、延展法和伸张法矫正工件？

答：（1）扭转法：用来矫正条料的扭曲变形。矫直时，将条料夹持在台虎钳上，用活扳手或专用扳手把它扭转到原来的形状，如图6-39所示。

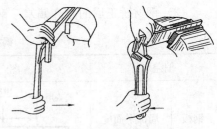

图6-39　扭转法

（2）弯曲法：用来矫正弯曲的棒料、轴类工件和厚度方向弯曲的条料。

①用台虎钳夹持靠近弯曲的地方，用扳手把弯曲部分扳直，如图6-40（a）所示。

②用台虎钳将弯曲部分夹持在钳口内，利用台虎钳把它压直，如图6-40（b）所示。如果矫正效果不够理想，可再放到平板上用锤子继续矫正，如图6-40（c）所示。

（3）延展法：用来矫正各种型钢和板料的翘曲等变形。延展法是通过锤子锤击材料的适当部位，使其局部延长和展开，从而达到矫正目的。

①板料在宽度方向上弯曲的矫正方法。矫直时，锤击弯形里面的材料（中细短线为锤击部位）使下边逐渐伸长而变直，如图6-41所示。

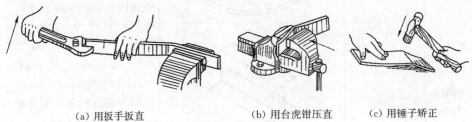

（a）用扳手扳直　　　　（b）用台虎钳压直　　　（c）用锤子矫正

图6-40　弯曲法

②中部凸起的板料矫正方法。薄板料中间凸起是由于该处金属纤维比四周长，矫正时如果直接锤击凸处，那么凸处的纤维进一步伸长，凸起的现象将更严重。所以应锤击板料的边缘，逐渐由外向里、由重到轻、由密到稀，使其逐步延展，从而达到平整的要求。

（4）伸张法：用来矫正细长的线材。矫直时将线材的一端夹在台虎钳上，在靠近钳口处把线材在一圆木上绕一圈，用手握住圆木向后拉，线材就可得到伸张而矫正，如图6-42所示。

42. 怎样用手工矫正薄板和厚板？

答：薄板材料的变形矫正方法如图6-43（a）、（b）、（c）、（d）所示。具体操作方法如下：

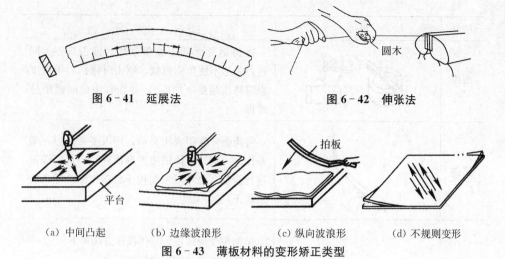

图 6‑41　延展法　　　　　　　　　　图 6‑42　伸张法

(a) 中间凸起　　　(b) 边缘波浪形　　　(c) 纵向波浪形　　　(d) 不规则变形

图 6‑43　薄板材料的变形矫正类型

(1) 中间凸起的矫正 [图 6‑43 (a)]：矫正时锤击板的四周，由凸起的周围开始，逐渐向四周锤击，越往边锤击的密度应越大，锤击力也越重，使薄板四周的纤维伸长。矫正薄钢板，可选用手锤或木槌；矫正合金钢板，应用木槌或紫铜锤。若薄板表面相邻处有几个凸起处，则应先在凸起的交界处轻轻锤击，使若干个凸起处合并成一个，然后再锤击凸处四周而展平。

(2) 边缘波浪形的矫正 [图 6‑43 (b)]：矫正时应从四周向中间逐步锤击，且锤击点的密度向中间应逐渐增加，锤击力也越重，使中间处的纤维伸长而矫平。

(3) 纵向波浪形的矫正 [图 6‑43 (c)]：用拍板抽打，只适用于初矫。此法也适用于有色金属变形的矫正。

(4) 不规则变形的矫正 [图 6‑43 (d)]：薄板发生扭曲等不规则变形（如对角翘起），应沿另一没有翘起的对角线进行锤击，使其延伸而矫平。

由于厚板的钢性较好，可直接锤击凸处，使凸处的纤维受压缩短而矫平。

43. 怎样用手工矫正角钢？

答：用手工矫正角钢的方法见表 6‑17。

表 6‑17　　　　　　　　　　　　手工矫正角钢

方法	图　示	说　　　明
外弯	厚钢圈	角钢应平放在钢圈上，锤击时为了不致使角钢翻转，锤柄应稍微抬高或放低 5°左右。在锤击的瞬间，除用力打击外，还捎带有向内拉（锤柄后手抬高时）或向外推的力（锤柄后手放低时），具体视锤击者所站立的位置而定

157

方法	图　示	说　　　明
内弯		将角钢背面朝上立放，然后锤击矫正。同样，为了不使角钢打翻，锤击时锤柄后手高度也应略作调整（约5°），并在打击瞬间捎带拉或推
扭曲		将角钢一端用虎钳夹持，用扳手夹持另一端并作反向扭转。待扭曲变形消除后，再用锤击进行修整（也可以采用矫正扁钢扭曲的锤击法来矫正）
角变形		角钢角变形矫正，具体操作方法如下： ①锤击翼边或用型锤扩张翼边 ②角钢角变形小于90°时，应将角钢仰放于平台上，然后在角钢的内侧垫上型锤后锤击，使其角度扩大 ③角钢的角变形大于90°时，应将其置于V形槽铁内，用大锤打击外倾部分；或将角钢边斜立于平台上，用大锤锤击，使其夹角变小
复合变形	—	角钢同时出现几种变形时，应先矫正变形较大的部位，然后矫正变形较小的部位；如角钢既有弯曲又有扭曲变形，应先矫正扭曲，再矫正弯曲

44. 怎样用手工矫正圆钢或钢管？

　　答：如图6-44所示为圆钢或钢管材料弧弯变形，矫正时，应使凸处向上，用锤锤击凸处，使其反向弯曲而矫直。对于外形要求较高的圆钢，矫正时可选用合适的摔锤置于圆钢的凸处，然后锤击摔锤的顶部。

45. 怎样用手工矫正槽钢？

　　答：（1）弯曲：矫正槽钢立弯（腹板方向弯曲）时（如图6-45所示），可将槽钢置于用两根平行圆钢组成的简易矫正台上，并使凸部向上，用大锤锤击（锤击点应选择在腹板处）。矫正槽钢旁弯（翼板方向弯曲）时，可同样用大锤锤击翼板材。

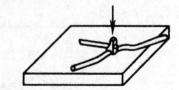

图6-44　圆钢或钢管弧弯变形

158

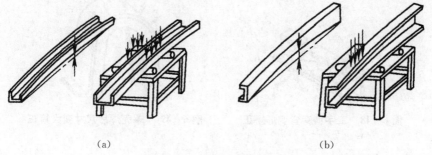

（a）　　　　　　　　　　（b）

图 6‑45　槽钢弯曲的矫正

（2）扭曲变形矫正：一般扭曲可用冷矫，扭曲严重时需加热矫。矫正时可将槽钢斜置在平台上［如图 6‑46（a）、（b）所示］，使扭曲翘起的部分伸出平台外，然后用大锤或卡子将槽钢压住，锤击伸出平台部分翘起的一边，边锤击边使槽钢向平台移动，然后再调头进行同样的锤击，直至矫直。

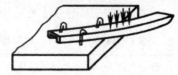

图 6‑46　槽钢扭曲变形的矫正

（3）翼板变形矫正：槽钢翼板有局部变形时，可用一个锤子垂直抵住［如图 6‑47（a）所示］或横向抵住［如图 6‑47（b）所示）翼板凸起部位，用另一个锤子锤击翼板凸处。当翼板有局部凹陷时，也可将翼板平放［如图 6‑47（c）所示］锤击凸起处，直接矫平。

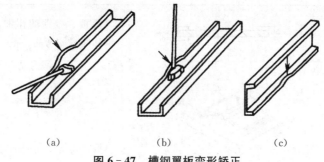

（a）　　　　　　（b）　　　　　　（c）

图 6‑47　槽钢翼板变形矫正

46. 怎样用手工矫正工字钢及罩壳？

答：（1）工字钢旁弯变形矫正：用弯轨器矫正弯曲处凸部（如图 6‑48 所示）。

（2）罩壳焊后尺寸变大矫正：锤击焊缝，使焊缝伸长而实现矫正（如图 6‑49 所示）。

图 6-48　工字钢旁弯变形矫正　　　图 6-49　罩壳焊后尺寸变大矫正

47. 常用机械矫正方法有哪几种？

答：常用机械矫正方法有滚板机矫正板料、滚圆机矫正板料和压力机矫正板料。

48. 机械矫正方法及适用范围有哪些？

答：机械矫正方法及适用范围见表 6-18。

表 6-18　　　　　　　　　钢材或制件的机械矫正方法及适用范围

矫正方法	图　　示	适　用　范　围
滚板机		薄板弯曲及波浪形变形矫正
		中厚板弯曲的矫正
拉伸机		薄板、型钢的扭曲，管材、扁钢和线材的弯曲矫正
压力机		板材、管子和型钢的局部矫正

160

矫正方法	图　示	适　用　范　围
压力机		型钢扭曲的矫正
	旁弯　　　　上拱	工字钢、箱形梁的旁弯和上拱的矫正
		钢管、圆钢的弯曲矫正
多辊矫正机		薄壁管和圆钢弯曲变形的矫正
	α　α	厚壁管和圆钢弯曲变形的矫正
撑直机		圆钢的弯曲矫正
		较长而窄的钢板弯曲及旁弯矫正
		槽钢、工字钢等上拱及旁弯的矫正
卷板机		钢板拼接在焊缝处凹凸等缺陷矫正

续表2

矫正方法	图　　示	适　用　范　围
型钢矫正机	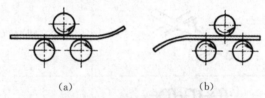	角钢、槽钢和方钢的弯曲变形矫正

49. 怎样用滚圆机矫正板料?

答：用三辊滚圆机矫正板料（如图 6-50 所示），是通过材料反复弯曲变形而使应力均匀，从而提高板料的平正度。

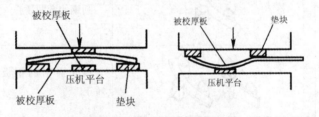

　　(a)　　　　　　　　　　　(b)

图 6-50　用滚圆机矫正板料

50. 怎样用液压机矫正厚板?

答：厚板矫正可用液压机进行。在工件凸起处施加压力，使材料内应力超过屈服极限，产生塑性变形，从而纠正原有变形。但应适当采用矫枉过正的方法，因为在矫正时材料由塑性变形而获得平整，但在卸载后还是有些部分弹性恢复（图 6-51）。

被校厚板　　　　　　　　　垫块
被校厚板　　　　　　　　　被校厚板
压机平台　　　　　　　　　压机平台
被校厚板　　垫块

图 6-51　用液压机矫正厚板

51. 怎样用滚板机矫正板料?

答：用滚板机矫正板料时，厚板辊少，薄板辊多，上辊双数，下辊单数〔如图 6-52（a）所示〕。矫正厚度相同的小块板料，可放在一块大面积的厚板上同时滚压多次，并翻转工件，直至矫平〔如图 6-52（b）所示〕。

52. 何谓火焰矫正?

答：钢材或制件的火焰矫正是利用火焰对材质局部加热时，被加热处金属由于膨胀受阻而产生压缩塑性变形，使较长的金属纤维冷却后缩短达到矫正的

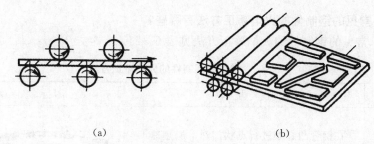

(a)　　　　　　　　　　　　　　　　　　　(b)

图 6－52　用滚板机矫正板料

目的，它适用于变形严重、塑性变形好的材料。加热温度随材质不同，低碳钢和普通低合金结构钢制件采用 600℃～800℃ 的加热温度，厚钢板和变形较小的可取 600℃～700℃，严禁在 300℃～500℃ 时矫正，以防脆裂。

53. 火焰矫正钢材时，其表面颜色及其相应温度是什么？

答：火焰矫正时钢材表面颜色及其相应温度见表 6－19。

表 6－19　　　　　　　钢材表面颜色及其相应温度（在暗处观察）

颜　色	温度（℃）	颜　色	温度（℃）
深褐红色	550～580	亮樱红色	830～900
褐红色	580～650	橘黄色	900～1050
暗樱红色	650～730	暗黄色	1050～1150
深樱红色	730～770	亮黄色	1150～1250
樱红色	770～800	白黄色	1250～1300
浅樱红色	800～830		

54. 火焰加热方式及适用范围有哪些？

答：火焰加热方式及适用范围见表 6－20。

表 6－20　　　　　　　　　　火焰加热方式及适用范围

加热方式	适用范围	操作注意事项
点状加热	薄板凹凸不平、钢管弯曲等矫正	变形大，加热点距小，加热点直径适当大些；若板薄，加热温度低些；反之，则点距大些，点径小些，板厚温度高些
线状加热	中厚板的弯曲，T 字梁、工字梁焊后角变形等矫正	一般加热线宽为板厚的 0.5～2 倍，加热深度为板厚的 1/3～1/2
三角加热	变形严重、刚性较大的构件变形的矫正	加热高度与底部宽为型材高度的 1/5～2/3

55. 常见的钢制件的火焰矫正方法有哪些?

答: 常见的钢制件的火焰矫正方法见表6-21。

表6-21　　　　　　　　　　常见的钢制件的火焰矫正方法

类型		矫 正 方 法	图 示
钢管局部弯曲		在钢管凸起处进行点状加热,加热速度要快(如右图所示)	
薄钢板	中间凸起	中间凸起较小,用点状加热,加热顺序如右图(a)中数字所示。中间凸起较大,用线状加热,加热顺序从两侧向中间围拢[如右图(b)中数字所示]	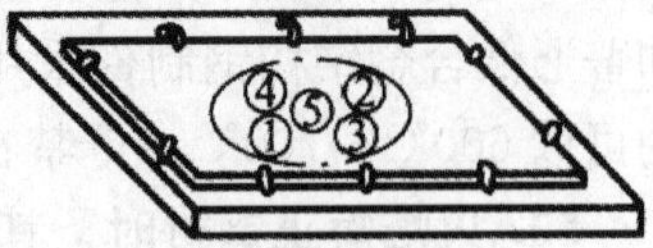 (a)  (b)
	边缘呈波浪形	波浪形变形,用线状加热(如右图所示),加热顺序从两侧向凸起处围拢。如一次加热不能矫平则进行二次矫正	
	局部弯曲变形	在两翼板处同时向一个方向作线状加热(如右图所示),加热宽度按变形程度大小而定	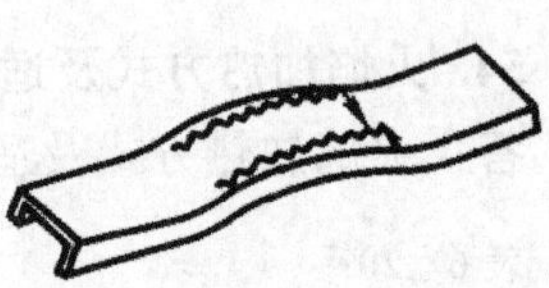
型钢	上拱	在垂直立板凸起处进行三角形状加热矫正(如右图所示)	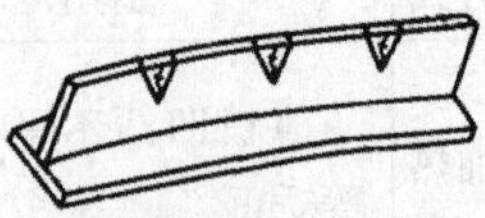
	旁弯	在翼板凸起处进行三角形状加热矫正(如右图所示)	

续表

类型		矫 正 方 法	图 示
焊接梁	角变形	在凸起处进行线状加热，若板厚，可在两条焊缝背面同时加热矫正（如右图所示）	
	上拱	在上拱翼板上用线状加热，在腹板上用三角形状加热矫正（如右图所示）	
	旁弯	在两翼板凸起处同时进行线状加热，并附加外力矫正（如右图所示）	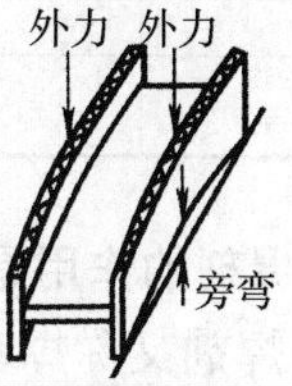

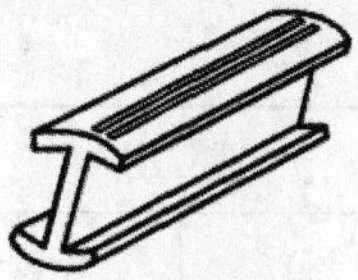

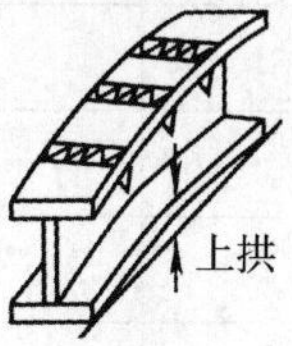

56. 矫正时会出现哪些损坏形式？产生原因是什么？

答： 矫正时损坏形式及产生原因，见表 6-22。

表 6-22　　　　　　　　　　矫正时损坏形式及产生原因

损坏形式	产 生 原 因
表面留有锤痕或麻点	①锤击时锤子歪斜，使锤子的边缘和材料接触 ②锤子锤面不光滑 ③用硬锤子直接锤击软金属及已加工表面
断裂	①在矫正过程中多次折弯，使材料金属组织破坏而断裂 ②材料塑性差

57. 什么叫锡焊？它的特点和用途是什么？

答： 将被焊接的工件表面和焊锡加热，使焊锡熔化，填满被焊接工件的缝隙，把工件连接起来，这种操作叫锡焊。

锡焊的主要特点在于工件不产生变形（因其本身不熔化），设备简单，操作方便，大部分金属及合金都可进行锡焊。锡焊特别适合于焊接强度要求不高或需要密封的部位。它广泛应用于无线电工业中。锡焊是钳工最常用的一种焊接方法。

58. 锡焊用的焊料是什么？它有什么特性？怎样选用焊料？

答： 锡焊的焊料是由锡和铅合成的合金，称作焊锡。这两种金属的混合比例决定了焊锡的熔化温度。一般焊锡的熔点在180℃～300℃之间。焊锡的含锡量越高，流动性越好，焊锡的熔点越低。常用焊锡的成分和用途见表6-23。

表6-23 焊锡的成分和用途

成　分		熔点（℃）	用　　途
锡（%）	铅（%）		
25	75	257	火焰焊接
30	70	249	建筑上或粗的白铁焊接
33	67	242	锌皮、镀锌铁皮焊接
40	60	223	黄钢皮、马口铁皮焊接
90	10	219	电器零件、餐具焊接

59. 焊剂的作用是什么？常用焊剂的种类及用途有哪些？

答：焊剂又称焊药，其作用是清除焊缝处的金属氧化膜，保护金属不受氧化，提高焊锡的流动性，增加焊接强度。在准备焊接时，虽然已把焊接表面清洗光洁，但在加热中又会发生氧化，这样就不可能焊好，所以在焊接时必须在焊道上（焊件接缝处）涂上焊剂，减少表面氧化。

根据被焊金属的性质、材料和任务，应分别采用各种不同的焊剂。常用的焊剂有4种，它们的用途如下：

（1）稀盐酸：只适用于锌皮或镀锌铁皮。

（2）氯化锌溶液：一般焊锡都可以用。

（3）焊膏：适用于镀锌铁皮和小工件锡焊，如电工接线等。

（4）松香：只适用于黄铜及紫铜。

60. 常用锡焊工具有哪些？其规格有哪些？

答：锡焊常用的工具有烙铁、烘炉、喷灯等。烙铁是最主要的一种工具，它是一个储存热量的传热体。烙铁分为火烙铁和电烙铁两种，如图6-53所示。

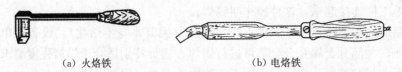

（a）火烙铁　　　　　　　　（b）电烙铁

图6-53　烙铁形式

（1）火烙铁。焊头是用紫铜制成，用火加热后能储存较大的热量。其焊头端部呈楔形，另一端固定在木柄（或铁柄）上，如图6-53（a）所示。火烙铁可用火炉或喷灯在焊头尾部加热后使用。

（2）电烙铁。电烙铁是利用电阻丝加热的。其头部也用紫铜制成，并呈楔形。有弯头和直头等形式，根据需要选用。由于它具有加热方便、迅速并能长时间使用，因此它是最常用的一种锡焊工具。其规格有 15W、25W、45W、100W、300W、500W 等多种，应根据焊件的大小选用合适功率的电烙铁。

61. 锡焊时应做好哪些准备工作？

答：（1）备好工具和辅助材料，如钢丝刷、砂布、焊锡、焊接剂、小毛刷、锤形烙铁、氯化铵、木压板、抹布等。

（2）清理烙铁。工作前要用钢丝刷把附着在烙铁头上的氧化铜清除刷掉，如图 6-54 所示，使用中要防止烙铁头口过热。烙铁头本身是紫铜制成，加热时如果超过 600℃，表面就产生氧化铜，焊接时就粘不上焊锡，因此要用锉刀清除。

先把烙铁口的楔角面锉光洁，如图 6-55 所示。烙铁口要稍微倒成圆角，使锡的附着面大一些，如图 6-56 所示。

图 6-54　清除氧化铜　　　图 6-55　锉削楔角　　　图 6-56　锉削圆角

（3）工件的清洁。焊件配合以后，先用工具加工焊接处，使之出现金属光泽，如图 6-57 所示。焊接面上如有不清洁的地方，就会阻碍结合，使被焊接的工件接合不牢。

（4）锡焊时工件的夹持。一切焊件在焊接时必须支承好，并且把它放得稍微斜一些，使焊体的焊料可以填入焊缝。为了保温的缘故，焊件尽可能放在不传热的垫板上，如木板、石棉等。

小的工件（如三角铁）最好夹在虎钳上，并采用石棉钳口或采取其他隔热措施，如图 6-58 所示。把焊剂涂到工件上时，应小心刷上去，而不要倒上去，如图 6-59 所示。

（5）烙铁加热。烙铁加热时，要将烙铁根部对着火焰，当加热的烙铁放到氯化铵上去摩擦时，如果冒出很多蒸气，说明烙铁已加热到适宜温度了。

（6）烙铁上涂锡。烙铁在加热以后，烙铁口要在氯化铵上摩擦一下，然后涂上锡。加热时烙铁口蒙上一层氧化层，阻碍锡的附着，经过在氯化铵上摩擦后，烙铁上的氧化层去掉了，锡就容易附着。

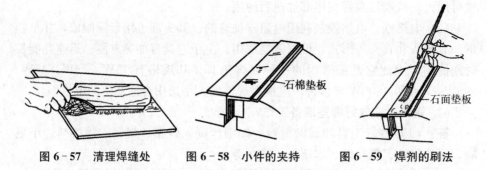

图 6‒57 清理焊缝处　　图 6‒58 小件的夹持　　图 6‒59 焊剂的刷法

（7）焊件上涂锡。为了提高焊缝的强度，需要预先将两个焊接面分别涂锡。涂锡的范围必须稍宽于焊接面的宽度。用涂过锡的烙铁从锡棒上熔一点焊锡下来，并将呈液体的锡均匀地分布在焊面上，如果涂好的焊剂已经蒸发了，应再加些新的。涂的锡必须很薄，如图 6‒60 所示。

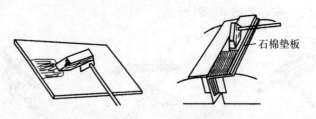

图 6‒60　工件的涂锡

62. 锡焊接合的焊缝有哪几种？

答：准备工作和焊缝的形状，对焊接的质量影响很大，因此一定要做到以下几点：

（1）受力的焊接面要尽可能放大。

（2）接触面应加工处理得光洁，并且互相配合好。

（3）焊接面在焊接前要很好地涂锡。

（4）在焊接时，焊件必须互相压紧。

焊接的焊缝有对接焊缝、搭接焊缝、盖板焊缝等几种。

①对接焊缝：如图 6‒61（a）所示，这样对接的焊缝其强度很小，一般不允许使用。薄板接缝可以做成斜面来扩大焊接面，如 6‒61（b）所示。

②搭接焊缝：搭接部分要平直，贴合要比较严密，这样焊接后才能保持一定的强度。如图 6‒62（a）所示，搭接的焊缝互相配合得不好，使用时强度很低。图 6‒62（b）所示为配合得较好的搭接焊缝，焊料层薄而均匀，而且强度也好。

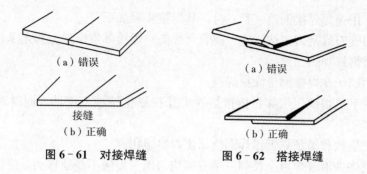

（a）错误

（a）错误

接缝

（b）正确

（b）正确

图 6‑61　对接焊缝　　　　**图 6‑62　搭接焊缝**

③盖板焊缝。采用盖板焊缝时，盖板必须配合工件的形状。如图 6‑63 （a）所示，板料间空隙过大，虽然被焊料填满，但强度很小。如图 6‑63（b）所示，板料配合得较好，焊接后能保证足够的强度。

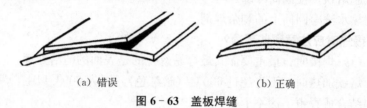

（a）错误　　　　　　　　　　　（b）正确

图 6‑63　盖板焊缝

63. 锡焊焊接直角板、平板或圆筒（管）的方法和步骤有哪些？

答：（1）在焊直角板或平板前，应将焊件互相紧固，这样焊件在焊合时就不会移动。焊件涂好焊剂后，放到配合的位置上，按工件大小每隔 50～100mm 焊住一点，并用方木块把焊件压牢。在焊缝的每一固着处，焊上一点焊锡，如图 6‑64 所示。在点焊焊锡时，应等锡点凝固后方可放松压力。有些焊件也可以不点焊紧固，而直接夹在虎钳上或螺丝夹具上焊合。

在焊接前，烙铁要很好地预热。焊接处再涂一次焊剂，然后用光洁、热量充足、涂了锡的烙铁把整个焊缝焊好。这时必须把原来用以固定的锡点全部熔合在一起，如图 6‑65 所示。左手不用再压紧木块，而可以拿着锡条均匀地沿着焊缝移动，使焊锡在烙铁和工件热量的影响下熔化并流到焊缝中去，以形成完美的焊缝。

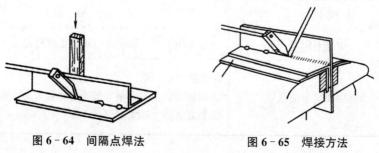

图 6‑64　间隔点焊法　　　　**图 6‑65　焊接方法**

（2）用锡焊焊接圆筒（管）时，其焊接步骤如下：

①用锉刀或刮刀清洁焊边，使管（或筒）焊接部位出现金属光泽。

②对烙铁加热。

③用刷子在焊接部位涂抹焊剂。

④取下热烙铁，用抹布擦揩烙铁头并在氯化铵块上清洁，同时对烙铁口镀锡。

⑤把烙铁和锡条靠近锡焊部位，使焊锡熔化。

⑥把烙铁沿着焊道全长朝一个方向均匀地、慢慢不断地移动，使焊锡塞满焊道。

⑦再一次对烙铁加热（电烙铁可继续使用）。

⑧用加热后的烙铁，沿着焊道熨烙，至焊锡完全覆盖焊道为止。

⑨收起烙铁，使圆筒冷却。

⑩用热水洗净圆筒上的剩余焊剂。

64. 锡焊时应注意哪些事项？

答：（1）焊接时，最重要而又最容易忽视的是表面的清洁处理。

（2）烙铁加热时，不许超过 600℃（暗红色）。因为 600℃以上，紫铜会氧化并与锡结合成青铜，涂不上锡。

（3）锡焊时，为了防止焊料变脆，从而影响接合的强度，焊锡的加热温度不能太高。

（4）用电烙铁时必须预先经过检查，如有漏电现象不可使用，焊接过程中切记电烙铁不要过热。

（5）在用带酸性的焊剂时，工件焊完后，必须将工件清洗干净，否则，剩下的酸剂将对金属产生腐蚀。

（6）由于酸有毒，在配制和使用焊剂时，要注意通风，以免影响身体健康。

65. 锡焊的常见缺陷及产生原因是什么？

答：锡焊常见缺陷及产生原因见表 6 - 24。

表 6 - 24　　　　　　　　锡焊常见缺陷及产生原因

表 现 形 式	产 生 原 因
焊缝不牢	焊剂选用不当，影响焊缝清洁工作质量
焊缝中焊锡呈渣状	①烙铁温度太低 ②焊锡中，锡的含量太低，熔化后流动性差 ③焊缝清洁工作未做好

续表

表 现 形 式	产 生 原 因
烙铁粘不上焊锡	①烙铁温度太低，焊锡不能熔化 ②烙铁温度太高，表面形成氧化铜

第七章　螺纹加工

1. 螺纹的分类、代号及用途是什么？

答：螺纹的分类、代号及用途见表 7-1。

表 7-1　　　　　　　　　　常用螺纹的分类、代号及用途

螺纹类型	代号	代号示例	代号示例说明	用　途
普通螺纹	M	M10	外径 10	螺纹的基本形式，广泛地用于各种工件的连接
细牙普通螺纹	M	M16×1	外径 16，螺距 1	强度比普通螺纹高，自锁性能较好
梯形螺纹	T	$T36×\frac{12}{2}-3$ 左	外径 36，导程 12，头数 2，3 级精度，左旋	是传动螺纹的主要形式，常用于丝杠等
锯齿形螺纹	S	S70×10	外径 70，螺距 10	强度较高，用于承受单向力，如压力机、起重机吊钩等
圆柱管螺纹	G	$G\frac{3}{4}″$	管子内径 $\frac{3}{4}$ in	多用于压力为 1.7MPa 以下的水、煤气管道，润滑和电线管道等
密封管螺纹	RC (ZG)	$RC 1\frac{1}{2}$	管子内径 $1\frac{1}{2}$ in，55°锥管螺纹	用于高温、高压系统和润滑系统，不用填料而保证连接不渗漏
60°锥管螺纹	Z	$Z 1\frac{1}{2}$	管子内径 $1\frac{1}{2}$ in	用于汽车、机床等的燃料、水、气输送系统的连接
米制锥螺纹	ZM	ZM 22×1.5	外径 22，螺距 1.5	用于气体、液体管路系统靠螺纹连接系统（水、煤气管道除外）
英制螺纹		$\frac{3}{16}″$	尺寸 $\frac{3}{16}$ in	只在制造修配机件时使用

172

2. 怎样测量螺纹？

答： 钳工在装配与检修工作中，为了弄清螺纹的尺寸规格，要对螺纹的外径、螺距和牙形进行测量，以利于加工及质量检查。下面介绍几种简便的测量方法。

（1）用游标卡尺测量螺纹外径（或内径），如图7-1所示，可测出螺纹的公称尺寸，测内径则应计算出公称尺寸。

（2）用螺纹样板（螺纹规）测量出牙形与螺距，如图7-2所示。

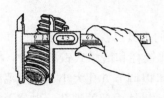 

图7-1　所示用游标卡尺测螺纹外径　　　图7-2　用螺纹样板测量牙形与螺距

（3）用英制尺寸钢板尺量出英制螺纹每英寸的牙数，如图7-3所示。

（4）用已知螺纹的螺杆或丝锥，放在被测量的螺纹上相贴，测出是哪一种规格的螺纹，如图7-4所示。

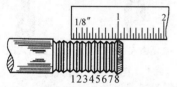 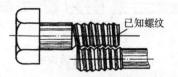

图7-3　用英制钢板尺测量英制螺纹牙数　　　图7-4　用已知螺纹测定公、英制螺纹

（5）如要精确地测出螺纹的尺寸公差，就要选择专用量具或采用特殊方法进行测量，如使用螺纹量规测量或采用三针法测量。一般钳工遇到这种情况不多，故不进行详细介绍。

3. 试说明丝锥的构造及分类。

答： 丝锥的结构如图7-5所示，主要由工作部分和柄部组成。工作部分包括切削部分和校准部分。切削部分制成锥形，有锋利的切削刃，起主要切削作用。校准部分用来修光和校准已切出的螺纹。

常用的丝锥有手用丝锥、机用丝锥和管螺纹丝锥。手用丝锥一般由两支组成一套，分头攻和二攻，如图7-6所示。头攻丝锥斜角小，攻螺纹时便于切入，校准部分直径较二攻丝锥稍小，先用头攻丝锥切除大部分余量，再用二攻丝锥加工至标准螺纹尺寸并起修光作用。攻直径较小的螺纹，为了提高效率，可用一只丝锥加工成形，称为一次攻。机用丝锥使用时装在机床上进行攻螺

173

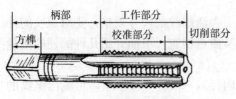

图7-5 丝锥的组成部分

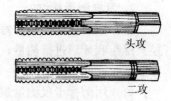

图7-6 手用丝锥

纹。管螺纹丝锥用于攻管螺纹,有圆柱形和圆锥形两种。

4. 铰杠的类型有哪些?

答: 手攻螺纹时,用铰杠作为夹持手用丝锥的工具。铰杠有普通铰杠和T形铰杠两类。普通铰杠如图7-7所示,分固定式铰杠和活络式铰杠两种,固定式铰杠常用在攻M5以下的螺纹,活络式铰杠可以调节方孔大小,使用范围较广。T形铰杠主要用来攻制工件凸台旁的螺孔或机体内部的螺孔,也分固定式和活络式两种,如图7-8所示。

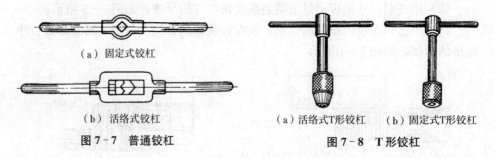

(a) 固定式铰杠

(b) 活络式铰杠

图7-7 普通铰杠

(a) 活络式T形铰杠   (b) 固定式T形铰杠

图7-8 T形铰杠

5. 机用攻螺纹夹头的作用是什么?

答: 在钻床上攻螺纹时,要用机用攻螺纹夹头夹持丝锥。攻螺纹夹头能起安全保护作用,防止丝锥在负荷过大或攻不通孔到底时被折断。机用攻螺纹夹头的种类和结构形式较多,如图7-9所示为用摩擦片传动的一种机用攻螺纹

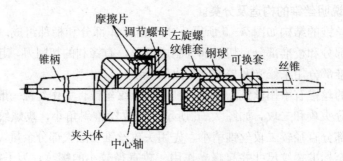

图7-9 机用攻螺纹夹头

174

夹头。使用时将锥柄装在钻床的主轴孔中，使夹头体通过摩擦片带动中心轴旋转。摩擦力的大小，可由调节螺母调节，调节后用螺钉紧固。中心轴下端有孔，可装夹带有丝锥的可换套。可换套可根据需要准备几只，事先装好需用的几个丝锥。当需更换丝锥时，松开左旋螺纹锥套，取下可换套，另换一只装上，再将左旋螺纹锥套旋紧。可换套靠钢球卡住而固定，由中心轴带动旋转进行攻螺纹。如攻螺纹时负荷过大，超过丝锥所能承受的转矩时，摩擦片会打滑，中心轴停止转动，避免丝锥折断。

6. 攻螺纹时常用的切削液有哪些？

答：钳工在攻螺纹时，所用工件材料必须选用相应的切削液。具体选择见表 7 - 2。

表 7 - 2　　　　　　　　　　　　　切削液的选择

工件材料	切削液
结构钢、合金钢	硫化油；乳化液
耐热钢	①60％硫化油＋25％煤油＋15％脂肪酸 ②30％硫化油＋13％煤油＋8％脂肪酸＋1％氯化钡＋45％水 ③硫化油＋15％～20％四氯化碳
灰铸铁	75％煤油＋25％植物油；乳化液；煤油
铜合金	煤油＋矿物油；全系统消耗用油；硫化油
铝及合金	①85％煤油＋15％亚麻油 ②50％煤油＋50％全系统消耗用油 ③煤油；松节油；极压乳化液

注：表内含量百分数均为质量分数。

7. 手工攻螺纹时的注意事项有哪些？

答：手工攻螺纹时应注意事项有以下几点：

（1）攻螺纹前工件的装夹位置要正确，应尽量使螺孔中心线置于水平或垂直位置，其目的是攻螺纹时便于判断丝锥是否垂直于工件平面。

（2）攻螺纹前螺纹底孔的孔口要倒角，通孔螺纹两端孔口都要倒角。这样可以使丝锥容易切入，并防止攻螺纹后螺纹出孔口处崩裂。

（3）在开始攻螺纹时，要尽量把丝锥放正；然后用手压住丝锥使其切入孔中；当切入 1～2 圈时，再仔细观察和校正丝锥位置，一般在切入 3～4 圈螺纹时，丝锥的位置应正确，这时应停止对丝锥施加压力，只须平稳地转动绞杠攻螺纹即可。

（4）扳转绞杠要两手用力平衡，切忌用力过猛和左右晃动，防止牙型撕裂和螺孔扩大。

（5）攻螺纹时，每扳转绞杠 1/2～1 圈，就应倒转 1/2 圈，使切屑碎断后容易排除。对塑性材料，攻螺纹时应经常保持足够的切削液。攻不通孔螺纹时，要经常退出丝锥，清除孔中的切屑，尤其当将要攻到孔底时，更应及时清除切屑，以免丝锥被轧住。攻通孔螺纹时，丝锥校准部分不应全部攻出头，否则会扩大或损坏孔口螺纹。

（6）在攻螺纹过程中，换用另一支丝锥时，应先用手将其旋入已攻出的螺孔中，直到用手旋不动时，再用绞杠攻螺纹。

（7）丝锥退出时，应先用绞杠平稳地反向转动；当能用手直接旋动丝锥时，应停止使用绞杠，以防绞杠带动丝锥退出时产生摇摆和振动，损坏螺纹的表面粗糙度。

8. 机动攻螺纹时的注意事项有哪些？

答：机动攻螺纹要保持丝锥与螺孔的同轴度要求。当丝锥即将进入螺纹底孔时，进刀要慢，以防丝锥与螺孔发出撞击。在丝锥切削部分开始攻螺纹时，应在钻床进刀手柄上施加均匀的压力，帮助丝锥切入工件，当切削部分全部切入工件时，应立即停止对进刀手柄施加压力，而靠丝锥螺纹自然进给攻螺纹。机攻通孔螺纹时，丝锥的校准部分不能全部攻出头，否则在反转退出丝锥时，会使螺纹产生烂牙。

9. 怎样确定攻螺纹前所钻的底孔直径？

答：攻螺纹时，丝锥的主要作用是切削金属，但也有挤压金属的作用，被挤出的金属嵌到丝锥的牙间，甚至会将丝锥轧住而拆断，这种现象对于韧性材料尤为显著，因此底孔直径应比螺纹小径略大，但不能太大，否则因攻出的螺纹太浅而不能使用。攻螺纹前所钻底孔直径可用下列经验公式计算：

韧性材料：$D=d-P$

脆性材料：$D=d-1.1P$

式中　　D——底孔直径（mm）；

d——螺纹大径（mm）；

P——螺距（mm）。

底孔直径也可查表确定，常用普通螺纹在攻螺纹前钻底孔的直径参见表 7-3。

10. 怎样选择钻底孔的钻头直径？

答：钳工所用各种攻螺纹的钻底孔钻头直径如下：

（1）普通螺纹钻底孔钻头直径。普通螺纹钻底孔钻头直径见表 7-4。

螺纹大径（mm）	螺 距（mm）	底孔直径（mm）	
		铸 铁	钢
3	0.5	2.5	2.5
	0.35	2.6	2.7
4	0.7	3.3	3.3
	0.5	3.5	3.5
5	0.8	4.1	4.2
	0.5	4.5	4.5
6	1	4.9	5
	0.75	5.2	5.2
8	1.25	6.6	6.7
	1	6.9	7
10	1.5	8.4	8.5
	1.25	8.6	8.7
12	1.75	10.1	10.2
	1.5	10.4	10.5
16	2	13.8	14
	1.5	14.4	14.5
18	2.5	15.3	15.5
	2	15.8	16
20	2.5	17.3	17.5
	2	17.8	18
22	2.5	19.3	19.5
	2	19.8	20
24	3	20.7	21
	2	21.8	22

表 7 - 3　　　　　　　　　普通螺纹攻螺纹前底孔直径

表 7‑4　普通螺纹钻底孔钻头直径

螺纹大径(D)(mm)	螺距(t)(mm)	钻头直径(d)(mm) 铸铁、青铜、黄铜	钢、可锻铸铁、紫铜、层压板	螺纹大径(D)(mm)	螺距(t)(mm)	钻头直径(d)(mm) 铸铁、青铜、黄铜	钢、可锻铸铁、紫铜、层压板
2	0.4	1.6	1.6	14	2	11.8	12
	0.25	1.75	1.75		1.5	12.4	12.5
2.5	0.45	2.05	2.05		1	12.9	13
	0.35	2.15	2.15	16	2	13.8	14
3	0.5	2.5	2.5		1.5	14.4	14.5
	0.35	2.65	2.65		1	14.9	15
4	0.7	3.3	3.3	18	2.5	15.3	15.5
	0.5	3.5	3.5		2	15.8	16
5	0.8	4.1	4.2		1.5	16.4	16.5
	0.5	4.5	4.5		1	16.9	17
6	1	4.9	5	20	2.5	17.3	17.5
	0.75	5.2	5.2		2	17.8	18
8	1.25	6.6	6.7		1.5	18.4	18.5
	1	6.9	7		1	18.9	19
	0.75	7.1	7.2	22	2.5	19.3	19.5
10	1.5	8.4	8.5		2	19.8	20
	1.25	8.6	8.7		1.5	20.4	20.5
	1	8.9	9		1	20.9	21
	1.75	9.1	9.2	24	3	20.7	21
12	1.75	10.1	10.2		2	21.8	22
	1.5	10.4	10.5		1.5	22.4	22.5
	1.25	10.6	10.7		1	22.9	23
	1	10.9	11				

（2）圆柱管螺纹钻底孔钻头直径。圆柱管螺纹钻底孔钻头直径见表 7‑5。

表 7-5　　　　　　　　　　　圆柱管螺纹钻底孔钻头直径

公称直径 D (in)	每英寸牙数 Z	钻头直径 d (mm)	公称直径 D (in)	每英寸牙数 Z	钻头直径 d (mm)
$\frac{1}{8}$	28	8.8	$\frac{3}{4}$	14	24.4
$\frac{1}{4}$	19	11.7	1	11	30.6
			$1\frac{1}{4}$	11	39.2
$\frac{3}{8}$	19	15.2	$1\frac{3}{8}$	11	41.6
$\frac{1}{2}$	14	18.9	$1\frac{1}{2}$	11	45.1

（3）圆锥管螺纹钻底孔钻头直径。圆锥管螺纹钻底孔钻头直径见表 7-6。

表 7-6　　　　　　　　　　　圆锥管螺纹钻底孔钻头直径

55°圆锥管螺纹			60°圆锥管螺纹		
公称直径 D (in)	每英寸牙数 Z	钻头直径 d (mm)	公称直径 D (in)	每英寸牙数 Z	钻头直径 d (mm)
$\frac{1}{8}$	28	8.4	$\frac{1}{8}$	27	8.6
$\frac{1}{4}$	19	11.2	$\frac{1}{4}$	13	11.1
$\frac{3}{8}$	19	14.7	$\frac{3}{8}$	18	14.5
$\frac{1}{2}$	14	18.3	$\frac{1}{2}$	14	17.9
$\frac{3}{4}$	14	23.6	$\frac{3}{4}$	14	23.2
1	11	29.7	1	$11\frac{1}{2}$	29.2
$1\frac{1}{4}$	11	38.3	$1\frac{1}{4}$	$11\frac{1}{2}$	37.9
$1\frac{1}{2}$	11	44.1	$1\frac{1}{2}$	$11\frac{1}{2}$	43.9
2	11	55.8	2	$11\frac{1}{2}$	56

（4）英寸制螺纹钻底孔钻头直径。英寸制螺纹钻底孔钻头直径见表7-7。

表7-7　　　　　　　　　　　英寸制螺纹钻底孔钻头直径

螺纹大径 (D)(in)	每英寸牙数 (Z)	钻头直径 (d)(mm)		螺纹大径 (D)(in)	每英寸牙数 (Z)	钻头直径 (d)(mm)	
		铸铁、青铜、黄铜	钢、可锻铸铁、紫铜、层压板			铸铁、青铜、黄铜	钢、可锻铸铁、紫铜、层压板
$\frac{3}{16}$	24	3.8	3.9	$\frac{7}{8}$	9	19.6	19.7
$\frac{1}{4}$	20	5.1	5.2	1	8	22.3	22.5
$\frac{5}{16}$	18	6.6	6.7	$1\frac{1}{8}$	7	25	25.2
$\frac{3}{8}$	16	8	8.1	$1\frac{1}{4}$	7	28.2	28.4
$\frac{1}{2}$	12	10.6	10.7	$1\frac{1}{2}$	6	34	34.2
$\frac{5}{8}$	11	13.6	13.8	$1\frac{3}{4}$	5	39.5	39.7
$\frac{3}{4}$	10	16.6	16.8	2	$4\frac{1}{2}$	45.3	45.6

攻不通孔螺纹时，由于丝锥切削部分不能切出完整的螺纹，所以钻孔深度要大于所需的螺纹深度，一般约为螺纹大径的0.7倍。

$$L=l+0.7D$$

式中　L——钻孔深度（mm）；

　　　l——需要的螺纹深度（mm）；

　　　D——螺纹大径（mm）。

11. 怎样选择攻螺纹时丝锥的切削速度？

答：攻螺纹时丝锥的切削速度见表7-8。

表 7-8　　　　　　　　　　　　　　丝锥攻螺纹时的切削速度

螺孔材料	切削速度（m/min）	螺孔材料	切削速度（m/min）
一般钢材	6～15	不锈钢	2～7
调质钢或硬钢	5～10	铸铁	8～10

12. 你知道攻螺纹的操作方法吗？

答：（1）准备工作：攻螺纹前孔口必须倒角，通孔螺纹两端都要倒角，倒角处直径可略大于螺纹大径。这样可使丝锥开始切削时容易切入，并可防止孔口出现挤压出的凸边，螺纹攻穿时，最后一牙不易崩裂。

（2）用头攻丝锥起攻：起攻时，把装在铰杠上的头攻丝锥插入孔内，使丝锥与工件表面垂直，右手握住铰杠中间，加适当压力，左手配合作顺时针方向转动，如图 7-10（a）所示，当丝锥攻入 1～2 圈后，用 90°角尺检查是否垂直，如图 7-10（b）所示，并不断借正至要求。然后两手平稳地继续旋转铰杠，这时不需再加压力。攻丝时要经常倒转 1/4～1/2 圈，使切屑碎断容易排出，如图 7-10（c）所示，避免因切屑阻塞而卡住丝锥。

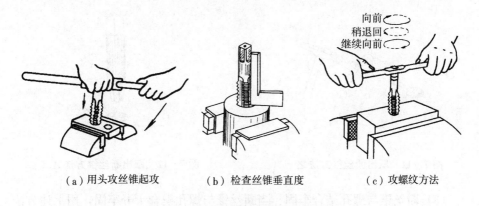

（a）用头攻丝锥起攻　　　（b）检查丝锥垂直度　　　（c）攻螺纹方法

图 7-10　用头攻丝锥起攻螺纹示意

（3）用二攻丝锥攻螺纹：先用手将二攻丝锥旋入到不能旋进时，再装上铰杠继续攻螺纹，这样可避免损坏已攻出的螺纹和防止乱牙。当发现丝锥已钝切削困难时，应更换新丝锥。

（4）攻不通孔：攻不通孔时可在丝锥上做好深度标记，并经常退出丝锥，清除留在孔内的切屑。否则会因切屑堵塞引起丝锥折断或攻出的螺纹达不到深度要求。

（5）攻钢件的螺孔：攻钢件螺孔时可用机械油润滑，以减少切削阻力和提高螺孔的表面质量；攻铸铁件螺孔时，可加煤油润滑。

13. 怎样取出折断在螺孔中的丝锥，其方法是什么？

答：当丝锥折断在螺孔后，应根据具体情况进行分析，然后采取合适方法取出断丝锥。

（1）断丝锥截面高于螺孔：当断丝锥的截面高于螺孔孔口或稍低于孔口时，可用中心冲或狭錾对准丝锥容屑槽前面，与攻螺纹相反方向轻轻敲击，在敲击前必须将容屑槽内的切屑清除。在轻轻敲击时力的方向一定要在水平切线方向，并经常改变敲击位置，防止丝锥偏斜，使断丝锥逐渐顺利退出，如图 7-11 所示。在敲击时要小心，避免因孔口损坏，使断丝锥难以退出。

（2）断丝锥截面低于螺孔：当断丝锥的截面埋在螺孔中较深时，须用如图 7-12 所示的专用工具，这种工具通常要钳工自制，其方法是：取与螺孔孔径相同或略小的圆钢一段，材料可用 45 钢，将一端锉方，另一端钻直径比丝锥根部直径稍大的孔，用细齿锯条锯开三条基本相等的槽，然后用整形锉修整，使此工具能嵌入丝锥槽内，再将它加热后在油中淬火。取断丝锥前也应把丝锥槽内切屑除清并加入润滑油，把工具插入断丝锥内，上面用铰杠固定，绕攻丝方向相反的一面轻轻转动，若感到紧时，仍需与攻螺纹一样，倒转一些再顺转，顺转一些再倒转，用力要恰当，以免将工具折断。

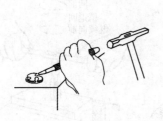

图 7-11 取出断丝锥方法之一

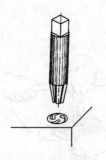

图 7-12 取出断丝锥方法之二

（3）断丝锥与螺孔结合牢固：当断丝锥与螺孔楔合十分牢固，用上述方法不能取出时，可用以下几种方法：

①在断丝锥上焊接一根弯管，或在断丝锥上小心地堆焊出一定厚度的金属，并使其露出表面，再用锉刀锉出两个平行面，然后用扳手旋出。

②用电火花加工，慢慢地将断丝锥熔蚀掉，这种方法效率低，并且螺孔容易损伤，加工后，必须用丝锥回攻。

③用乙炔火焰加热使丝锥退火，然后用钻头钻去断丝锥。再用丝锥攻螺纹。

14. 攻螺纹时，丝锥损坏的原因及防止方法有哪些？

答：丝锥损坏的原因及防止方法见表 7-9。

损坏形式	产生原因	防止方法
丝锥崩牙	①工件材料硬度过高，或有夹杂物	①攻螺纹前，检查底孔表面质量并清理砂眼、夹渣、铁豆等杂物；攻螺纹速度要慢
	②切屑堵塞，使丝锥在孔中挤死	②攻螺纹时丝锥要经常倒转，保证断屑和退出清理切屑
	③丝锥在孔出口处单边受力过大	③先应清理出口处，使其完整，攻到出口处前，机攻要改为手攻，速度要慢，用力较小
丝锥断在孔中	①绞杠选择不当，手柄太长或用力不匀，用力过大	①正确选择绞杠，用力均匀而平稳，发现异常要检查原因，不能蛮干
	②丝锥位置不正，单边受力过大或强行纠正	②一定让丝锥和孔端面垂直；不宜强行攻螺纹
	③材料过硬，丝锥又钝	③修磨丝锥，适应工件材料
	④切屑堵塞，断屑和排屑刃不良，使丝锥在孔中挤死	④经常倒转，保证断屑；修磨刃倾角，以利排屑；孔尽量深些
	⑤底孔直径太小	⑤正确选择底孔直径
	⑥攻不通孔时，丝锥已攻到底了，仍用力攻削	⑥应根据深度在丝锥上作标记，或机攻时采用安全卡头
	⑦工件材料过硬而又黏	⑦对材料作适当处理，以改善其切削性能；采用锋利的丝锥

15. 攻螺纹中的常见问题、原因及预防方法有哪些?

答：攻螺纹中的常见问题、原因及预防方法见表 7‐10。

表 7‐10　　　　　　　　攻螺纹的方法

问题	原　因	预防方法
烂牙或乱扣	①螺纹底孔直径太小，丝锥攻不进，孔口烂牙	①检查底孔直径，把底孔扩大后再攻螺纹
	②手攻时，绞杠掌握不正，丝锥左右摇摆，造成孔　口烂牙	②两手握住绞杠用力要均匀，不得左右摇摆

续表

问题	原　因	预防方法
烂牙或乱扣	③机攻时，丝锥校准部分全部攻出头，退出时造成烂牙	③机攻时，丝锥校准部分不能全部攻出头
	④一锥攻螺纹位置不正，中锥、底锥强行纠正	④当初锥攻入1～2圈后，如有歪斜，应及时纠正
	⑤二锥、三锥与初锥不重合而强行攻削	⑤换用二锥、三锥时，应先用手将其旋入，再用绞杠攻制
	⑥丝锥没有经常倒转，切屑堵塞把螺纹啃伤	⑥丝锥每旋进1～2圈要倒转0.5圈，使切屑折断后排出
	⑦攻不通孔螺纹时，丝锥到底后仍继续扳旋丝锥	⑦攻制不通孔螺纹时，要在丝锥上做出深度标记
	⑧用绞杠带着退出丝锥	⑧能用手直接旋动丝锥时，应停止使用绞杠
	⑨丝锥刀齿上粘有积屑瘤	⑨用油石进行修磨
	⑩没有选用合适的切削液	⑩重新选用合适的切削液
	⑪丝锥切削部分全部切入后仍施加轴向压力	⑪丝锥切削部分全部切入后，应停止施加压力
螺纹歪斜	①手攻时，丝锥位置不正	①目测或用角尺等工具检查
	②机攻时，丝锥与螺纹底孔不同轴	②钻底孔后不改变工件位置，直接攻制螺纹
螺纹牙深不够	①攻螺纹前底孔直径过大	①正确计算底孔直径，并正确钻孔
	②丝锥磨损	②修磨丝锥
螺纹表面粗糙度过大	①丝锥前、后面粗糙度粗	①重新修磨丝锥
	②丝锥前、后角太小	②重新刃磨丝锥
	③丝锥磨钝	③修磨丝锥
	④丝锥刀齿上粘有积屑瘤	④用油石进行修磨
	⑤没有选用合适的切削液	⑤重新选用合适的切削液
	⑥切屑拉伤螺纹表面	⑥经常倒转丝锥，折断切屑；采用左旋容屑槽

16. 什么是板牙？它分为哪几种？其结构特点如何？

答： 板牙是钳工用来加工外螺纹的工具。常用的板牙种类及结构特点如下：

（1）圆板牙：圆板牙的结构如图7-13所示，也由切削部分和校准部分组成。切削部分是锥角为2φ的锥形部分，中间一段为校准部分，也是导向部分。外圆上有四个锥坑和一条V形槽，下面两个锥坑的轴线与板牙直径方向一致，靠铰杠上的两个紧定螺钉顶紧，用来套螺纹时传递转矩。当板牙磨损，套出的螺纹尺寸变大超出允差范围时，可用锯片砂轮沿板牙V形槽磨出一条通槽，用板牙架上另两个紧定螺钉拧紧顶入圆板牙上两个偏心的锥坑内，使板牙的螺纹中径变小。调整时，应使用标准样件进行尺寸校核。

（2）四方及六方板牙：其结构如图7-14（a）、（b）所示，使用时用方扳手或六方扳手，手动套螺纹，用于工作位置较窄的现场修理工作。

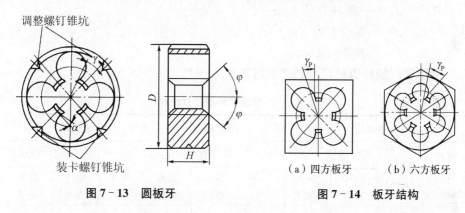

图7-13 圆板牙 　　　　图7-14 板牙结构

（3）管形板牙：其结构如图7-15所示，用于六角车床和自动车床上。

（4）钳工板牙：其结构如图7-16所示，板牙由两块拼成，用于钳工修配工作。

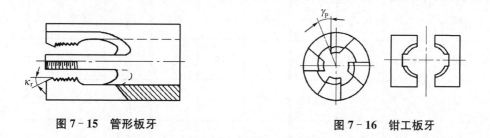

图7-15 管形板牙 　　　　图7-16 钳工板牙

（5）板牙架：板牙架的结构如图7-17所示，在圆周上共有五个螺钉，下面两个紧定螺钉用来固定圆板牙，上面两侧紧定螺钉可使板牙尺寸缩小，中间螺钉可顶在板牙V形槽内，使板牙尺寸增大。

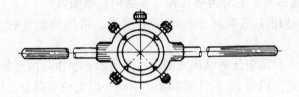

图 7-17　板牙架

17. 怎样确定套螺纹时的圆杆直径?

答：用板牙在圆杆上套螺纹时，与攻螺纹时一样，材料同样受到挤压而变形，牙尖要被挤高一些，因而圆杆直径应比螺纹大径小些。可用下列公式计算：

$$d_{杆}=d-0.13P$$

式中　$d_{杆}$——圆杆直径（mm）；

　　　d——螺纹大径（mm）；

　　　P——螺距（mm）。

套螺纹时圆杆直径尺寸的确定可查表 7-11。

表 7-11　　　　　　　　　　　套螺纹时圆杆直径尺寸

公制螺纹				英制螺纹			管螺纹		
螺纹直径(in)	螺距(mm)	螺杆直径（mm）		螺纹直径(in)	螺杆直径（mm）		螺纹直径(in)	管子外径（mm）	
		最小直径	最大直径		最小直径	最大直径		最小直径	最大直径
M6	1	5.8	5.9	$\frac{1}{4}$	5.9	6	$\frac{1}{8}$	9.4	9.5
M8	1.25	7.8	7.9	$\frac{5}{16}$	7.4	7.6	$\frac{1}{4}$	12.7	13
M10	1.5	9.75	9.85	$\frac{3}{8}$	9	9.2	$\frac{3}{8}$	16.2	16.5
M12	1.75	11.75	11.9	$\frac{1}{2}$	12	12.2	$\frac{1}{2}$	20.5	20.8
M14	2	13.7	13.85	—	—	—	$\frac{5}{8}$	22.5	22.8
M16	2	15.7	15.85	$\frac{5}{8}$	15.2	15.4	$\frac{3}{4}$	26	26.3
M18	2.5	17.7	17.85	—	—	—	$\frac{7}{8}$	29.8	30.1

续表

公制螺纹				英制螺纹			管螺纹		
螺纹直径（in）	螺距（mm）	螺杆直径（mm）		螺纹直径（in）	螺杆直径（mm）		螺纹直径（in）	管子外径（mm）	
		最小直径	最大直径		最小直径	最大直径		最小直径	最大直径
M20	2.5	19.7	19.85	$\frac{3}{4}$	18.3	18.5	1	32.8	33.1
M22	2.5	21.7	21.8	$\frac{7}{8}$	21.4	21.6	$1\frac{1}{8}$	37.4	37.7
M24	3	23.65	23.8	1	24.5	24.8	$1\frac{1}{4}$	41.4	41.7
M27	3	26.65	26.8	$1\frac{1}{4}$	30.7	31	$1\frac{3}{8}$	43.8	44.1
M30	3.5	29.6	29.8	—	—	—	$1\frac{1}{2}$	47.3	47.6
M36	4	35.66	35.83	$1\frac{1}{2}$	37.1	37.3	—	—	—

18. 套螺纹时应注意哪些要领？

答：（1）为了使板牙起套时，容易切入工件并作正确引导，圆杆端部要倒成圆锥半角为 $15°\sim20°$ 的圆锥体，如图 7-18 所示，锥体的小端直径要比螺纹的小径略小，使切出的螺纹端部避免出现锋口和卷边。

（2）套螺纹时的切削力矩较大，若用台虎钳直接装夹圆杆，易使圆杆表面受到损伤，一般用 V 形夹块或厚铜片衬垫，如图 7-19 所示，才能保证夹紧可靠。

图 7-18 套螺纹时圆杆端部的倒角

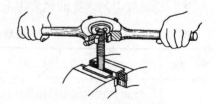

图 7-19 圆杆的夹持方法

（3）开始套螺纹时，应使板牙端面与圆杆垂直，如图 7-20 所示，然后右手握住板牙架中部适当加压，并沿顺时针方向转动，使切削刃切入工件。板牙切入圆杆 1～2 牙后，检查是否垂直，并及时纠正，继续往下套时不必再加压力。套螺纹过程中，应经常倒转板牙，以便断屑。在钢件上套螺纹时，要加切削液，以提高螺纹的表面质量和延长板牙寿命，一般采用较浓的乳化液或机械油。

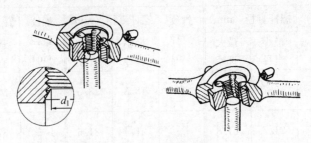

图 7‐20　套螺纹操作

19. 套螺纹时的注意事项有哪些?

答：（1）为了便于板牙切削部分切入工件并做正确的引导，在工件圆杆端部应有 $15°\sim20°$ 的倒角。

（2）板牙端面与圆杆轴线应保持垂直。为了防止圆杆夹持偏斜和夹出痕迹，圆杆应装夹在用硬木制成的 V 形钳口或软金属制成的衬垫中。

（3）在开始起套螺纹时，用一只手掌按住圆板牙中心，沿圆杆轴线施加压力，并转动板牙绞杠；另一只手配合顺向切进，转动要慢，压力要大。

（4）当圆板牙切入圆杆 1～2 圈时，应目测检查和校正圆板牙的位置；当圆板牙切入圆杆 3～4 圈时，应停止施加压力，让板牙依靠螺纹自然引进，以免损坏螺纹和板牙。

（5）在套螺纹过程中应经常倒转 1/4～1/2 圈，以防切屑过长。

（6）套螺纹应适当加注切削液，以降低切削阻力，提高螺纹质量，延长板牙寿命。切削液的选择可参照表 7‐2。

20. 套螺纹中的常见问题及防止方法有哪些?

答：套螺纹中的常见问题及防止方法见表 7‐12。

表 7‐12　　　　　　　　　套螺纹常见问题及防止方法

问　题	产　生　原　因	防　止　方　法
烂牙（乱扣）	①对低碳钢等塑性好的材料套螺纹时，未加切削液，板牙把工件上的螺纹粘去一块	①对塑性材料套螺纹时，一定要加合适的切削液
	②套螺纹时，板牙一直不倒转，切屑堵塞而啃坏螺纹	②板牙一定要倒转，以断裂切屑

问　题	产　生　原　因	防　止　方　法
烂牙 （乱扣）	③圆杆直径太大	③圆杆直径要确定合适
	④板牙歪斜太多，在借正时造成烂牙	④板牙端面要与圆杆轴线垂直，并经常检查，及时纠正
螺纹一边深一边浅	①圆杆端部倒角不好，使板牙不能保持与圆杆轴线垂直	①圆杆端部要按要求倒角，不能歪斜
	②绞杠用力不均匀，左右晃动，不能保持板牙端面与圆杆轴线垂直	②套螺纹时，两手用力要均匀和平稳，并经常检查垂直情况，及时纠正
螺纹中径太小	①绞杠经常摆动，多次借正而造成螺纹中径变小	①绞杠要握稳，不能晃动
	②板牙切入圆杆后，还用力加压	②板牙切入圆杆后，只要均匀使板牙旋转即可，不能再加力下压
	③节不宜，尺寸变小	③应用标准螺杆调整尺寸，不要盲目调节
牙深不够	①圆杆直径太小	①圆杆直径应按要求确定控制尺寸公差
	②板牙调节不宜，直径过大	②应用标准螺杆调整尺寸，不要盲目调节
螺纹表面粗糙	切削液未加注或选用不当	应选用适当切削液，并经常加注

第八章　刮削和研磨

1. 何谓刮削？刮削的原理是什么？

答：用刮刀在已加工的工件表面上刮去一层很薄的金属，以提高工件加工精度的操作称为刮削。刮削是一种精加工方法。刮削的原理是：将工件与校准工具或与其相配合的工件之间涂上一层显示剂，经过对研，使工件上较高的部位显示出来，然后用刮刀进行微量切削，刮去较高部位的金属层。这样经过反复地显示和刮削，就能使工件的加工精度达到预定要求。在刮削的时候，刮刀的负前角对工件表面起推挤和切离的作用，即不但起切削作用，而且起压光的作用。所以，经过刮研的表面既光洁又紧密，能达到工件间的精密配合。

2. 刮削的作用是什么？它具有哪些特点？

答：通过刮削后的工件表面不仅能获得很高的形位精度、尺寸精度、接触精度、传动精度，还能使工件表面组织紧密，得到很好的表面粗糙度，而且工件表面刮削留下的一层微浅凹坑，创造了良好的存油条件，改善了相对运动零件之间的润滑情况，以提高工件的使用寿命。因此，金属切削机床的导轨面、轴瓦的摩擦面，常用的平板、方箱和方夹具，都采用刮削的方法来达到较高的精度要求。

刮削具有切削量小、切削力小、产生热量小、装夹变形小等特点，因而加工精度较高；刮削是手工操作，简便灵活，不受工件大小和位置环境的限制；刮削表面接触点分布均匀，存油能力好，耐磨性能好。

3. 如何确定刮削余量？

答：由于每次的刮削量很少，因此要求留给刮削加工的余量不宜太大。一般约在 0.05～0.4mm 之间，具体数值根据工件刮削面积大小而定。刮削面积大，加工误差也大，所留余量应大些；反之，则余量可小些。合理的刮削余量见表 8-1。当工件刚度较差，容易变形时，刮削余量可取大些。

4. 刮削用显示剂的种类及应用有哪些？

答：为了了解刮削前工件误差的大小和位置，通常用显示剂来显示。刮削时，必须先用标准工具或与其相配合的工件，合在一起对研。在其中间涂上一层有颜色的涂料，经过对研，凸起处就显示出点子，再根据显点用刮刀刮去。所用的涂料叫做显示剂。

（1）显示剂的种类：

表 8-1　　　　　　　　　　　　　　　　刮削余量

平面的刮削余量

平面宽度（mm）	平面长度（mm）				
	100～500	500～1000	1000～2000	2000～4000	4000～6000
≤100	0.10	0.15	0.20	0.25	0.30
100～500	0.15	0.20	0.25	0.30	0.40
500～1000	0.25	0.25	0.35	0.45	0.50

内孔的刮削余量

孔　径（mm）	孔　长（mm）		
	≤100	>100～200	>200～300
≤80	0.04～0.06	0.06～0.09	0.19～0.12
80～120	0.07～0.10	0.10～0.13	0.13～0.16
80～180	0.10～0.13	0.13～0.16	0.16～0.19
180～260	0.13～0.16	0.16～0.19	0.19～0.22
180～360	016～0.19	0.19～0.22	0.22～0.25

①红丹粉：分铅丹，（原料为氧化铅，呈橘红色）和铁丹（原料为氧化铁，呈红褐色）两种，颗粒较细，用机械油调和后使用，广泛用于钢和铸铁工件上。

②蓝油：是用普鲁士蓝粉和蓖麻油及适量机械油调和而成的，呈深蓝色。研点小而清晰，多用于精密工件和有色金属及其合金的工件上。

（2）显点方法及注意事项：显点应根据工件的不同形状和被刮面积的大小区别进行。

①中、小型工件的显点，一般是基准平板固定不动，将工件被刮面在平板上推磨。如被刮面等于或稍大于基准平板面，则推磨时工件超出平板的部分不得大于工件长度 L 的1/3，如图8-1所示。小于平板的工件推磨时最好不出头，否则其显点不能反映出真实的平面度误差。

②大型工件的显点，一般是以平板在工件被刮面上推磨，采用水平仪与显点相结合来判断被刮面的误差。通过水平仪可以测出工件的高低不平状况，而刮削仍按照显点分轻重进行。

③重量不对称的工件显点，推研时应在工件某个部位托或压，如图8-2

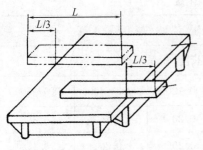

图 8-1 工件在平板上显点

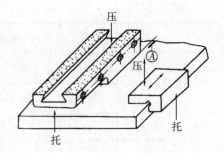

图 8-2 不对称工件的显点

所示。但用力大小要适当、均匀。显点时还应注意，如两次显点有矛盾则说明用力不适当，应分析原因及时纠正。

（3）显示剂的使用方法：显示剂一般涂在工件表面上，在工件表面显示的是红底黑点，没有闪光，容易看清。在调和显示剂时应注意：粗刮时，可调得稀些，这样在刀痕较多的工件表面上，便于涂抹，显示的研点也大；精刮时，应调得干些，涂在工件表面上，应该薄而均，这样显示出的点子细小，便于提高刮削精度。

5. 常见刮削面的种类有哪些?

答：常见刮削面种类见表 8-2。

表 8-2 刮削面种类

种 类		举 例
平面	单个平面	平板、平尺、工作台面等
	组合平面	平 V 形导轨面、燕尾槽导轨面、矩形导轨面等
曲面	圆柱面、圆锥面	圆孔、锥孔滑动承，圆柱导轨、锥形圆环导轨等
	球面	自位球面轴承、配合球面等
	成形面	齿条、蜗轮的齿面等

6. 常见刮削的应用有哪些?

答：常见刮削的应用举例见表 8-3。

表 8-3 常见刮削的应用举例

应用举例	刮削后的效果
密封性结构面	提高密封性能，防止气体和液体泄漏
机床装配几何精度	使各部件之间相互精度要求一致，保证机床工作精度

应用举例	刮削后的效果
相互连接的结合面	增加连接刚性，传动件几何精度稳定，不易变形
相互运动的导轨副	有良好的接触率，承受压力大，耐磨性好，运动精度稳定
具有配合公差的面或孔	有良好的接触率，理想的配合精度，运动件精度稳定

7. 常用刮刀有哪几类？它们有何用途？

答： 刮刀用碳素工具钢或轴承钢锻制成形，刃磨后刀头淬火至 60HRC 左右，也可以在刀杆上镶嵌或焊接高速钢、硬质合金刀头。

根据刮削面形状的不同，刮刀可分为平面刮刀和曲面刮刀两大类。刮刀的种类及用途见表 8-4。

表 8-4　　　　　　　　　　刮刀的种类及用途

刮刀种类		图　　示	形式及用途
平面刮刀	手推刮刀	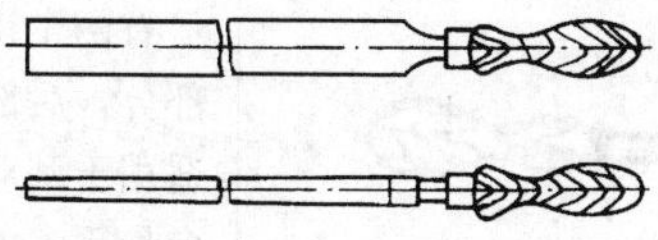	①粗刮刀：粗刮 ②细刮刀：细刮 ③精刮刀：精刮或刮花 ④小刮刀：小工件精制
	挺刮式刮刀	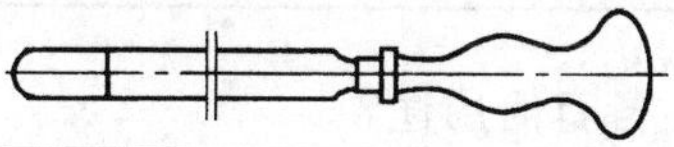	①大型：粗刮大平面 ②小型：细刮大平面
	拉刮刀	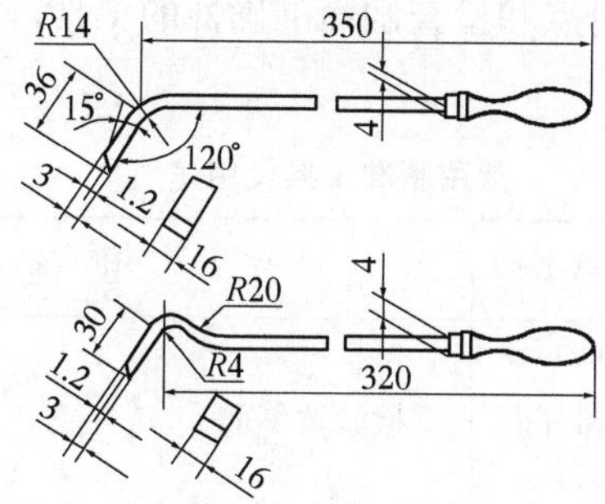	刀体呈曲形，弹性较强，刮削出的工件表面光洁。常用于精刮和刮花，也可拉刮带有台阶的平面
	活头刮刀	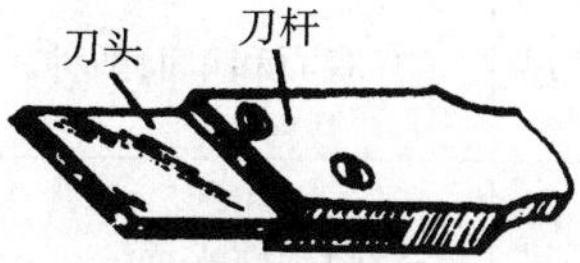	刮削平面
	双刃刮花刀	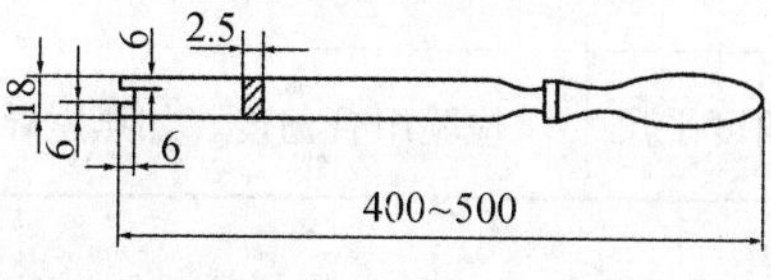	专用于刮削交叉花纹

刮刀种类		图　　示	形式及用途
曲面刮刀	三角刮刀		常用三角锉刀改制，用于刮削各种曲面
	蛇头刮刀		刀头部具有三个带圆弧形的切削刃，刀平面磨有凹槽，切削刃圆弧大小视工件的粗、精刮而定（粗刮刀圆弧的曲率半径大，精刮刀圆弧曲率半径小）。刮削时不易产生振痕，适用于精刮各种曲面
	匙形刮刀		刮软金属曲面，宜刮剖分式轴瓦
	半圆头刮刀		刮大直径内曲面
	柳叶刮刀		有两个切削刃，刀尖为精刮部分，后部为强力刮削部分。适用于刮对合轴承及铜套及刮余量不多的各种曲面

8. 刮削的基准工具有哪些？各有何用途？

答： 基准工具是用来推磨研点和检查刮面准确性的工具，常用基准工具及用途见表8-5。

表8-5　　　　　　　　　　　常用基准工具及用途

图　　示	工具类型	用　　途
	标准平板	检验宽平面
	工形平尺	有双面和单面两种，检验及磨合狭长平面
	桥形平尺	检验导轨平面
	角度平尺	检验组合角度，如燕尾导轨

图　示	工具类型	用　途
	直角板	检验垂直度
	检棒	检验曲面，如内孔

9. 刮削的辅助工具有哪些？各有何用途？

答： 辅助工具的类型及用途见表 8－6。

表 8－6　　　　　　　　　　　　　辅助工具类型及用途

图　示	工具类型	用　途
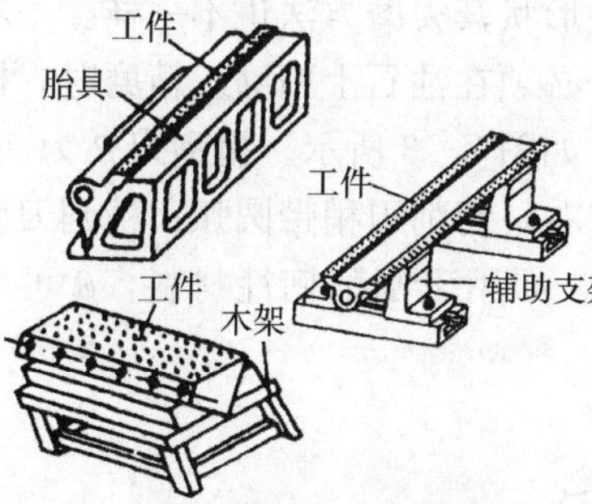	胎具支架	支撑工件平稳、牢固
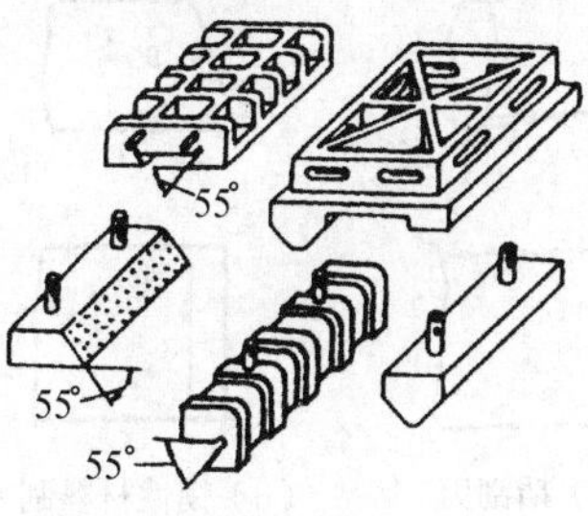	专用平板	用于刮削复杂导轨
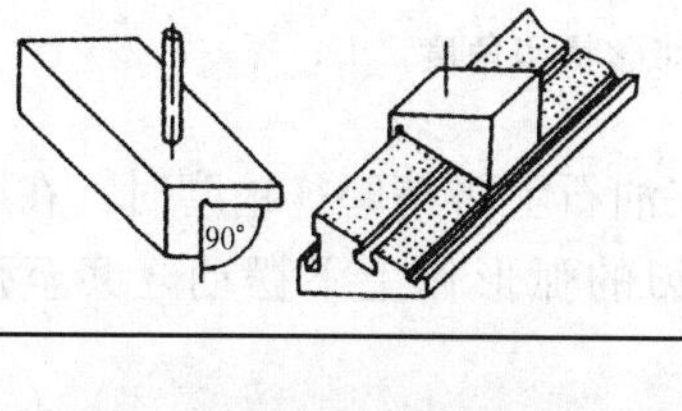	专用检具	刮削过程中用于检查误差

10. 常用平面刮刀有哪些规格？

答： 常用平面刮刀规格见表 8－7。

表 8-7	常用平面刮刀规格		
种　类	尺　寸（mm）		
	全长 L	宽度 B	厚度 t
粗刮刀	450～600	25～30	3～4
细刮刀	400～500	15～20	2～3
精刮刀	400～500	10～12	1.5～2

11. 平面刮刀怎样刃磨与热处理？

答：刮刀一般采用碳素工具钢 T10A、T12A 或弹性较好的滚动轴承钢 GCr5 锻制而成，经热处理淬火和回火。其热处理过程可参照錾子的热处理方法，使刀头硬度达到 60HRC 左右。当刮削硬度较高的工件表面时，刀头可焊上硬质合金。刮刀的刃磨，根据不同的刮刀形状其刃磨方法也不一样。

（1）淬火后的刮刀，在砂轮上粗磨后，必须在油石上精磨。精磨时，楔角的大小，应根据粗、细、精刮的要求而定，如图 8-3 所示。粗刮刀 β_o 为 $90°$～ $92.5°$，切削刃必须平直；细刮刀 β_o 为 $95°$ 左右，切削刃稍带圆弧；精刮刀 β_o 为 $97.5°$ 左右，切削刃圆弧半径比细刮刀小些。如用于刮削韧性材料，β_o 可磨成小于 $90°$，但这种刮刀只适用于粗刮。

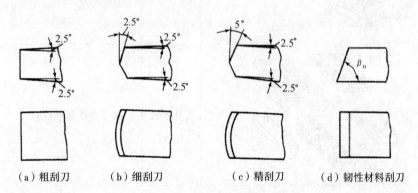

（a）粗刮刀　　　（b）细刮刀　　　（c）精刮刀　　　（d）韧性材料刮刀

图 8-3　平面刮刀头部形状和角度

（2）三角刮刀在砂轮上粗磨后，还要在油石上再精磨。精磨时，在顺着油石长度方向来回移动的同时，还要依切削刃的弧形作上下摆动，磨至弧面光洁，切削刃锋利为止。

（3）蛇头刮刀刃磨时，将蛇头刮刀两平面紧贴油石来回移动，两侧圆弧刃的刃磨与三角刮刀的磨法相同。

12. 平行面刮削有哪些步骤?

答:先以标准平板的平面作为基准,粗、精刮工件的一个平面,达到规定的刮削点数和表面质量的要求,然后以此面作为基准,刮削对面平行面。粗刮平行面时,应先用百分表测量该面对基准面的平行度误差,如图8-4所示,来确定刮削部位和刮削量,并结合涂色显点进行刮削,以保证该面的平面度要求。在初步取得平面度和平行度要求的条件下,可进入细刮阶段,这时主要根据涂色显示点来确定刮削部位,同时仍需用百分表进行平行度测量,随时作必要的刮削修正,达到要求后可过渡到精刮阶段。这时主要按研点进行挑点精刮,以达到刮削点数和表面质量的要求,也应适当地用百分表测量,以控制平行度始终在所要求的范围内。

13. 垂直面刮削有哪些步骤?

答:垂直面的刮削方法与平行面刮削相似,但刮削面和测量方法则有所不同。第一步也是用标准平板的平面作为基准,先粗、精刮基准面,再刮侧面垂直面。应选择较大的面作为基准面,再刮较小的垂直面,则能提高刮削效率。刮削垂直面时,在标准平板上以标准圆柱光隙法进行测量,如图8-5所示。粗刮时主要靠垂直度测量来确定其刮削部位,并结合涂色显点进行刮削来取得平面度要求。精刮时主要按研点进行挑点刮削,并适当地用90°圆柱角尺测量,以保证垂直度控制在所要求的范围内。

图8-4　用百分表测量平行度

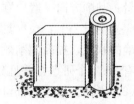

图8-5　垂直度测量方法

14. 平面刮削有哪两种方法?刮削姿势是怎样的?

答:(1)手刮法:手刮法姿势如图8-6(a)所示,手刮时右手握刮刀柄,左手四指向下蜷曲握住刮刀近头部约50mm处,刮刀与刮面成25°~30°。左脚向前跨一步,上身随着推刮而向前倾斜,以增加左手压力,也易看清刮刀前面点的情况。刮削时右手随着上身前倾,使刮刀向前推进,左手下压,落刀要轻,引导刮刀前进,当推进到所需距离后,左手迅速提起,这样就完成了一个手刮动作。这种刮削方法动作灵活、适应性强,适合于各种工作位置,对刮刀长度要求不太严格,姿势可合理掌握,但手易疲劳,因此不宜在加工余量较大的场合采用。

(2)挺刮法:挺刮法姿势如图8-6(b)所示,挺刮时将刮刀柄放在小腹右下侧,双手并拢握在刮刀前部距刀刃约80mm处,左手在前,右手在后。

刮削时刮刀刀刃对准研点，左手下压，利用腿部和臀部力量，使刮刀向前推进，在推动到位的瞬间，同时用双手将刮刀提起，完成一次刮点。挺刮法每刀切削量较大，适合大余量的刮削，工作效率较高，但腰部易疲劳。

（a）手刮法　　　　　　　　（b）挺刮法

图 8-6　平面刮削方法

15. 平面刮削有哪几个步骤？

答：刮削步骤分为粗刮、细刮、精刮和刮花，具体操作步骤如下：

（1）粗刮：当工件表面还留有较深的加工刀痕，或刮削余量较多的情况下，需要进行粗刮。粗刮的方法是用粗刮刀采用长刮法，刮削的刀迹连成长片，使刮削面上均匀地铲去一层较厚的金属，达到很快去除刀痕、锈斑或过多的余量。刮削方向一般应顺工件长度方向。有的刮削面有形位公差要求时，刮削前应先测量一下，根据具体状况，采用不同量的刮削，消除显著的形位公差不正确的状况，提高刮削效率。当粗刮到每边长为 25mm×25mm 的正方形面积内有 3～4 个研点，并且分布均匀时，粗刮即告结束。

（2）细刮：通过细刮可进一步提高刮削面的精度。细刮方法是：用细刮刀，采用短刮法（刀迹长度约为切削刃的宽度），在刮削面上刮去稀疏的大块研点。随着研点的增多，刀迹逐步缩短。刮削方向应交错，但每刮一遍时，须保持一定方向，以消除原方向的刀迹。否则切削刃容易在上一遍刀迹上产生滑动，出现的研点会成条状，不能迅速达到精度要求。为了使研点很快增加，在研点少并且分布不均的情况下，在刮削研点时，应适当加大力度把研点和研点的周围部分刮去。这样当最高点刮去后，周围的次高点就容易显示出来。经过几遍刮削，次高点周围的研点又会很快显示出来，因而工作效率可提高。在刮削过程中，要防止刮刀倾斜而划出深痕。

随着研点的逐渐增多，显示剂要涂布得薄而均匀。合研后显示出的研点发亮称为硬点子，应该刮重些。如研点暗淡称软点子，应该刮轻些，直至显示出的研点软硬均匀。在整个刮削面上，每边长为 25mm×25mm 的正方形面积内出现 12～15 个研点时，细刮即告结束。

（3）精刮：在细刮的基础上，通过精刮增加研点并使工件刮削面符合精度要求。刮削方法是用精刮刀采用点刮法刮削。精刮时，要注意落刀要更加轻，起刀要迅速挑起。在每个研点上只刮一刀，不应重复，并始终交叉地进行刮削。当研点增多到每边长为 25mm×25mm 的正方形面积内有 20 点以上时，可将研点分为三类，分别对待。最大最亮的研点全部刮去；中等研点在其顶点刮去一小片；小研点留着不刮。这样连续刮几遍，待出现的点数达到要求即可。在刮到最后两三遍时，交叉刀迹大小应一致，排列应整齐，以增加刮削面的美观。

（4）刮花：刮花的目的，可使刮削面美观，滑动件之间造成良好的润滑条件，并且还可以根据花纹的消失多少来判断刮削面的磨损程度。常见的花纹种类如图 8-7 所示。

  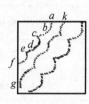 

（a）斜纹花 　　（b）鱼鳞花 　　（c）半月花 　　（d）鱼鳞花的刮法

图 8-7 刮花的花纹

①斜纹花纹，即小方块，是用精刮刀与工件边成 45°角的方向刮成。花纹的大小按刮削精度和刮面大小而定。

②鱼鳞花纹的刮削方法是：先用刮刀的右边（或左边）与工件接触，再用左手把刮刀逐渐压平并同时逐渐向前推进，即随着左手在向下压的同时，还要把刮刀有规律地扭动一下。扭动结束即推动结束，立即起刀，这样就完成一个花纹。如此连续地推扭，就能刮出鱼鳞花纹来。

③半月花纹的刮削方法与鱼鳞花的刮法相似，所不同的是一行整齐的花纹要连续刮出，难度较大。

16. 怎样检查刮削精度呢？

答：刮削精度包括尺寸精度、接触精度、形状和位置精度、表面粗糙度等。由于工件的工作要求不同，刮削精度的检查方法也有所不同。常用的检查方法有以下两种：

（1）以接触点的数目来表示。其检查方法，是将被刮面与校准工具或与其相配的工件表面对研后，用边长为 25mm 的正方形框，罩在被刮面上，根据方框内研点数来决定刮削质量，如图 8-8。各种平面接触精度的接触点数

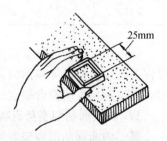

图 8-8 用方框检查接触点

见表 8-8。

表 8-8 各种平面接触精度的接触点数

平面种类	每边长为 25mm 正方形面积内的接触点数	应 用 举 例
一般平面	2~5	较粗糙机件的固定结合面
	5~8	一般结合面
	8~12	机器台面、一般基准面、机床导向面、密封结合面
	12~16	机床导轨及导向面、工具基准面、量具接触面
精密平面	16~20	精密机床导轨、平尺
	20~25	1 级平板、精密量具
超精密平面	>25	0 级平板、高精度机床导轨、精密量具

曲面刮削中,主要是对滑动轴承内孔的刮削。各种轴承不同精度的接触点数见表 8-9。

表 8-9 滑动轴承的接触点数

轴承直径 d (mm)	机床或精密机械主轴轴承			锻压设备、通用机械的轴承		动力机械、冶金设备的轴承	
	高精度	精密	普通	重要	普通	重要	普通
	每边长为 25mm 的正方形面积内的接触点数						
≤120	25	20	16	12	8	8	5
>120	—	16	10	8	6	6	2

(2) 用允许的平面度误差和直线度误差来表示。工件平面大范围内的平面度误差,以及机床导轨面的直线度误差等,是用方框水平仪来进行检查的。同时,其接触精度应符合规定的技术要求。

17. 内曲面刮削姿势有哪两种?刮削姿势是怎样的?

答: 内曲面刮削姿势有两种:一种如图 8-9(a)所示,右手握刀柄,左手掌心向下四指在刀身中部横握,拇指抵着刀身,刮削时右手作圆弧运动,左手顺着曲面方向使刮刀作前推或后拉的螺旋形运动，刀迹与曲面轴心线成 45° 角交叉进行；另一种如图 8 - 9（b）所示，刮刀柄搁在右手臂上，右手掌心向下握在刀身前端，左手掌心向上握在刀身后端，刮削时左、右手的动作和刮刀的运动方向与上一种姿势一样。

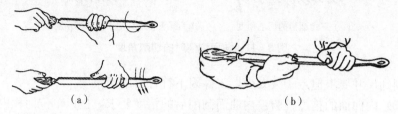

（a）　　　　　　　　　　　　　（b）

图 8 - 9　内曲面刮削姿势

18. 外曲面刮削姿势是怎样的?

答: 外曲面刮削姿势如图 8 - 10 所示，左手在前右手在后，双手握住平面刮刀的刀身，刮刀柄夹在右腋下，用右手来掌握刮削方向，左手加压或提起刮刀。刮削时，刮刀与外曲面倾斜约 30°角，也应交叉刮削。

19. 内曲面刮削方法有哪些?

答:（1）研点方法：用标准轴（也称工艺轴）或与内曲面相配的轴作为研点的工具，如图 8 - 11 所示。刮削有色金属（如青铜、巴氏合金）时，可选用蓝油作显示剂，精刮时可用蓝色或黑色油墨代替，使显点色泽分明。研点时将轴来回转动，不可沿轴线方向移动，精刮时转动角度要小。

图 8 - 10　外曲面刮削姿势

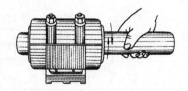

图 8 - 11　内曲面的研点方法

（2）刮削方法：曲面刮削时，刮刀的切削角度和用力方向如图 8 - 12 所示。用三角刮刀刮削时，应使刮刀粗刮时前角大些，精刮时前角小些；而圆头刮刀和蛇头刮刀刮削时和平面刮刀一样，是利用负前角进行切削。刮内曲面比刮平面困难得多，应经常刃磨刮刀，使其保持锋利，要避免因刮伤表面而造成返工，点子要刮准，刀迹应比刮平面时短小。对内曲面的尺寸精度更应严格控制，不可因留过多的刮削余量，而增加刮削工作量；也不能因余量过少，造成

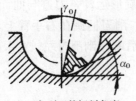 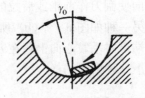

（a）三角刮刀的切削角度　　　　（b）圆头和蛇头刮刀的切削角度

图 8-12　曲面刮削时的切削角度

已刮削到尺寸要求但点子数太少，工件因不符合要求而报废。

（3）内曲面的精度检验：内曲面刮削后的精度要求，也以单位面积内的接触点数表示，见表 8-8。但接触点应根据轴在轴承内的工作情况合理分布，以取得较好的工作效果。轴承两端研点数应多于中间部分，使两端支承轴颈平稳旋转；中间接触点稍为少些，有利于润滑和减少发热。在轴承圆周方向上，受力大的部位，应刮成较密的贴合点，以减少磨损，使轴承在负荷作用下，能较长时期地保持其几何精度。

20. 何谓原始平板？原始平板的刮削有哪两种方法？有哪些刮削步骤？

答： 平板是零件的精度检测、刮削和划线等常用的基准工具，对它的精度要求很高。刮削平板时，可以用标准平板作为基准，进行研点刮削。如果缺少相应的标准平板，则必须用三块平板按一定顺序进行互研互刮，逐步提高刮削精度，制成精密的平板。用这种方法刮成的平板称为原始平板。刮削原始平板可分正研刮和对角研刮两个步骤进行。

（1）正研刮方法：将三块平板先单独分别进行粗刮，去除机械加工的刀痕和锈斑。然后将平板分别编为 A、B、C。按编号次序进行刮削，其刮削步骤如图 8-13 所示。

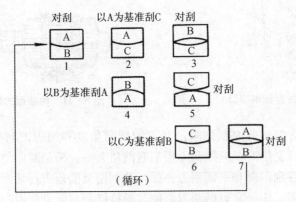

图 8-13　原始平板的刮削顺序

先将平板 A、B 合研对刮，使 A、B 平板贴合，再以 A 为基准刮 C，使之相互贴合，然后合研对刮 B 与 C 平板，两块平板的刮削量应尽可能相等，使 B 和 C 全部贴合，此时 B 和 C 平板的精度略有提高。

以平板 B 为基准研刮平板 A，再将平板 C 与 A 合研对刮，使 C 和 A 平板的平面度进一步提高。以平板 C 为基准研刮平板 B，再将 A 与 B 平板合研对刮，这时 A 和 B 平板的平面度再次进一步提高。以后依次分别以平板 A、B、C，按上述三个顺序循环地进行刮削。循环次数愈多，则平板愈精密，直到在三块平板中任取两块对研，基本无明显凹凸，显点一致，每块平板的接触点都在 25mm×25mm 方框内有 12 点时为止。

（2）对角研刮方法：在正研刮削后，往往会在平板对角部位上产生如图 8-14 所示的平面扭曲现象，而且三块高低位置相同，即同向扭曲。这种现象的产生是由于在正研时一块平板的高处（＋）正好和另一块平板的低处（－）重合所造成。所以平板在正研刮削后，还必须进行对角研刮，直到三块平板相互之间，无论是直研、对角研、调头研，研点情况完全相同，接触点数符合要求为止。

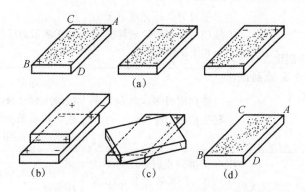

图 8-14 原始平板正研时的扭曲和判别

21. 你知道刮削面常见的缺陷、产生原因及防止方法吗？

答：刮削面常见的缺陷及其产生原因和防止方法，见表 8-10。

表 8-10 刮削面常见的缺陷及其产生原因和防止方法

主要缺陷	缺陷的特征	原　因	防止方法
刀　痕	落刀时的痕迹较正常刀迹深	落刀时的角度过大，刀落太重	落刀时应注意轻柔、平稳地接触加工面
划　道	刮削面上有深浅不一的条槽	研点时，夹有砂粒、切屑等杂质或涂料不纯洁	注意清除涂料和工件表面的杂质

主要缺陷	缺陷的特征	原　　因	防止方法
振痕	刮削面上出现有规则的波纹	①刮削时向一个方向进行次数多，刀迹没有交叉	①必须交叉进行刮削
		②表面的阻力不均匀而引起刀刃弹动，造成有规律的波浪纹	②必须调换方向成网状进行，反复几次可解决振痕
		③刮刀楔角过小，前角过大	③修正刮刀角度
深凹	刮削面上研点局部稀少或刀迹与研点高低相差太多	①刮削时压力过大，用力不匀，多次刀迹重叠	①减轻压力，刮削时防止敲击式进行
		②刀刃弧形磨得太小	②修正刀刃口弧形，必要时更换刮刀
撕纹	刮削面上有粗糙的条状刮削刀纹	①刀刃口不光滑甚至有缺口、有细裂纹或淬火时金相组织粗大	①刮刀刃口必须光滑完整
		②刮削时未能将刮刀平稳地接触工件表面	②操作时，刮刀要平稳地接触工件表面。硬材不易产生，软材易生毛刺，可蘸肥皂水或煤油刮削
刮削不精确	研点情况无规律地改变	①推研点时，压力不均或工件伸出太长，出现假点	①研点时应保持正确的推研方法
		②校验工具本身不精确	②检查校验工具
少点	研点变少	①刮削时刀花太狭	①将刮刀圆弧半径磨大，粗刮时刀花要宽
		②刮刀未刮到点子上	②刮刀一定要刮在研点上，而且要轻重有别
		③一次没能将研点完全整掉	③将刮刀放平，削一遍研点
	局部没点	粗刮时局部刮亏，在没研点的地方不出点就转入了细刮	采用点刮法粗刮，在被刮面上消除局部没点后再细刮

主要缺陷	缺陷的特征	原　因	防止方法
规律排列	研点出现有规律的排列	粗刮时，遍与遍之间交叉	采用点刮法粗刮，刀花不要长，交叉点刮数遍后至研点变成没规律的排列后，再转入细刮
变形	在刮削过程中被刮工件变形	①工件装卡不合理	①检查装卡方法是否合理，力求使工件保持自由状态，但要平稳
		②时效处理不好或工件本身结构不合理	②刮削时掌握变化规律

22. 何谓研磨? 研磨的目的是什么?

答: 用研磨工具和研磨剂，从工件上研去一层极薄表面层的精加工方法，称为研磨。研磨是在其他金属切削加工方法未能满足工件精度和表面粗糙度要求时所采用的一种精加工工艺，研磨加工可达到以下目的:

（1）经过研磨加工可使工件得到较小的表面粗糙度值，一般情况表面粗糙度值为 $Ra0.1\sim1.6\mu m$，最小可达 $Ra0.012\mu m$。

（2）经过研磨加工可使工件达到精确的尺寸，尺寸精度可达 $0.001\sim0.005mm$。

（3）经过研磨加工可提高工件的形位精度，形位误差可控制在 $0.005mm$ 以内。

经研磨的零件，由于有精确的几何形状和很小的表面粗糙度值，零件的耐磨性、抗腐蚀性和疲劳强度也都相应得到提高，从而延长零件的使用寿命。

23. 研磨的基本原理是什么?

答: （1）物理作用: 研磨时要求研具材料比被研磨的工件软，这样受到一定压力后，研磨剂中微小颗粒（磨料）被压嵌在研具表面。这些细微的磨料具有较高的硬度，像无数刀刃。由于研具和工件的相对运动，半固定或浮动的磨粒则在工件和研具之间作运动轨迹很少重复的滑动和滚动，因而对工件产生微量的切削作用，均匀地从工件表面切去一层极薄的金属。借助于研具的精确型面，从而使工件逐渐得到准的尺寸精度及合格的表面粗糙度。

（2）化学作用: 有的研磨剂还起化学作用。例如，采用氧化铬、硬脂酸等化学研磨剂进行研磨时，与空气接触的工件表面，很快形成一层极薄的氧化膜，该氧化膜很容易被研磨掉，这就是研磨的化学作用。

在研磨过程中，氧化膜迅速形成（化学作用），又不断地被磨掉（物理作

205

用）。经过这样的多次反复，工件表面就很快地达到预定要求。由此可见，研磨加工实际体现了物理和化学的综合作用。

24. 研磨切削余量为多少？

答：由于研磨是微量切削，每研磨一遍所能切削的金属层不超过 0.002mm。因此研磨余量不能太大，通常在 0.005～0.03mm 范围内比较适宜。有时研磨余量就留在工件的公差之内。

25. 研具的材料有哪几种？有哪些用途？

答：（1）灰铸铁灰：铸铁具有润滑性好，磨耗较慢，硬度适中，研磨剂在其表面容易涂布均匀等优点。它是一种研磨效果较好、价廉易得的研具材料，因此得到广泛的应用。

（2）球墨铸铁：球墨铸铁比一般灰铸铁更容易嵌存磨料，而且嵌得均匀牢固，同时强度高还能增加研具的耐用度，因此已得到广泛的应用。

（3）软钢：软钢的强度高于灰铸铁，韧性较好，不容易折断，常用来作为小型的研具，如研磨螺纹和小直径工具、工件等。

（4）低碳钢：用于粗研、小规格螺纹和窄小内腔。

（5）铜：铜的性质较软，表面容易被磨料嵌入，适宜做软钢研磨加工范围内的研具。

（6）铅：铅适用于软金属的研磨。

（7）沥青：沥青多用于玻璃、水晶及其他透明材料的研磨。

（8）木、皮革：研磨软材。

（9）巴氏合金：研磨软材、铜合金轴瓦。

（10）灰口铸铁：常用研具，适于精细研磨，其常用成分见表 8-11。

表 8-11　　　　　　　　　　　灰铸铁研磨材料的成分

用于一般粗研磨的铸铁材料成分		用于精密研磨的铸铁材料成分	
碳	0.35%～3.7%	碳	2.7%～3.0%
锰	0.4%～0.7%	锰	0.4%～0.7%
锑	0.45%～0.55%	锑	0.45%～0.55%
硅	1.5%～2.2%	硅	1.3%～1.8%
磷	0.1%～0.15%	磷	0.65%～0.7%

26. 常用研具有哪些类型？其用途如何？

答：常用研具的类型及应用见表 8-12。

　　　　　　　　　　常用研具类型及应用

类　型	图　示	应　用
条　型		研磨小尺寸薄片工件的表面
板　型		研磨块规、精密量具等表面
压砂平板		用于超精研磨，尺寸精度为 $1\mu m$ 左右，R_a 为 $0.015\mu m$ 以下的零件
异　形		研磨各种异形工件
带槽条型		研磨平面导轨等狭长工件表面
角度条型		研磨 V 形导轨等有角度的工件表面
圆柱整体型		研磨单件圆柱形孔
圆锥整体型		研磨单件圆锥孔
可调型		多件组合结构，可在一定的尺寸范围内进行调整，用于研磨成批生产的工件
玻璃平板	环氧树指结合剂　玻璃 普通平板	用于研磨时不允许加研磨剂的零件。具有防锈能力

类　　型	图　示	应　用
螺纹研磨棒	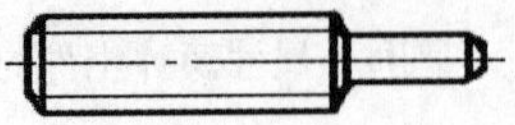	研磨外螺纹 （内螺纹一般由电加工代替研磨）

27. 研磨剂的材料有哪几种？有哪些用途？

答：研磨剂是由磨料和研磨液调和而成的混合剂。

（1）磨料：在研磨中起切削作用，与研磨加工的效率、精度、表面粗糙度有密切关系。常用的磨料有以下3种：

①氧化物磨料：氧化物磨料有粉状和块状两种，主要用于碳素工具钢、合金工具钢、高速钢和铸铁工件的研磨。

②碳化物磨料：碳化物磨料呈粉状，它的硬度高于氧化物磨料。除用于一般钢铁材料制件的研磨外，主要用于研磨硬质合金、陶瓷与硬铬之类的高硬度工件。

③金刚石磨料：金刚石磨料分人造和天然两种。其切削能力、硬度比氧化物、碳化物磨料都高，实用效果也好。但由于价格昂贵，一般只用于硬质合金、硬铬、宝石、玛瑙和陶瓷等高硬材料的精研磨加工。

常用磨料类型及适用范围见表8-13。

表8-13　　　　　　　　　　　磨料类型及适用范围

系列	代号	磨料名称	特　　性	适　用　范　围
钢玉	GZ	棕刚玉 （Al_2CO_3）	棕褐色。硬度高，韧性好，价格低廉	粗、精研磨钢、铸铁、黄铜
	GB	白刚玉 （Al_2CO_3）	白色。硬度比棕刚玉高，韧性比棕刚玉差	精研磨淬火钢、高速钢、高碳钢及薄壁零件
	GG	铬刚玉 （Al_2CO_3）	玫瑰红或紫红色。韧性比白刚玉好	研磨量具、仪表零件及低粗糙度表面
	GD	单晶刚玉 （Al_2CO_3）	淡黄色或白色。硬度和韧性比白刚玉高	研磨不锈钢、高钒高速钢等强度高、韧性大的材料

系列	代号	磨料名称	特　性	适　用　范　围
碳化物	TH	黑碳化硅	黑色有光泽。硬度比白刚玉高，性脆而锋利，具有良好的导电性	研磨铸铁、黄铜、铝、耐火材料及非金属材料
	TL	绿碳化硅	绿色。硬度和脆性比黑碳化硅高，具有良好的导热性和导电性	研磨硬质合金、硬铬、宝石、陶瓷、玻璃等材料
	TP	碳化硼（B_4C）	灰黑色。硬度仅次于金刚石，耐磨性好	精研磨和抛光硬质合金、人造宝石等硬质材料
金刚石	JR	人造金刚石	无色透明或淡黄色、黄绿色或黑色。硬度高，比天然金刚石脆，表面粗糙	粗、精研磨硬质合金、人造宝石、半导体等高硬度脆性材料
	JT	天然金刚石	硬度最高，价格昂贵	
其他	—	氧化铁（Fe_2O_3）	红色至暗红色。比氧化铬软	精细研磨或抛光钢、铁、玻璃等材料
	—	氧化铬（Cr_2O_3）	深绿色、硬度高、切削力强	

（2）研磨液：在研磨中起调和磨料、冷却和润滑的作用。研磨液应具备以下条件：

①有一定的黏度和稀释能力，磨料通过研磨液的调和与研具表面有一定的黏附性，使磨料对工件产生切削作用。

②有良好的润滑和冷却作用。

③对工件无腐蚀作用，不影响人体健康，且易于清洗干净。

常用的研磨液有煤油、汽油、10 号与 20 号机油、工业用甘油、汽轮机油及熟猪油等。

一般工厂常采用成品研磨膏，使用时加机油稀释即可。

28. 研磨的分类、工艺特点及研磨轨迹的要求与作用如何？

答：研磨的分类、工艺特点及研磨轨迹的要求与作用见表 8-14。

29. 怎样配比研磨剂？

答：常用研磨剂的配比见表 8-15。

表 8-14　　　　　研磨的分类、工艺特点及研磨轨迹的要求与作用

分　类	湿研磨（深敷法）	干研磨（压嵌法）
工艺特点	在研磨过程中不断添加充分的研磨剂。其特点为表面呈麻面乌光，加工效率高	在研具表面上均匀嵌入一层研磨剂，在干燥情况下研磨。其特点为表面光泽美丽，加工精度高，只适用于平面研磨
要求	使运动轨迹分布均匀	①研磨痕迹要紧密，排列要整齐 ②轨迹应互相交错，避免同方向的平行轨迹
作用	使工件表面具有相同而均匀的磨削量，提高质量	①工件表面纹络细致，避免划痕 ②防止在工件表面出现重叠研磨，影响表面粗糙度

注：一般先用湿研磨，再用干研精加工。

表 8-15　　　　　　　　　　常用研磨剂的配比

	液态研磨剂	固态研磨剂		液态研磨剂	固态研磨剂
第一种	研磨粉：20g	氧化铬：60%	第二种	研磨粉：15g	金刚砂：40%（研磨粉）
		石蜡：22%			氧化铬：20%
	硬脂酸：0.5g	蜂蜡：4%		硬脂酸：8g	硬脂酸：25%
		硬脂酸：11%		航空汽油：200mL	电容器油：10%
	航空汽油：200mL	煤油：3%		煤油：15mL	煤油：5%

30. 你知道怎样选择研磨工艺参数吗？

答：（1）平面研磨余量：其选择见表 8-16。

表 8-16　　　　　　　　　　平面研磨余量

平面长度（mm）	平　面　宽　度（mm）		
	≤25	26~75	76~150
≤25	0.005~0.007	0.007~0.010	0.010~0.014
26~75	0.007~0.010	0.010~0.016	0.016~0.020
76~150	0.010~0.014	0.016~0.020	0.020~0.024

平面长度（mm）	平 面 宽 度（mm）		
	≤25	26～75	76～150
151～250	0.014～0.018	0.020～0.024	0.024～0.030

注：经过精磨的工件，手工研磨余量每面为3～5μm，机械研磨余量每面为5～10μm。

（2）外圆研磨余量：其选择见表8-17。

表8-17　　　　　　　　　　　外圆研磨余量

直 径（mm）	余 量（mm）	直 径（mm）	余 量（mm）
≤10	0.005～0.008	51～80	0.008～0.012
11～18	0.006～0.008	81～120	0.010～0.014
19～30	0.007～0.010	121～180	0.012～0.016
31～50	0.008～0.010	181～260	0.015～0.020

注：经过精磨的工件，手工研磨余量为3～8μm，机械研磨余量为8～15μm。

（3）内孔研磨余量：其选择见表8-18。

表8-18　　　　　　　　　　　内孔研磨余量

孔 径（mm）	铸 铁（mm）	钢（mm）
25～125	0.020～0.100	0.010～0.040
150～275	0.080～0.160	0.020～0.050
300～500	0.120～0.200	0.040～0.060

注：经过精磨的工件，手工研磨直径余量为5～10μm。

（4）研磨速度：其选择见表8-19。

表8-19　　　　　　　　　研磨速度的选择　　　　　　　　　（m/min）

研磨类型	平　　面		外圆	内孔	其他
	单　面	双　面			
湿研	20～120	20～60	50～75	50～100	10～70
干研	10～30	10～15	10～25	10～20	2～8

注：工件材质软或精度要求高时，速度取小值；内孔指孔径范围6～10mm。

（5）研磨压力：其选择见表8-20。

研磨类型	平　面	外　圆	内　孔*	其　他
湿　研	0.10～0.15	0.15～0.25	0.12～0.28	0.08～0.12
干　研	0.01～0.10	0.05～0.15	0.04～0.16	0.03～0.10

注：表中"*"孔径范围5～20mm。

31. 怎样选用研磨压力及研磨速度？对研磨效果有何影响？

答： 研磨效率随研磨压力和研磨速度的提高而增大，选用正确的研磨压力和速度对研磨效果有明显的影响。

（1）研磨压力：一般粗研压力约 1～0.2MPa，精研压力约 0.01～0.05MPa。若压力过大则可能将研磨剂颗粒压碎，使零件表面划痕加深，从而影响表面粗糙度。

（2）研磨速度：粗研速度一般在 0.15～2.5m/s 之间，往复运动取 40～60次/min。精研速度不宜超过 0.5m/s，往复运动取 20～40 次/min。若速度过高则会产生高热量引起表面退火，以及热膨胀太大而影响尺寸精度的控制，还会使表面有严重的磨粒划痕。

在研磨时，一般粗磨先用较高压力和较低的速度，而精磨则用较低压力和较高速度。

32. 手工研磨运动轨迹有哪几种形式？其特点及应用范围有哪些？

答： 手工研磨运动轨迹形式、特点与应用范围见表 8‑21。

表 8‑21　　　　　手工研磨运动轨迹类型、特点与应用范围

轨　迹	简　图	特点及应用范围
直线形		几何精度高，易直线重叠。适用于狭长的台阶平面，粗糙度值高
摆动式直线形		同时作左右摆动和直线往复运动，可获平直、光滑的效果。适用于双料面平尺或样板角尺等圆弧测量面
螺旋形		表面粗糙度值低，平面度精度高。适用于圆片或圆柱形工件的端面，如千分尺和卡尺

轨　迹	简　图	特点及应用范围
8字形		使相互研磨的面保持均匀接触。适用于平板或小平面工件
配研	工件　研磨环	手握研具同时做轴向移动和转动。适用于圆柱和圆锥体工件

33. 机械研磨运动轨迹有哪几种形式？其特点及应用范围有哪些？

　　答： 机械研磨运动轨迹形式、特点与应用范围见表 8－22。

表 8－22　　　　　　　　机械研磨运动轨迹类型及特点及应用范围

轨　　迹	简　图	特点及应用范围
直线往复		工件在平板上作平面平行运动，其研磨速度一致，研磨量均匀，运动较平稳，研磨行程的同一性较好。但研磨轨迹容易重复，平板磨损不一致。适用于加工底面狭长而高的工件
正弦曲线式		工件始终保持平面平行运动，主要是成形研磨。由于轨迹交错频繁，研磨表面粗糙度值比直线往复式有明显降低
内摆线式		内、外摆线式轨迹适于研磨圆柱形工件端面，及底面为正方形或矩形、长宽比小于 2∶1 的扁平工件。这种轨迹的尺寸一致性好，平板磨损较均匀，故研磨质量好，效率较高，适用于大批生产
外摆线式		

续表

轨　　迹	简　　图	特点及应用范围
周摆线式		工件运动能走遍整个板面，结构简单，加工表面粗糙度值低。但因工件前导边始终不变换，且工件各点的行程不一致性较大，不易保持研磨盘的平面度。适用于加工扁平工件及圆柱工件的端面

34. 怎样研磨软质材料和硬脆材料？

答：（1）铜轴瓦的研磨：轴瓦按使用场合和材料不同有好几类。铜瓦虽然含有合金元素，但仍较软，磨料容易嵌入工件表面。为避免磨粒残留在研磨过的工件表面上，选择研具材料的基本原则是要求其硬度低于工件。如巴氏合金的硬度比铜低，金相组织比铜疏松，但结合力较好，这就构成了它一定的强度和稳定性，能够使磨料首先嵌入研具表面，适用于制作研磨铜瓦的研具。研磨铜瓦大都用氧化物磨料。

金刚石研磨剂对铜和其他材料制件，无论是用于研磨和抛光，都能收到极好的效果；但由于其价格较高，故在使用上受到一定限制。

（2）铝合金件的研磨：铝合金有与铜质相同的特点，但铝合金的韧性不及铜合金高。研磨铝合金工件轴与孔，可以用铅作研具；磨料仍可用一般的金刚砂。

（3）不锈钢工件的研磨：研磨不锈钢的关键，主要是选择磨料的问题。适用于研磨不锈钢的磨料有：单晶刚玉、微粒刚玉、锆刚玉。

不锈钢工件在精研或抛光时，主要用金刚石磨料。精研时，一般都采用铸铁来制造研具。

研磨软质材料工件的平面，可采用压嵌法先将磨料压入研具，并在研磨中涂以保持湿润的研磨液，作 1～2 次遍及研具的研磨，而后用汽油洗涤研垢，再涂入研磨液继续研磨，可收到较好的效果。

（4）硬脆材料的研磨：硬质合金、玻璃、钻石、玛瑙及陶瓷等高硬材料的工件，无论粗研或半精研磨，均可采用碳化硼、碳硅硼和碳化硅磨料；精研或抛光时，可采用金刚石粉或金刚石研磨膏。

35. 怎样研磨平面？

答：平面研磨包括：一般平面、狭窄平面、双斜面平尺研磨等，具体操作如下：

（1）一般平面的研磨：把工件需研磨的表面贴
合在敷有磨料（可再加润滑油或硬脂酸）的研具
上，沿研具的全部表面呈"8"字形轨迹运动，如
图 8－15 所示。

（2）狭窄平面的研磨：用金属块制成"导靠"，
用直线形轨迹研磨［如图 8－16（a）所示］。如工
件数量较多，可采用螺栓或 C 形夹头将几块工件
夹在一起进行研磨［如图 8－16（b）所示］

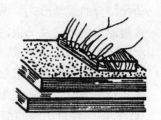

图 8－15　研磨一般平面

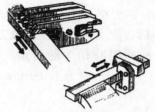

（a）狭窄平面的研磨　　　　　　　（b）多工件狭窄面的研磨

图 8－16　研磨狭窄平面示意

（3）双斜面平尺的研磨：双斜面平尺是高精度量具，平直度为：
0.03mm/100mm。粗研磨时，用浸湿汽油的棉花束沾上 W20～W10 的研磨
粉，均匀涂敷在平板的工作面上，进行粗研磨。如果工作场地的温度高，需滴
上适量的煤油，保持一定的湿润性。

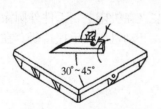

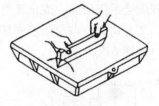

30°～45°

（a）小规格捏持方法　　　　（b）大规格捏持方法

图 8－17　研磨双斜面平尺时手的捏持方法

对于小规格的双斜面平尺，研磨时，用右手的三个手指捏持工件两侧非工
作面中部［如图 8－17（a）所示］，工件的纵向摆成与操作者的正面视线约
30°～45°。大规格的双斜面平尺需用双手捏持，即根据上述方式用左、右手分
别捏住工件两头的侧面，工件纵向摆成与操作者正面平行［如图 8－17（b）
所示］。

双斜面平尺的研磨运动是沿其纵向移动和以其测量面为轴线作左右 30°摆

动相结合的运动形式。纵向移动的距离不宜过长。研磨时，掌握要平稳，应使接触面均匀地遍及平板的研磨面，并应注意尺口部位，相应地要多摆动研磨几次，使其达到技术要求。

经过粗研磨，要求双斜面平尺测量面的尺口部位的平直度和形状保持正确。精研磨时，其运动形式与粗研磨大致相同，但采用压砂平板，研磨粉选用 W5 左右，经过压嵌的细化作用，嵌入研具的研磨粉颗粒将随之减小，且更趋于均匀。

36. 怎样研磨圆柱体?

答:(1)手工研磨:手工研磨圆柱体工件如图 8-18 所示，先在工件外圆涂一层薄而均匀的研磨剂，然后将工件装入夹持在台虎钳上的研具孔内，调整研磨间隙，双手握住夹箍柄，使工件既作正、反方向转动，又作轴向往复移动，保证工件的整个研磨面得到均匀的研削。工件的转速是:直径大于 100mm 时为 50r/min，小于 80mm 时为 100r/min。

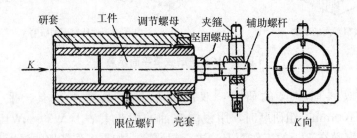

图 8-18　手工研磨圆柱体工件

(2)机床配合手工研磨:先把工件装夹在机床上，工件外圆涂一层薄而均匀的研磨剂，装上研套，调整研磨间隙，开动机床，手捏持研套在工件全长上作往复移动(如图 8-19 所示)。

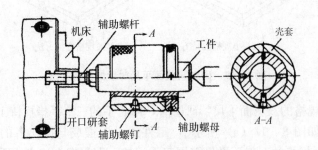

图 8-19　机床配合手工研磨圆柱体工件

采用以上两种研磨方法，都应随时调整研具上的调节螺母，保持适当的研磨间隙。同时，不断地检查研磨质量，如发现工件有锥度，应将工件或研具调头装入，再调整间隙作校正性研磨。如锥度较大，应在尺寸大的部位涂敷研磨剂进行研磨，以消除锥度。手在工件上往复移动得太快或太慢都会影响质量，适当的速度使工件表面成45°交叉网纹（如图8-20所示）。

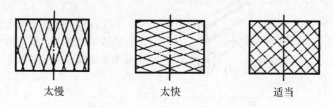

太慢　　　　　　　　太快　　　　　　　适当

图 8‑20　研磨速度形成的网纹

37. 怎样研磨钢球？

答：在一般情况下，对钢球只作提高几何精度的研磨。先如图8-21所示，在平板上车削数圈等深的V形或弧形沟槽。研磨钢球时，将有沟槽的平板平稳地放置在钳工台上，然后把研磨剂和钢球放入平板的沟槽内，上面覆一块无沟槽的平板，推动无沟槽平板，作平面往复旋转运动来进行研磨。

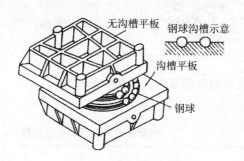

无沟槽平板　钢球沟槽示意

沟槽平板

钢球

图 8‑21　钢球研磨方法示意

在同一批钢球中，由于直径不一致，应分选后将直径较大和较小的钢球间隔对称地放入沟槽中，两块平板在研磨中保持平行，首先研磨的是大钢球，待大钢球接近或等于小钢球直径时，全部钢球即能得到均衡一致的研磨。

38. 怎样研磨 V 形槽？

答：研磨V形槽只能使用专用研具沿V形槽作直线往复的研磨运动。研磨V形槽工件时，经常使用整体式的V形槽研具，亦可将平板侧面倒成锐角作为研具。研具的长度约大于工件长度的1/3～1/2，宽度约比V形槽宽度大1/4，厚度是V形槽深度的2～3倍，以保持足够的强度和便于操作。研磨时，应根据工件的几何形状和技术要求，首先将V形槽的一个侧面研磨平直，作为测量基准。其研磨方法见表8-23。

研具形式	简　　图	研　磨　方　法
整体式研具	研具 工件 皮革或毛毡 台虎钳	将工件两侧垫皮革或毛毡，夹持在台虎或平口钳上，根据侧平面为基准所测得的偏差，再侧重地施压研磨
用平板侧面作研具	平板 工件	将导板侧面制成锐角，将工件在平板上往复研磨，常用于单件或修理
用专用研具	工件　坚固螺钉 平板　调整螺钉 专用研具	把两块与 V 形槽角度相等的研具装在底板上，调整所需距离和高度误差，然后拧紧螺钉，即可进行研磨。此方法适用于成批生产

39. 产生研磨缺陷的原因及防止方法有哪些?

答: 产生研磨缺陷的原因及防止方法见表 8‒24。

表 8‒24　　　　　　　　　　研磨缺陷的原因及防止方法

缺　　陷	原　　因	防止方法
平面成凸状或孔口扩大	①研磨剂太厚	①研磨剂涂抹要适当
	②孔口或零边缘被挤出的研磨剂未擦去	②将被挤出的研磨剂擦去再研
	③研磨棒伸出孔口太长	③研磨棒伸出长度要适当
表面拉毛	研磨剂混入杂质或研具有毛刺	重视并做好清洁工作
表面粗糙	①磨料过粗	①正确选用研磨料
	②研磨液不当	②正确选用研磨液
	③研磨剂涂得太厚	③研磨剂涂得要适当

续表

缺　陷	原　因	防止方法
孔口椭圆形或有锥度	①研磨时没更换方向	①研磨时应交换方向
	②研磨时没有调头	②研磨时应调头研
	③研具有椭圆或锥度	③修整研具
薄形工件拱曲变形	①零件发热了仍继续研磨	①不使零件温度超过 50℃，发热后应暂停研磨
	②装夹不正确引起变形	②装夹要稳定，不要夹得太紧
孔的直线度不好，各段错位	研具与加工孔配合过松，轴向往复运动长短不一	调整配合间隙，专事修整某段孔壁，使用新研具光整孔壁全长
尺寸不精确	研磨工具不正确	选精度高的研磨工具

第九章 装配技术

1. 何谓装配？装配工作包括哪些内容？装配质量的好坏对产品有何影响？

答：按规定的技术要求，将若干个零件结合成部件或将若干个零部件结合成最终产品的工艺过程，称为装配，后者称为总装。

装配工作是产品制造过程中的后期工作，它包括各种装配的准备工作、部装、总装、调整、检验和试机等工作。装配质量的好坏，对整个产品的质量起着决定性的作用。通过装配才能形成最终产品，并保证它具有规定的精度及设计所定的使用功能和质量要求。如果装配不当，不重视清理工作，不按工艺技术要求装配，即使所有零件加工质量都合格，也不一定能够装配出合格的、优质的产品。这种装配质量较差的产品，精度低、性能差、功率损耗大、寿命短，将造成很大的损失。相反，虽然某些零部件的质量并不很高，但经过仔细地修配和精确地调整后，仍能装配出性能良好的产品。因此，装配工作是一项非常重要而细致的工作，必须认真按照产品装配图，制定出合理的装配工艺规程，采用新的装配工艺，以提高装配精度。达到质量优、费用少、效率高的要求。

2. 装配工艺过程是由哪四部分组成的？说明其工艺过程。

答：产品的装配工艺过程由以下四部分组成，具体工艺过程说明见表9-1。

表9-1　　　　　　　　　　　　装配工艺过程

类　型	工　艺　过　程
装配前的 准备工作	①研究和熟悉产品装配图、工艺文件及技术要求；了解产品的结构、零件的作用以及相互的连接关系，并对装配零部件配套的品种及其数量加以检查 ②确定装配的方法、顺序和准备所需的工具 ③对装配零件进行清洗和清理，去掉零件上的毛刺、锈蚀、切屑、油污及其他脏物，以获得所需的清洁度 ④对有些零部件还需进行刮削等修配工作，有的要进行平衡试验、渗漏试验和气密性试验等

类　型	工　艺　过　程
装配工作	比较复杂产品的装配工作应分为部装和总装两个过程： ①部装：指产品在进入总装以前的装配工作。凡是将两个以上的零件组合在一起或将零件与几个组件结合在一起，成为一个装配单元的工作，都可以称为部装 把产品划分成若干装配单元是保证缩短装配周期的基本措施。因为划分为若干个装配单元后，可在装配工作上组织平行装配作业，扩大装配工作面，而且能使装配按流水线组织生产，或便于协作生产。同时，各装配单元能预先调整试验，各部分以比较完善的状态送去总装，有利于保证产品质量 ②总装：把零件和部件装配成最终产品的过程称为总装。产品的总装通常是在工厂的装配车间（或装配工段）内进行。但在某些场合下（如重型机床，大型汽轮机和大型泵等），产品在制造厂内只进行部装工作，而在产品安装的现场进行总装工作
调整、精度检验和试机	①调整工作是调节零件或机构的相互位置、配合间隙、结合松紧等。其目的是使机构或机器工作协调，如轴承间隙、镶条位置、蜗轮轴向位置的调整等 ②精度检验包括工作精度检验、几何精度检验等。如车床总装后要检验主轴中心线和床身导轨的平行度，中滑板导轨和主轴中心线的垂直度误差，以及前后两顶尖的等高等。工作精度检验一般指切削试验，如车床要进行车圆柱或车端面试验 ③试机包括机构或机器运转的灵活性、工作温升、密封性、振动、噪声、转速、功率和效率等方面的检查
喷漆、涂油、装箱	喷漆是为了防止不加工面的锈蚀和使机器外表美观；涂油是使工作表面及零件已加工表面不生锈；装箱是为了便于运输。它们也都需结合装配工序进行

3. 试述产品装配的组织形式和应用方法。

答：（1）固定装配

①集中装配：适用于单件小批量、产品结构不复杂的产品。产品固定，全部由一组人装配。周期长，需大量工装，工人技术水平全面。

②分散装配：适于成批生产。把产品装配工作分散为部件装配和总装配。工人数较多，周期短，效率高。

（2）流水装配

①可变节奏移动：适于大批生产。工序分散。产品按统一节拍周期地输送到工作位置。

②间隔移动：适于大批生产。工序分散。产品按各工序所需输送到工作位置。无统一节拍。

③连续移动：适于大批生产。工序分散。产品按一定速度经输送装置连续输送到工作位置。

4. 如何选择合适的装配工艺方法？

答：装配工艺方法及适用范围见表9-2。

表9-2　　　　　　　　　　装配工艺方法及适用范围

配合法		工 艺 内 容	特 点	适 用 范 围
互换法	完全互换法	控制零件的制造误差，精度高，零件完全互换	①操作简单，质量稳定 ②便于流水作业 ③有利于专业化生产 ④维修方便	零件数少，批量大，按经济精度制造或零件数较多，装配精度不高
	不完全互换法	按经济精度制造，即将公差适当放大，但有少部分装配精度超差	对超差部分应退修或补偿偏差或事先经济核算，保证生产废品损失小，预先制造公差放大的增益	零件数略多，批量大，加工精度高
选配法	直接选配	换法公差过严，甚至超过工艺可能性	工人凭经验挑选合适的互配件	时间长，工人技术水平要求高。不宜在节拍严格流水线上生产	生产批量少。大批量生产中，零件数量少，装配精度高，又不便用调整法
	分组装配		事先测量分组，一般分2～4组，对应组装配	组内互换。零件精度不高但装配精度高。增加测量、保管、运输工作量	
	复合选配法		预先分组，装配时凭工人经验挑选	组内互换，保证装配节奏	

配合法		工 艺 内 容	特 点	适 用 范 围
修配法		在零件上预留修配量，制造精度放宽，用手工锉、刮、研修去零件上多余部分材料，达到高装配精度。应尽量用精密机械加工修配，特殊情况可自动配磨或配研（如油泵油嘴自动配研）	①劳动量大，工人技术水平要求高 ②不便于流水生产 ③修配只能与本装配精度有关，不能影响其他精度项目 ④应考虑防松措施	工件小批生产，装配精度高，不便于组织流水作业的场合。可用于多种装配场合。零件数较多，装配精度高，易保持恢复精度
调整法		用一个可调零件（补偿件）调整零件位置（可动补偿）；或增加一个定尺寸的零件（固定补偿件），起补偿装配累积误差的作用，按经济精度制造	零件多、装配精度高，且不宜修配的场合，选用定尺寸调整件（如垫片、套筒等）或可调件	①用可动调整，调整因磨损、热变形、弹性变形等引起的误差 ②增加调整件，零件量增加，制造费用增加 ③对工人技术要求高
调整法	误差抵消法（定向装配）	装配多个零件后，调整其相对位置，使零件加工误差相互抵消	是调整法的发展	—
	合并法	组装调整后作为整体加工，进入总装配	装配精度更高	—

5. 什么是装配精度？装配精度与零件的加工精度有何关系？

答：装配精度就是装配过程中所要满足的技术要求，也就是装配后所要达到的精度。

产品的装配精度与零件的加工精度特别是关键零件的加工精度有直接的关系。但产品在装配过程中通常需要进行必要的调整和修配。因此，每个零件的加工精度都有一定的公差范围，不可能也没有必要无限度地提高每个零件的制造精度，而是通过采用适当的装配方法来保证装配精度。

6. 你知道常用清洗剂及其配方吗？有何用途？

答：各种常用清洗剂及其配方见表 9-3～表 9-8。

表 9-3　　　　　　　　　　　　　　　常用碱液配方

成　分（g/L）				清洗主要参数			适用性
氢氧化钠	磷酸钠	碳酸钠	硅酸钠	温度（℃）	方法	时间	
50～55	25～30	25～30	10～15	90～95	喷洗 浸洗	10	钢铁工件，严重油垢或少量难溶性油垢、杂质
70～100	25～30	20～30	10～15	90～95		7～10	Ni-Cu 合金钢零件
5～10	50～70	20～30	10～15	80～90		5～8	钢及铜合金零件
5～10	50	—	30	60～70		—	铝及铝合金零件

注：①亦可加入少量表面活性清液剂 6503、TX-10 等，以增加清洗能力。
　　②材质不同的工件不宜一起清洗。

表 9-4　　　　　　　　　　　　　　　石油溶剂清洗液

清洗液	特　点	说　明
工业汽油、直馏汽油	清洗油脂、污垢和一般黏附度杂质，应注意防火安全措施	加入 1%～3% 的 201
灯用煤油及轻柴油	清洗能力不及汽油，但安全，清洗后干得慢	Fy-3、661 等，可使工件防锈

表 9-5　　　　　　　　　　　　　　　常用水剂清洗液

清　洗　工　作	清　洗　剂　成　分
铜、铝及其合金、镀锌零件	平平加、TX-10
热处理盐熔	6503
严重液、固态油污，研磨膏等	664、105、平平加、TX-10
缓锈要求高	6503、664、SP-1、771、三乙油酸皂
少泡沫	SP-1、771、HD-2、消泡剂
常温下清洗	SP-1、HD-2
提高工艺稳定性	Na_3PO_3、Na_2CO_3、Na_2SiO_3
提高缓蚀性	亚硝酸钠、三乙醇胺、磷酸氢钠

注：水剂清洗剂是金属清洗剂＋添加剂＋水配制而成，并且总用量宜小于 4%。

表 9‑6 防锈汽油配方

成　分	重量（%）	成　分	重量（%）
石油磺酸胺	1	1%苯骈三氮唑酒精溶液	1
司本‑80	1	蒸馏水	2
十二烷基醇酰胺	1	200 号汽油	94

表 9‑7 氯化物清洗液

清洗剂	性能及用途	说　明
三氯乙烯（用工业三氯乙烯加入 0.1%～0.2%稳定剂，如乙二胺、三乙胺、吡啶四氯呋喃等）	沸点低（869℃），无色透明，易流动，易挥发，无燃烧性，但空气中含 50%即有人身危害，脱脂能力强。用于钢铁零件脱脂如解封除油	用清洗机清洗 5～8min 即可去油脂。可用蒸馏法回收清洗剂
三氯三氟乙烷	沸点低，比三氯乙烯节省热源，效率高，安全，稳定	适合各种清洗方法
三氯乙烷	稳定，仍应注意安全。清洗钢铁零件油污、研磨膏，清除能力强	适合各种清洗方法
四氯化碳	脱脂能力强。常用于小批的忌油产品零件	冷浸洗、擦洗，洗后立即擦干，防凝露影响

表 9‑8 常用化学清洗液

成　分（%）		主要参数	适用范围
105 清洗剂 6501 清洗剂 水	0.5 0.5 余量	清洗温度 85℃ 喷洗压力 0.15MPa 清洗时间 1 分钟	钢铁工件。机油为主的油垢和机械杂质
664 清洗剂 水	2～3 余量	清洗温度 75℃ 浸洗（上下窜动） 清洗时间 3～4min	钢铁工件。硬脂酸、石蜡、凡士林等

成　分（%）		主　要　参　数	适　用　范　围
6501 清洗剂 6503 清洗剂 油酸三乙醇胺 水	0.2 0.2 0.2 余量	清洗温度 35℃～45℃ 超声波清洗 清洗次数 4～5 次	精密加工的钢铁工件、油脂和抛光膏
664 清洗剂 平平加清洗剂 三乙醇胺 油酸 聚乙二醇 水	0.5 0.3 1.0 0.5 0.2 余量	清洗温度 75℃～80℃ 浸洗（上下窜动） 清洗时间 1 分钟	精密加工的零件（钢铁）。清洗油脂能力很强
平平加清洗剂 油酸 三乙醇胺 664 清洗剂 亚硝酸钠 水	0.6 1.6 0.8 0.8 0.6 余量	室温或 35℃～45℃ 浸洗（上下窜动）	钢铁工件。油脂、钙皂、钡皂等。有较好的中间防锈作用
664 清洗剂 105 清洗剂 羧甲基纤维素 水	2 1 0.05 余量	清洗温度 90℃ 浸洗（上下窜动） 浸洗时间 2～3min	精密加工的钢铁工件。油脂和抛光膏
105 清洗剂 6503 清洗剂 TX-10 清洗剂 水	0.25 0.13 0.13 余量	清洗温度 90℃ 喷洗压力 0.35～0.4 MPa 清洗时间 4～6min	铁铝合金和钢铁工件。轴承润滑油和积炭等
平平加清洗剂 水	1～1.5 余量	清洗温度 60℃～80℃ 浸洗（上下窜动） 清洗时间 5min	铝铜及其合金，镀锌的钢工件的一般油脂
6503 清洗剂 亚硝酸钠 灯用煤油 石油磺酸钡 水	0.4 0.4 2～3 0.1～0.2 余量	室温 超声波清洗 4min	钢铁工件。去除黏附的钢屑或机械杂质、氧化皮等

成 分（%）		主 要 参 数	适 用 范 围
平平加清洗剂	0.6	室温 浸洗（上下窜动）	钢铁工件。油脂、钙皂、钡皂等。有较好的中间防锈作用
聚乙二醇	0.3		
油 酸	0.4		
三乙醇胺	1.0		
亚硝酸钠	0.3		
水	余量		
664 清洗剂	0.3～0.5	清洗温度 50℃～60℃ 浸洗（上下窜动） 清洗时间 1～2min	有色金属和钢铁工件。尤其适用于精密工件。有中间防锈作用
平平加清洗剂	0.3		
三乙醇胺	0.3		
乳化油	0.01		
水	余量		
664 清洗剂	1	清洗温度 80℃～90℃ 浸洗（上下窜动） 清洗时间 2min	钢铁工件。适于清洗油垢
105 清洗剂	1		
6503 清洗剂	1.5		
水	余量		

7. 什么叫装配尺寸链？其关系如何？又是怎样计算的？

答：在装配过程中，当有关的零件在相互配合（或连接）之后，必然会产生一个新的尺寸。如图 9－1（a）所示的键与键槽，原来有两个不同的尺寸（A_1、A_2），而配合后的间隙（N）则是一个新的尺寸。如果不考虑键和键槽的结构图形，而只将这些相互有关的尺寸简化，排成像链环一样的封闭尺寸图，如图 9－1（b）所示，然后对其分析研究找出相互关系，计算各尺寸的偏差和公差，这样的链式尺寸图就称为尺寸链。

组成尺寸链上的各个尺寸称为组成环，常用大写的 A、B、C……表示，按装配的顺序最后得到的新的尺寸称为封闭环，常用大写字母 N 表示。在尺寸链中，如果某组成环的尺寸增加时，封闭环的尺寸也随之而增加，则该组成环称为增环。如果某组成环的尺寸增加时，封闭环的尺寸反而减小，则该组成环称为减环。如图 9－1（b）所示，A_1 为增环，A_2 为减环。增环、减环和封闭环之间的关系可用下式表示：

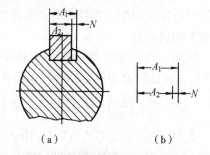

图 9－1 键和键槽配合的尺寸链表示法

$$N = A_1 - A_2$$

式中　N——封闭环的公称尺寸；

　　A_1——增环的公称尺寸；

　　A_2——减环的公称尺寸。

如果组成环较多，则各组成环和封闭环之间的关系为：

$$N = \sum A_z - \sum A_j$$

式中　$\sum A_z$——增环公称尺寸总和；

　　$\sum A_j$——减环公称尺寸总和。

如果所有增环的尺寸都是最大值，而减环的尺寸都是最小值，则封闭环的尺寸最大。反之封闭环的尺寸最小。其关系可表示如下：

$$N_{最大} = \sum A_{z最大} - \sum A_{j最小}$$

$$N_{最小} = \sum A_{z最小} - \sum A_{j最大}$$

封闭环的公差为：

$$\delta_N = N_{最大} - N_{最小} = \sum \delta_{Az} + \sum \delta_{Aj}$$

式中　δ_N——封闭环公差；

　　δ_{Nz}——增环公差；

　　δ_{NAj}——减环公差。

从以上关系式中可以看出，封闭环的公差是所有组成环公差的总和。在装配尺寸链中，由于封闭环反映了装配的技术和精度要求，因此减少装配尺寸链中的组成环数目，可以使封闭环的公差减小，从而提高机器的装配精度。

8. 何谓静平衡法？你知道装配时旋转零件和部件的静平衡方法吗？

答： 消除旋转零件不平衡的方法称为静平衡法。

在机器中的旋转零件和部件（如带轮、齿轮、飞轮、曲轴、叶轮、转子等），由于内部组织密度不均，加工不准或本身形状不对称等原因，其重心与旋转中心发生偏移。零件在高速旋转时，由于重心偏移（简称偏重）将产生一个很大的离心力。

例如，当一旋转零件在离旋转中心 50mm 处有 5kg 的偏重时，如果以 1400r/min 的转速旋转，则将产生的离心力大小为：

$$F = \frac{W}{g} e \left(\frac{\pi n}{30} \right)^2 = \frac{5}{9.81} \times 0.05 \left(\frac{\pi \times 1400}{30} \right)^2 = 547 \text{kgf} = 5366.1 \text{N}$$

式中　F——离心力（kgf，1kgf＝9.8N）；

　　W——转动零件的偏重（kg）；

　　g——重力加速度（$g = 9.81 \text{m/s}^2$）；

　　e——质量偏心距（m）；

228

n——每分钟转速（r/min）。

这个离心力如果不予以平衡，则将引起机器工作时的剧烈振动，使零件的寿命和机器的工作精度大大降低，甚至不能保证机器的正常运行。为了消除因偏重而产生的离心力，必须在装配前予以平衡，消除旋转零件或部件不平衡的工作称为平衡，可分为静平衡和动平衡两种。由于动平衡需专业人员在动平衡机上进行，一般工厂不具备条件，故下面主要介绍静平衡的做法。

可以在一些专用工装上，不需要在旋转状态下测定旋转件不平衡所在的方位，同时又能确定平衡力应加的位置和大小，这种找平衡的方法称为静平衡。进行静平衡时，一般是光判定不平衡重力的方位，然后在其相反方向上选择一个适当的位置，加上一定的重力来平衡，或在偏重部位去掉一定的重力来平衡。当旋转件的转速低于 20r/min 时，除非有特殊要求，一般情况下不需进行平衡了。

通常找静平衡都是在工装上进行的。常用的为平行导轨式平衡架。导轨的断面有平刀形、凸形和圆柱形等，如图 9-2 所示。

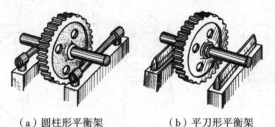

（a）圆柱形平衡架　　　（b）平刀形平衡架

图 9-2　平衡架

由于平衡架顶部不能变动，所以必须具有顶部宽度各不相同的导轨，才能满足不同质量的旋转件找平衡的要求。在进行质量大的旋转件平衡时，一般都采用凸形导轨，其导轨顶面可做得宽些，可做成三面不同宽度，供调整使用，如图9-3 所示。

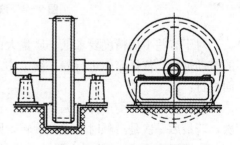

图 9-3　凸形导轨平衡架

在平衡架上进行静平衡时，轴颈与导轨面的滚动摩擦因数越小，则平衡的精度越高。因此，为了减小摩擦因数，导轨工作面应淬硬，表面粗糙度要好，导轨工作面宽度应尽可能做得窄些，窄到以在轴颈表面上压出凹痕为限。一般导轨面宽度可按表 9-9 选用。

表 9-9　　　　　　　　　　　　　　　　　导轨面宽度

W（kg）	50	100	150	200	250	300
b（mm）	3/35	4/75	5/80	6/70	77/50	8/90

平行导轨的长度不能小于轴颈周长或心轴周长的 3 倍，两工作表面的水平度和平行度误差不得大于 0.04mm/m。进行静平衡的工装还有滚轮式和圆盘式等，其平衡方法与平行导轨式平衡架基本相同，但其平衡零件不滚动，而是就地旋转，其平衡精度较低，主要用在质量特别大（超过 1000kg 以上）或平衡件两端轴颈不相等的工件，如图 9-4 所示。

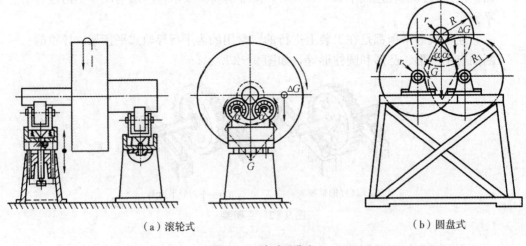

（a）滚轮式　　　　　　　　　　　　　　　　（b）圆盘式

图 9-4　滚动平衡架

对于有些平衡精度要求低、质量大而又无工装的旋转件，也可用自身组装的滚动轴承，依托箱体进行静平衡工作。旋转件的静平衡，通常按以下几个方面进行：

（1）测定被平衡零件的偏重方位：首先让被平衡件在平衡架上自由滚动数次，若最后一次是沿顺时针方向旋转，则零件的重心一定位于垂直中心线的右侧（摩擦阻力造成），此时在零件的最低点处用粉笔做一标记。然后沿逆时针方向转动数次，则平衡重心处一定位于垂中心线左侧，同样用粉笔做一标记。两次标记的中心就是偏重的方位。

（2）确定平衡力的大小：首先将零件的偏重方位转到水平位置，并且在对称面选择适当的一点，加上适当的试重。选择试重点时应考虑下一步，加重时或偏重方位适当部位减重时，能否实现加重或减重及加重的固定问题。在试重加上后，零件仍能保持水平位置后调转 180°，使其偏重和试重，重新处于水

230

平位置。调整试重的质量，使其保持水平位置。经几次反复后，试重仍确定不变，将试重取下称重，这就确定了平衡所需的重力。按所称的质量在试重点加上配重并固定或在试重点对面相对称位置减去配重，平衡工作就完成了。

加试重的最简便方法，是用黄泥或者磁铁，也可选用工装平衡杆等。对于大的零件，偏重较大时可估算一下，选择一定质量的钢板为配重，将其临时固定上，然后在其试重块上进行加减调整，进行平衡工作。

进行旋转件平衡采用加重方法时，所加的与试块相等质量的金属，可采取焊接或螺栓紧固等方法固定在零件上。但要注意不论采用何种方法，都要保证配重块永不松动或滑落下来。例如，采用螺栓固定，将螺母与本体焊牢固。采用减重方法可将零件偏重部位采用钻孔或机床加工的方法加工掉多余的金属。

9. 如何检验静平衡质量？

答：静平衡（单面平衡）的许用不平衡力矩为：

$$M = eG$$

式中　　M——许用不平衡力矩（N·cm）；

e——许用偏心距（cm）；

G——转子重力（N）。

许用不平衡力矩是进行静平衡的依据，只要不超出其规定的数值，相对来讲，就视为旋转件的静平衡已经平衡了。一般情况下，设计图纸和有关技术要求已将许用不平衡力矩给出。

10. 何谓动平衡法？如何进行动平衡？

答：消除旋转动不平衡的方法称为动平衡法。对于长径比较大或转速较高的旋转零件，大都需要进行动平衡。

动平衡不仅要平衡惯性力，而且还要平衡惯性力所形成的力矩。动平衡在动平衡机上进行，把被平衡的旋转零件按其工作状态安装在动平衡机的轴承中，零件旋转时由于不平衡量产生惯性力造成动平衡机轴承振动，通过仪器测量出轴承的振动值，便可确定需要增减平衡量的大小和位置。经过反复转动、测量和增减平衡量后，零件便逐步得到平衡。

11. 为什么要对要求密封的零件进行密封性试压试验？

答：对于某些要求密封的零部件，如各类油缸、液压阀、气缸套、气阀、压力容器、缸体等，要求在一定压力下不允许出现漏气、漏水、漏油等现象。因此，对这类件要进行压力试验。

12. 常见的压力试验分哪两种？其试验介质有什么？

答：常见的压力试验分为静压试验和动压试验两种。其试验介质分别有油、水、汽等。

13. 什么是静压试验与动压试验？

答：（1）静压试验：可分为强度试验和密封性试验。强度试验主要是对某些油缸母体容器类进行液压试验。对铸造承压件，一般在粗加工后进行，能及时检查工件质量，决定下一步是否继续加工，在一定程度上可避免浪费。对压力容器的母体进行强度试验，一是检验自身强度，二是检验母体材料，焊口是否存在砂眼、气孔等弊病，通过试验及时发现、及时处理。强度试验通常试验压力为工作压力的两倍。在正常工作情况下，要求做强度试验的情况不多，多数是要求进行密封性试验。密封性试验主要是检验零件、部件、连接管路、母体材料有无渗漏现象，以免装配后发生泄漏，通常试验压力为试件工作压力的1.25～1.5倍。

（2）动压试验：在液压或气压试验中，对活塞、柱塞和旋转部位等，有一定动作要求（行程、旋转等）甚至还有运动速度要求的这类试验称为动压试验。

14. 对零件进行密封性试验的方法有哪几种？如何进行密封试验？

答：对零件进行密封性试验的方法有气压法和液压法两种。下面举例说明其试验过程。

（1）气压法：如图9-5所示的气压法适用于承受工作压力较小的零件。试验前，首先将零件各孔全部封闭（用压盖或塞头），然后浸入水中，并向工件内部通入压缩空气。此时，密封的零件在水中应没有气泡。当有渗漏时，可根据气泡密度来判定零件是否符合密封要求。

（2）液压法：对于容积较小的密封试验件可采用油泵进行油压试验。如图9-6所示为五通滑阀阀体的密封性试验。试验前，将两端装好密封圈和端盖，并用螺钉均匀紧固。各螺钉孔用锥螺塞拧紧，装上接头，使之与油泵相连接。然后用手动油泵将油注入阀体内部，并使液体达到一定压力，仔细观察阀体各部分是否有泄漏、渗透等现象，便可判定阀体的密封性。

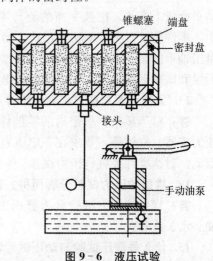

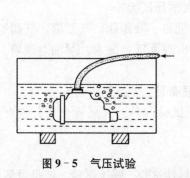

图9-5　气压试验　　　　　　　　图9-6　液压试验

15. 试压前应做哪些准备工作? 试压要求有哪些?

答：(1) 试压前准备工作：

①明确试验压力的大小等级及试压介质（汽、水、油）。

②准备试压工装，如试压用泵、连接管路、接头、螺塞、试压密封盖等。

③根据压力选择适当的密封元件。如 O 形密封圈、紫铜垫圈、Y 形密封圈、透镜垫等。

④试压时必须选择两个量程相同并经校正合格的压力表，量程为试验压力的 2 倍左右，不应低于 1.5 倍。其中一块压力表应直接安放在试件上。

⑤试压件或工装上要留有排气孔，当液体充满试件后再增压试验。如压力表不稳定，应停机卸压放气后重新试压。容积较大的应事先充满试压液体后再与管路连接。

(2) 试压要求：试压时逐级升压，直至达到要求的试验压力。压力高时应每 5MPa 为一级，每级持续 3～5min。试压过程中如发现有泄漏时，必须先卸压再进行处理。达到试验压力后，试验时间一般为 3～5min。试件有要求的，按试件要求的试压时间进行。

16. 试压时应注意的安全问题有哪些?

答：(1) 试压应选择适当的场地进行，尤其中压以上的试压应选择安全可靠的地方进行，如放在地坑或墙角进行。操作人员应避开密封面正面，距试件 5～10m 的地方。非操作人员不得进入试区内。

(2) 试压过程中，严禁对带压的试件进行敲击和碰撞。

(3) 高压、超高压（33MPa 以上压力）复杂的试压，应指定专人负责指挥工作，以便处理试压过程中出现的各种问题。

17. 过盈连接的目的是什么? 有何特点?

答：过盈连接是依靠包容件（孔）和被包容件（轴）配合后的过盈值，来达到紧固连接的目的。过盈连接装配后，由于材料的弹性，在包容件和被包容件结合面间产生压力和摩擦力来传递转矩、轴向力或两者复合载荷（如图 9-7 所示）。这种连接的结构简单，同轴度高，承载能力大，并能承受冲击载荷。但对结合面加工精度要求较高，装配不便。

过盈连接的结合面多为圆柱面，也有圆锥结合面。连接的方法有压入装配、温差装配，以及具有可拆性的液压套装。在连接过程中，包容件与被包容件要清洁，相对位置要准确，实际过盈量必须符合要求。

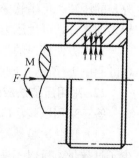

图 9-7　过盈连接

18. 过盈连接的装配要点是什么?

答：过盈连接的装配要点如下：

（1）配合表面应具有足够的光洁度，并要十分注意配合件的清洁，零件经加热或冷却后，配合面要擦拭干净。

（2）在压合前，配合表面必须用油润滑，以免装配时擦伤表面。

（3）压入过程应保持连续，速度不宜太快。压入速度通常用 $2 \sim 4mm/s$（不超过 $10mm/s$），并需准确控制压入行程。

（4）压合时必须保证轴与孔的中心线一致，不允许存在倾斜的现象，要经常用角尺检查。

（5）对于细长的薄壁件，要特别注意检查其过盈量和形状偏差，装配时最好垂直压入，以防变形。

19. 何谓压装法？压装法分为哪几种？

答：将具有过盈量配合的两个零件压装到配合位置上的装配方法称为压装法。

压装法是过盈连接最常见的一种装配方法。根据施压方式的不同，压装法分为冲击压装、工具压装和压力机压装三种。

20. 过盈连接采用压装时的要求有哪些？

答：过盈连接采用压装时的要求有以下几点：

（1）压入零件的前端最好有一定的斜度，以使压装力尽量减小，通常斜角约为 $10°$。

（2）压装前，配合表面必须用油润滑，以防卡住，同时也可提高结合强度。

（3）压装前，必须保证轴与孔的中心线一致，不允许存在倾斜现象。

（4）对于薄壁轴套，压装时要防止变形。

（5）在压装的最后阶段，用力要均匀，压装速度要一致，并且不得间断，直至压装完成。

21. 试述过盈连接的压装方法是什么？

答：过盈连接通常采用压装法。对于过盈量较小的小零件（如销子、套筒等）的压装，可用软锤（如木槌、铜锤等）打入（如图 9-8 所示）；对于数量较多的零件，可用压力机（如图 9-9 所示）代替手工操作。

在不方便操作的地方进行压装时，可使用各种手动的机械具，如千斤顶（如图 9-10 所示）或弓形夹具（如图 9-11 所示）等进行压装。

22. 采用压装法应注意哪些问题？

答：采用压装法应注意以下几点：

（1）压装法虽然操作简便，但因装配过程中配合表面往往被擦伤，这就减少了过盈量，所以不适宜多次拆装。

（2）成批生产时，最好采用分组选配法进行装配，这样可以放宽对零件的加工要求，而得到较好的装配质量。

图 9-8　用锤击法压装

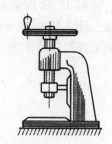

图 9-9　螺旋压力机

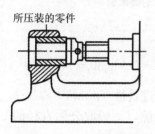

所压装的零件

图 9-10　用千斤顶压装

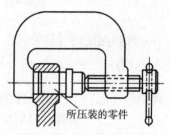

所压装的零件

图 9-11　用弓形夹具压装

（3）压装时，压入速度要适当，通常采用 2～4mm/s，并且要准确控制压入行程。

（4）压装时，最好采用专用的导向工具，以免产生歪斜现象。

23. 什么是热装法？热装法的优点是什么？

答：热装法又叫红装法（即红套装配法），它是利用金属材料热胀冷缩的特性，在孔与轴有一定过盈量的情况下，把孔加热，使之胀大，然后将轴装入胀大的孔中，待冷却后形成过盈配合的一种装配方法。

热装法的优点是所用设备简单，比压装法能承受更大的轴向力和转矩，所以其应用比较广泛。

24. 采用热装法时，如何确定轴、孔间的过盈量？

答：为了传递一定的轴向力和转矩，采用热装法装配时，轴、孔间的过盈量必须有适当的数值，一般可根据下面的经验公式确定：

$$\delta = \frac{d}{25} + 0.04 \, (\text{mm})$$

式中　δ——轴、孔间的过盈量（mm）；

　　d——孔的基本尺寸（mm）。

即每 25mm 直径需 0.04mm 过盈量。

25. 举例说明热装的方法。

答：下面以风机转子轴与叶轮的装配为例说明热装的方法。

如图 9-12 所示为风机转子轴与叶轮的装配图。叶轮外径为 992mm，转子轴公称直径为 120mm，转子轴和叶轮的材料均为 30CrMnSiA 钢。叶轮与转子轴配合的过盈量为 $^{+0.11}_{+0.15}$ mm。

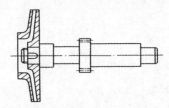

图 9-12   风机转子轴与叶轮的装配图

（1）加热温度的计算公式为

$$T = \frac{\delta_{T\max} + \delta_0}{\alpha d} + t_0 = \frac{0.15 + 0.015}{11 \times 10^{-6} \times 120} + 30 = 115 + 30 = 145 \; (\text{℃})$$

式中 $\delta_{T\max}$——选出配合种类后的最大配合过盈量（mm）；

δ_0——热装时表面摩擦所需的最小间隙，一般取公称直径的 2 级精度第二种动配合的最小间隙（mm）；

α——零件加热或冷却时的线膨胀系数 [mm/(℃·mm)]；

d——轴径公称直径（mm）；

t_0——热装时的环境温度（℃）。

根据公式计算出油的加热温度为 145℃，这个温度值能使孔膨胀至轴的最大配合过盈量。但在热装时，实际温度应高于计算温度，上述温度需达 200℃左右。因加热零件从加热油池取出后，要经过起重运输吊往已准备好的平台，这一过程中温度要下降，必须及时进行装配。

（2）热装前的准备工作：

①做好叶轮和转子轴的清洁工作。

②检查键与键槽的尺寸及配合情况，热装后如有角度要求，需事先做好角度定位夹具。

③准备好吊装转子轴用的辅助夹具，并进行试吊。

（3）热装。将叶轮吊进油池，加温至 200℃，保温约 40min 后吊出。用量规测量孔径，应比轴的上限尺寸大 0.25mm，即孔径＝轴颈＋装配间隙＝120.15mm＋0.25mm＝120.40mm。如已胀大至这一数值，即可将叶轮吊至平台上，随后吊装转子轴，对准键槽与叶轮孔进行套合。

（4）工作要求：

①热装的连接件要有足够的强度，其各表面间均应保持良好的位置精度和尺寸精度。

②在热装的整个过程中，对零件的尺寸、形状、倒棱、圆角半径等应严格

注意。加热与冷却时，既要合理控制温度与时间，又要密切注意安全。

26. 什么是冷装法？冷装法有哪些优点？

答：冷装法是对具有过盈量配合的两个零件，装配时先将被包容件用冷却剂冷却，使其尺寸收缩，再装入包容件，待温度回升后实现过盈配合的一种装配方法。冷装法不但操作简便，能保证装配质量，而且还可大大提高工作效率。

27. 冷装时，常用的冷却剂有哪些？如何选用？

答：冷装时，常用的冷却剂有固体二氧化碳（俗称干冰）、液态氮、液态氧和液态空气等。使用时，可根据冷却的温度来选择：冷却温度高于-78℃时，属于一般性冷却范围，用干冰比较合适；冷却温度低于-78℃时，属深冷范围，则需用液态氮或液态空气，也可以用液态氧。

28. 试述冷装法的操作过程和注意事项。

答：冷装时，首先将需要冷却的零件清洗干净，装入冷却槽中（每次最好装10kg左右），然后注入冷却剂（每15L冷却剂可冷缩8～10kg零件），并立即盖好盖。约经5min之后，冷却即告结束。开盖后，用钳子将零件夹出，放在木板上，紧接着即可把它装入孔内。

冷装时，要注意调整好零件在孔内的位置，约经1min之后，零件的温度就要回升。

冷却时，操作工人必须穿全身防护工作服，戴好手套，并严格遵守操作规程。

29. 举例说明冷装时冷却温度的计算方法。

答：冷却时，配合零件的温差为

$$\Delta t = \frac{\Delta d}{\alpha d \times 10^3} \ (℃)$$

式中　　α——低温时零件的冷缩系数（1/℃或1/K），见表9-10；

　　　　d——零件的配合尺寸（mm）；

　　　　Δd——被冷却零件的最大收缩量（μm），见表9-11。

若操作室内的温度为t_0，则零件所需的冷却温度为：

$$t = t_0 - \Delta t$$

表9-10　　　　　　　　　　　　材料的冷缩系数

序号	材料名称	冷缩系数 α（×10⁻⁶）/(1/℃或1/K)
1	钢（含碳镶＜1%）经淬火	9.5
2	铸钢	8.5
3	铸铁	8

序号	材料名称	冷缩系数 α（$\times 10^{-6}$）/（1/℃或 1/K）
4	可锻铸铁	8
5	铜	14
6	青铜	15
7	黄铜	16
8	铝合金	18
9	锰合金	21

表 9‑11　　　　　　　　　　不同配合尺寸的 Δd 值

配合尺寸（μm）	过盈配合（μm）				过盈配合（μm）		
	n6	m6	k6	Js6	s7，u5，u6	s6	r6
>30，≤50	47	39	32	20	99	64	59
>50，≤80	55	45	38	25	1351	80	70
>80，≤120	65	55	46	32	180	115	90
>120，≤180	77	65	55	39	245	150	110
>180，≤260	90	75	65	46	330	195	135
>260，≤360	110	90	80	58	440	260	175
>360，≤500	130	110	95	70	595	350	220

下面以挖掘机履带架的青铜套为例，说明冷装时冷却温度的计算方法。

例：挖掘机履带架的青铜套的配合尺寸为 $\phi180r6$，车间温度为 20℃，求冷装时的冷却温度 t。

解：查表 9‑10 可知，材料为青铜时，冷缩系数 $\alpha = 15 \times 10^{-6}$（1/℃）；查表 9‑11 可知，配合尺寸为 180r6 时，$\Delta d = 110$（μm）。

代入公式得：

$$\Delta t = \frac{\Delta d}{\alpha d \times 10^3} = \frac{110}{15 \times 10^{-6} \times 180 \times 10^3} = 41（℃）$$

已知 $t_0 = 20$（℃）

所以，冷装时的冷却温度为：

$$t = t_0 - \Delta t = 20 - 41 = -21（℃）$$

30. 压入法的装配工艺要点及应用范围是什么？

答：压入法的装配工艺要点及应用范围见表 9‑12。

装配方式	设备工具	装配工艺要点	特点及应用
敲击压入	锤子或重物敲击	①压入过程应保持连续，不宜太快。压入速度常用 2～4mm/s，不宜超过 10mm/s，并需准确控制压入行程	简便，但导向性不易控制，易出现歪斜。适用于配合要求低、长度短的零件装配，如销、短轴等。多用于单件生产
工具压入	螺旋式、杠杆式、气动式压入工具	②薄壁或配合面较长的连接件，最好垂直压入，以防变形 ③对于细长的薄壁件，应特别注意检查其过盈量和形位偏差	导向性比冲击压入好，生产率较高。适用于小尺寸连接件的装配，如套筒和一般要求的滚动轴承等。多用于中小批生产
压力机压入	齿条式、螺旋式、杠杆式气动压力机或液压机	④配合面应涂润滑油 ⑤压入配合后，被包容件的内孔有一定收缩。如内孔尺寸有严格要求，可预先加大或装配后重新加工	压力范围由 10～10000kN（1～1000tf）。配合夹具使用，可提高导正性。适用于轻、中型静配合的连接件，如齿圈、轮毂等。成批生产中广泛采用

31. 热装法和冷装法的装配工艺要点及应用范围是什么？

答： 热装法和冷装法的装配工艺要点及应用范用见表 9－13。

装配方式	设备工具	装配工艺要点	特点及应用
		热 装 法	
火焰加热	喷灯、氧乙炔、丙烷加热器、炭炉	①包容件因加热而胀大，使过盈量消失，并有一定间隙。根据具体条件，选取合适的装配间隙，一般取 0.001～0.002d（d 为配合直径）。包容件重量轻，旋合长度短，配合直径大，操作比较熟练，可选小些；反之，则应选大些	加热温度＜350℃。使用加热器，热量集中，易于控制，操作简便。适用于局部加热中等或大型连接件
介质加热	沸水槽、蒸汽加热槽、热油槽	②采用热胀法时，实际尺寸不易测量，可按下列公式计算温度来控制。装配时间要短，以防因温度变化而使间隙消失，出现"咬死"现象。工件加热温度计算式：	沸水槽加热温度 80℃～100℃，蒸汽槽可达 120℃，热油槽 90℃～320℃，均可使连接件去污干净，热胀均匀。适用于过盈量较小的连接件，如滚动轴承、连杆衬套等

装配方式	设备工具	装配工艺要点	特点及应用
电阻和辐射加热	电阻炉、红外线辐射加热箱	$$t = \frac{\delta + \Delta}{\alpha d} + t_0$$ 式中 t——工件加热温度（℃）； δ——实际过盈量（mm）； Δ——热配合间隙（$0.001\sim0.002$mm）； t_0——环境温度（℃）； α——包容件线胀系数（1/℃）； d——包容件孔径（mm）	加热温度可达400℃以上，热胀均匀，表面洁净，加热温度易自动控制。适用于中、小型连接件成批生产
感应加热	感应加热器	③用热油槽加热时，加热温度应比所用油的闪点低20℃～30℃。加热一般结构钢时，不应高于400℃，加热和温升应均匀 ④较大尺寸的包容件经热胀配合，其轴向尺寸均有收缩。收缩量与包容件的轴向厚度和配合面过盈量有关	加热温度可达400℃以上，加热时间短，调节温度方便，热效率高。适用于采用特重型和重型静配合的中、大型连接件
冷 装 法			
干冰冷缩	干冰冷缩装配（或以酒精、丙酮、汽油为介质）	①被包容件冷缩时的实际尺寸不易测量，一般按冷缩温度控制冷缩量	可冷至−78℃，操作简便。适用于过盈量小的小型连接件和薄壁衬套等
低温箱冷缩	各种类型低温箱	②冷却至液氮温度时，一般不需测量。当冷缩装置中液氮表面层无明显的翻腾蒸发现象时，被包容件即已冷却至接近液氮温度 ③小型被包容件浸入液氮冷却时，冷却时间约15min，套装时间应很短，以保证装配间隙消失前套装完毕 ④须防止冻伤	可冷至−40℃～140℃。冷缩均匀，表面洁净，冷缩温度易自动控制，生产率高。适用于配合面精度较高的连接件，以及在热态下工作的薄壁套筒件
液氮冷缩	移动或固定式液氮槽		可冷至−195℃，冷缩时间短，生产率高。适用于过盈量较大的连接件

32. 你知道圆锥面的过盈连接装配方法吗？

答： 圆锥面过盈连接是利用轴和孔产生相对轴向位移互相压紧而达到过盈连接的目的。它的特点是压合距离短，装拆方便，装拆时配合面不易擦伤，可用于多次装拆的场合，但其配合的表面加工困难。常用的装配方法有两种：

（1）用螺母压紧圆锥面的过盈连接：这种连接（如图 9 - 13 所示）拧紧螺母可使结合面压紧形成过盈结合，多用于轴端连接。结合面的锥度小时，所需轴向力小，但不易拆卸；锥度大时拆卸方便，但所需轴向力大。通常锥度可取（1∶30）～（1∶8）。

（2）液压装拆圆锥面过盈连接：这种方法是利用高压油装配，装配时用高压液压泵将油由包容件［如图 9 - 14（a）所示］或被包容件［如图 9 - 14（b）所示］上的油孔和油槽压入结合面间，使包容件内径胀大，被包容件外径缩小；同时，施加一定的轴向力，使孔轴相互压紧。当压紧到预定的轴向位置后，排出高压油，即可形成过盈结合。同样，这种连接也可利用高压油拆卸。

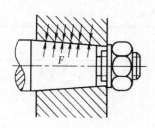

图 9 - 13　螺母压紧的过盈连接

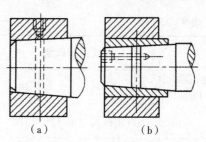

（a）　　　　　　　（b）

图 9 - 14　液压装拆的圆锥面过盈连接

液压套装工艺要求严格，配合面的接触要均匀，面积应大于 80%。其装配工艺要点及应用范围见表 9 - 15。

表 9 - 15　　　　　　　　　　液压套装拆法工艺要点及应用范围

设备和工具	装配工艺要点	特点应用范围
高压液压泵、增压器等液压附件	①对圆锥面连接件，应严格控制压入行程 ②开始压入时，压入速度应很小 ③到行程后，先消除径向油压，后去轴向油压 ④拆卸时，油压比套装时低 ⑤套装时，配合面干净并涂轻质润滑油	油压常达 150～200MPa，操作工艺要求严格。套装后，可以拆卸。适于过盈量较大的大、中型连接件，尤其是定位要求严格的零件

33. 对螺纹连接的装配有哪些技术要求？

答： 对螺纹连接装配的技术要求有以下几点：

（1）装配时，螺钉、螺母应在机油中洗净，螺孔内的脏物应当用压缩空气吹净。

241

（2）螺钉或螺母与零件贴合的表面应光洁、平整，否则容易松动或使螺钉弯曲。

（3）螺纹连接件应有足够的强度，并且要能够互换。

（4）螺纹连接装配后要稳固、可靠、经久耐用。

（5）旋紧成组的螺钉要按一定的顺序进行。

（6）对于承受振动和冲击力的螺纹连接要采取防松措施。

34. 螺纹连接的装配要求有哪些?

答：（1）螺栓不应有歪斜或弯曲现象，螺母应与被连接件接触良好。

（2）被连接件平面要有一定的紧固力，受力均匀，连接牢固。

（3）拧紧力矩或预紧力的大小要根据装配要求确定，一般紧固螺纹连接无预紧力要求，可由装配者按经验控制。一般预紧力要求不严的紧固螺纹拧紧力矩值可参照表 9-15，对涂密封胶的螺塞可参照表 9-16 所列拧紧力矩值。

表 9-15　　　　　　　　　　　一般螺纹拧紧力矩

螺纹直径 d (mm)	螺纹强度级别				螺纹直径 d (mm)	螺纹强度级别			
	4.6	5.6	6.8	10.9		4.6	5.6	6.8	10.9
	许用拧紧力矩（N·m）					许用拧紧力矩（N·m）			
6	3.5	4.6	5.2	11.6	22	190	256	290	640
8	8.4	11.2	12.6	28.1	24	240	325	366	810
10	16.7	22.3	25	56	27	360	480	540	1190
12	29	39	44	97	30	480	650	730	1620
14	46	62	70	150	36	850	1130	1270	2820
16	72	96	109	240	42	1350	1810	2030	4520
18	110	133	149	330	48	2030	2710	3050	6770
20	140	188	212	470	—				

表 9-16　　　　　　　　　　　涂密封胶的螺塞拧紧力矩

螺纹直径 d (in)	拧紧力矩（N·m）	螺纹直径 d (in)	拧紧力矩（N·m）
3/8	15±2	3/4	26±4
1/2	23±3	1	45±4

（4）在多点螺纹连接中，应根据被连接件形状及螺栓的分布情况，按一定顺序逐次（一般2~3次，拧紧螺母，如图9-15所示。如有定位销，拧紧要从定位销附近开始。

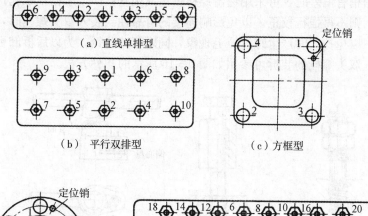

（a）直线单排型

（b）平行双排型

（c）方框型

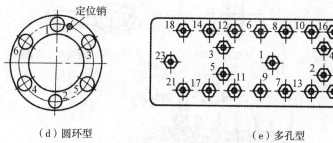

（d）圆环型

（e）多孔型

图 9 - 15　螺纹连接拧紧顺序

35. 螺钉和螺母的装配要求有哪些？

答：（1）螺钉或螺母与零件接触的表面要光洁、平整、否则将会影响连接的可靠性。

（2）拧紧成组的螺母或螺钉时，要按一定的顺序进行，并做到分几次逐步拧紧，否则会使被连接件产生松紧不均匀和不规则的变形。例如拧紧长方形分布的成组螺母时，应从中间的螺母开始，依次向两边对称地扩展；在拧紧方形或圆形分布的成组螺母时，必须对称地进行，可参照如图9-14所示次序。

（3）当用螺钉固定时，如果所装零件或部件上的螺栓孔与机体上的螺孔不相重合，如有时孔距有误差或角度有误差。当误差不太大时用丝锥回攻借正，不得将螺钉强行拧入，否则将损坏螺钉或螺孔，影响装配质量。用丝锥回攻时，应先拧紧两个或两个以上螺钉，使所装配零件或部件不会偏移，若装配时有精度要求，则应进行测量，达到要求后，再用丝锥依次回攻螺孔。如果误差较大无法用丝锥回攻时，若零件允许修整，则可将零件或部件在铣床上用立铣刀将螺栓孔铣成腰形孔，但事先必须作好距离和方向的标记，以免铣错。

36. 双头螺栓的装配要求有哪些？

答：（1）双头螺栓与机体螺纹的连接必须紧固，在装拆螺母过程中，螺栓不能有任何松动现象，否则容易损坏螺孔。

（2）双头螺栓的轴心线必须与机体表面垂直，通常用90°角尺检验或目测判断，当稍有偏差时，可采用锤击螺栓校正或用丝锥回攻来校正螺孔；若偏差较大时，则不得强行校正，以免影响连接的可靠性。装入双头螺栓时，必须加润滑油，以免拧入时产生螺纹拉毛现象，同时可以防锈，为以后拆卸更换时提供方便。双头螺栓的装拆可参照如图9-16所示的几种方法。

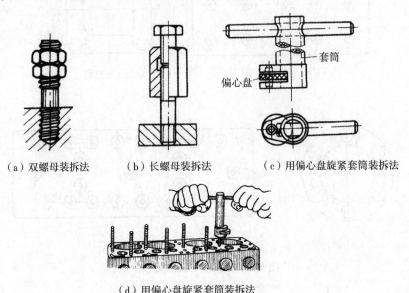

（a）双螺母装拆法　（b）长螺母装拆法　（c）用偏心盘旋紧套筒装拆法

（d）用偏心盘旋紧套筒装拆法

图9-16　双头螺栓装拆方法

图9-16（a）所示为双螺母装拆法。先将两个螺母相互锁紧在双头螺栓上，拧紧时可扳动上面一个螺母，拆卸时则须扳动下面一个螺母。如图9-16（b）所示为长螺母装拆法，使用时先将长螺母旋在双头螺栓上，然后拧紧顶端止动螺钉，装拆时只要扳动长螺母，即可使双头螺栓旋紧。装配后应先将止动螺钉回松，然后再旋出长螺母。如图9-16（c）、（d）所示，为用带有偏心盘的旋紧套筒装配双头螺栓。偏心盘的圆周上有滚花，当套筒套入双头螺栓后，依旋紧方向转动手柄，偏心盘即可楔紧双头螺栓的外圆，而将它旋入螺孔中。回松时，将手柄倒转，偏心盘即自行松开，套筒便可方便地取出。

37. 对有规定预紧力螺纹连接装配方法有哪些？

答：控制螺纹连接预紧力的方法有力矩控制法、力矩-转角控制法和控制螺栓伸长法。

（1）力矩控制法：用定力矩扳手（手动、电动、气动、液压）控制，即拧紧螺母达到一定拧紧力矩后，可指示出拧紧力矩的数值或到达预先设定的拧紧力矩时发出信号或自行终止拧紧。如图9-17所示为手动指针式扭力扳手，在工作时，扳手杆和刻度板一起向旋转的方向弯曲，因此指针尖就在刻度板上指出拧紧力矩的大小。力矩控制法的缺点是接触面的摩擦因数及材料弹性系数对力矩值有较大影响，误差大。优点是使用方便，力矩值便于校正。

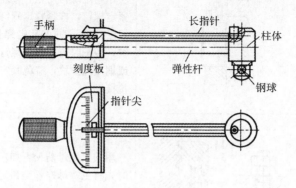

手柄　长指针　柱体　刻度板　弹性杆　钢球　指针尖

图9-17　指针式扭力扳让手

(2) 力矩-转角控制法：先将螺母拧至一定起始力矩（消除结合面间隙），再将螺母转过一固定角度后，扳手停转。由于起始拧紧力矩值小，摩擦因数对其影响也较小。因此，拧紧力矩值的精度较高。但在拧紧时必须计量力矩和转角两个参数，而且参数需事先进行试验和分析确定。

(3) 控制螺栓伸长法（液压拉伸法）：如图9-17所示，螺母拧紧前，螺栓的原始长度为 L_1，按规定的拧紧力矩拧紧后，螺栓的长度为 L_2，测定 L_1 和 L_2，根据螺栓的伸长量，可以确定拧紧力矩是否准确。这种方法常用于大型螺栓，螺栓材料一般采用中碳钢或合金钢。用液压拉伸器使螺栓达到规定的伸长量，以控制预紧力，螺栓不承受附加力矩，误差较小。

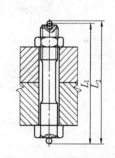

图9-18　测量螺栓伸长量

38. 常见螺纹连接的防松装置有哪些？

答：作紧固用的螺纹连接，一般都具有自锁性，但当工作中有振动或冲击时，必须采用防松装置，以防止螺钉和螺母回松。常见的防松装置见表9-18。

39. 何谓键连接？其特点如何？分为几类？

答：键是用来连接轴和轴上零件，使其周向固定以传递转矩的一种机械零件。齿轮、带轮、联轴器等与轴多用键来连接，它具有结构简单、工作可靠、装拆方便等优点，因此获得了广泛的应用。根据结构特点和用途的不同，键连接可分为松键连接、紧键连接和花键连接三大类。

40. 松键连接所用的键包括哪些键？它们的共同特点如何？

表 9-17　　　　　　　　　　　　　螺纹连接的防松装置

防松方法	简　图	说　明
紧定螺钉防松	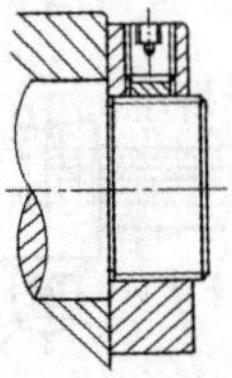	用紧定螺钉防松，如左图所示。装上紧定螺钉，拧紧紧定螺钉即可防止螺纹回松。为了防止紧定螺钉损坏轴上螺纹，装配时需在紧定螺钉前端装入塑料或铜质保护块，避免紧定螺钉与螺纹直接接触
锁紧螺母防松	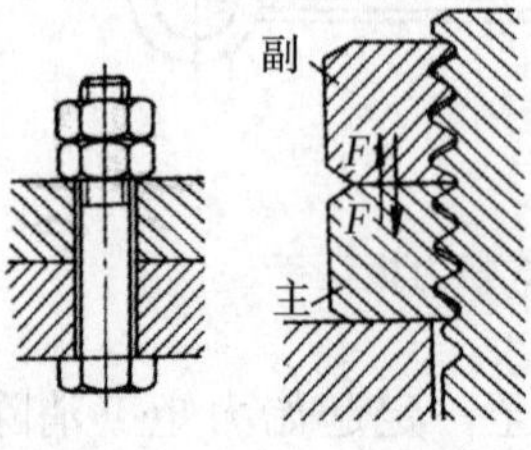	用锁紧螺母防松，如左图所示。装配时先将主螺母拧紧至预定位置，然后再拧紧副螺母锁紧，依靠两螺母之间产生的摩擦力来达到防松的目的
开口销与带槽螺母防松	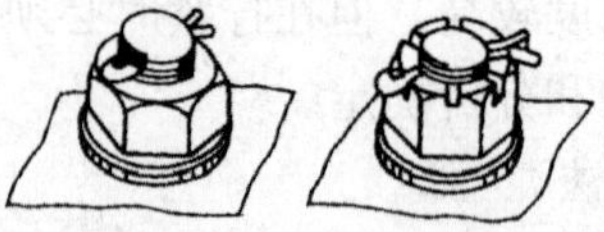 （a）用开口销与带槽螺母防松 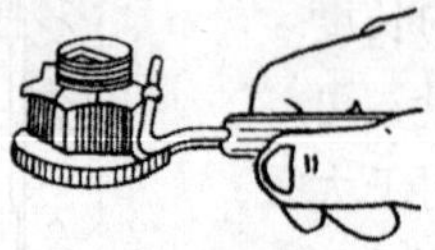 （b）拆卸开口销工具	用开口销与带槽螺母防松，如左图（a）所示。装配时将带槽螺母拧紧后，用开口销穿入螺栓上销孔内，拨开开口处，便可将螺母直接锁在螺栓上。这种装置防松可靠，但螺栓上的销孔位置不易与螺母最佳锁紧槽口吻合。拆卸开口销时，很容易把圆头部分夹坏，用左图（b）所示的拆卸工具就可避免损坏开口销
弹簧垫圈防松	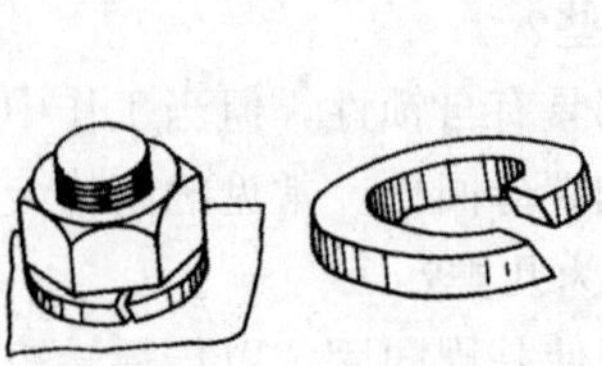	用弹簧垫圈防松，如左图所示。装配时将弹簧垫圈放在螺母下，当拧紧螺母时，垫圈受压，由于垫圈的弹性作用把螺母顶住，从而在螺纹间产生附加摩擦力。同时弹簧垫圈斜口的尖端抵住螺母和支承面，也有利于防止回松。这种装置容易刮伤螺母和支承面，因此不宜多次拆装

防松方法	简 图	说 明
止动垫圈防松	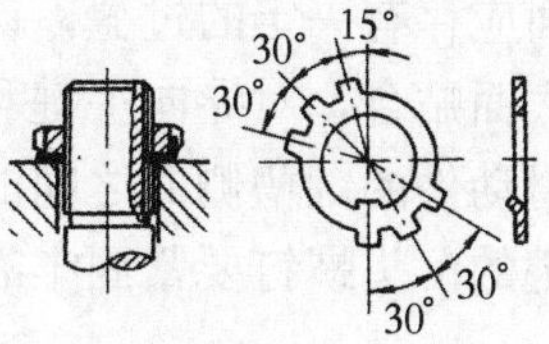 （a）圆螺母止动垫圈 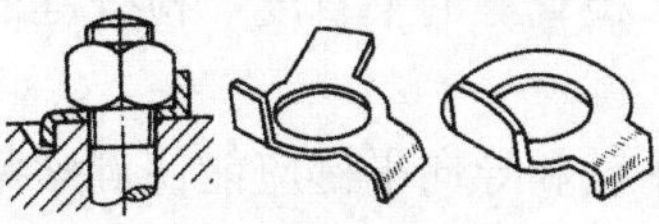 （b）带耳止动垫圈	用止动垫圈防松，如左图（a）所示。圆螺母止动垫圈防松装置，在装配时先把垫圈的内翅插入螺杆的槽内，然后拧紧螺母，再把外翅弯入圆螺母槽内。如左图（b）所示的带耳止动垫圈可以防止六角螺母回松。当拧紧螺母后，将垫圈的耳边弯折，使其与零件及螺母的侧面贴紧，以防止螺母回松
串联钢丝防松	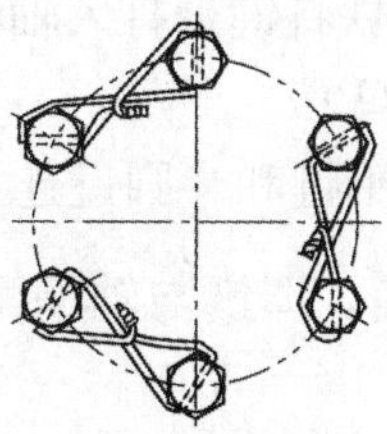 （a）成对螺钉 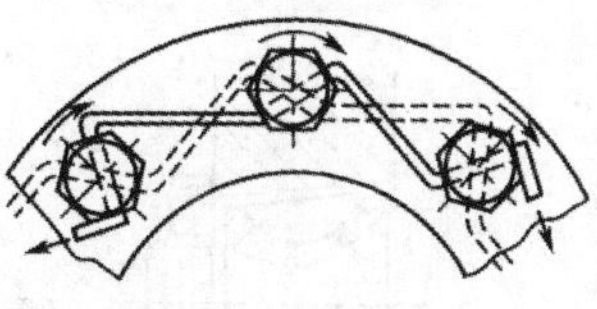 （b）成组螺钉 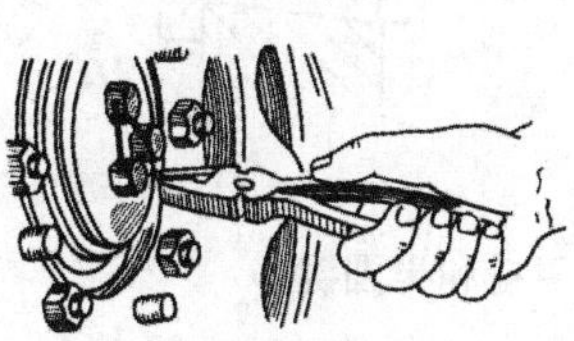 （c）用钢丝钳拉紧	用串联钢丝防松，如左图所示。对成对或成组的螺钉或螺母，可用钢丝穿过螺钉头部的小孔，利用钢丝的牵制作用来防止回松。它适用于布置紧凑的成组螺纹连接。装配时须用钢丝钳或尖嘴钳拉紧钢丝，钢丝穿绕的方向必须与螺纹旋紧的方向相同。如左图（b）所示用虚线所示的钢丝穿绕方向是错误的，因为螺母并未被牵制住，仍有回松的余地

　　答：松键连接所用的键有普通平键、半圆键、导向平键和滑键，它们的共同点是靠键的侧面来传递转矩，只能对轴上的零件做周向固定，不能承受轴向力。如需轴向固定，则需附加定位环、紧定螺钉等定位零件。松键连接的对中性好，在高速及精密的连接中应用较多。键与轴槽和轮毂的配合性质，一般取决于机构的工作要求，键可以固定在轴上或轮毂上，而与另一相配件能相对滑动，也可以固定在轴上或轮上，并以键的极限尺寸为基准。改变轴槽、轮毂槽

的极限尺寸得到不同的配合要求。

41. 松键连接的装配技术要求和装配步骤有哪些?

答:(1)松键连接的装配技术要求:松键连接的装配主要以锉削为主,对于普通平键和半圆键锉削装配时,两侧面应存有一定的过盈,键顶面和轮毂槽之间须留有一定的间隙。键底面与轴槽底面贴合,对导向平键和滑键要求键与滑动件的键槽侧面是间隙配合,而与非滑动件的键槽侧面之间的配合为过盈配合,必须紧密,没有松动现象。导向平键的沉头螺钉要紧固牢靠,点铆防松。

(2)松键连接的装配步骤如下:

①首先,清理键和键槽上的毛刺,检查键的平直度,检查键槽对轴心线的对称度和歪斜程度。

②用键头与轴槽试配,对于普通平键和导向平键应能使键紧紧地嵌在轴槽中,滑键应嵌在轮毂槽中。

③锉配键长。键头与轴槽间应有 0.1mm 左右的间隙。

④配合面涂机械油,用铜棒或手锤加垫铁将键敲打入轴槽中。

42. 你知道怎样连接普通平键和半圆键吗?

答:如图 9-19(a)、(b)所示为普通平键和半圆键连接。与轴和轮毂均为静连接,键的两侧面与键槽必须配合精确,即键与轴槽配合采用 $\dfrac{JZ}{h8}$,而键与轮毂槽配合采用 $\dfrac{H8}{h8}$,其中 JZ 的偏差见表 9-18。

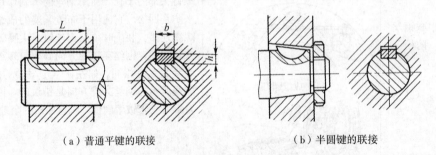

(a)普通平键的联接　　　　　　　　　　(b)半圆键的联接

图 9-19　普通平键和半圆键

43. 你知道怎样连接导向平键吗?

答:如图 9-20 所示为导向平键的连接。键固定在轴槽上,键与轮毂相对滑动,因此键与滑动件的键槽两侧面应达到精确的间隙配合 $\dfrac{F9}{h8}$,而键与轴槽的配合则采用 $\dfrac{JZ}{h8}$,即两侧面须配合紧密,没有松动现象。导向平键比滑动的孔长,为了保证连接的可靠性,还需用螺钉将键紧固在轴上。

表 9-18 轴槽宽度偏差

键宽和槽宽的尺寸 b (mm)		1~3	>3~6	>6~10	>10~18	>18~30	>30~50	>50~80	>80~120
轴槽宽度偏差 JZ (μm)	上偏差	—							
	下偏差	-35	-40	-45	-50	-55	-65	-75	-90

注：JZ 是专门为键槽规定的公差值。

44. 你知道滑键连接的装配吗？其适用于怎样的场合？

答：如图 9-21 所示为滑键连接的装配。其作用与导向平键相同，适用于轴向运动较长的场合。滑键固定在轮槽中（过渡配合），键与轴槽两侧面为间隙配合 $\frac{F9}{h8}$，以保证工作时能正常滑动。

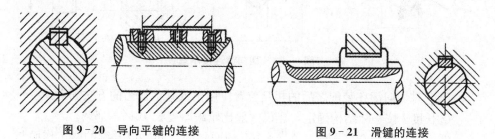

图 9-20 导向平键的连接　　　图 9-21 滑键的连接

45. 你知道紧键和切向键的连接装配吗？

答：（1）紧键连接装配：紧键连接主要指楔键连接。楔键连接分为普通楔键和钩头楔键两种。在键的上表面和与它相接触的轮毂槽底面，均有 1：100 的斜度，键侧与键槽间有一定的间隙。装配时将键打入，形成紧键连接，传递转矩和承受单向轴向力。紧键连接的对中性较差，故多用于对中性要求不高、转速较低的场合。如图 9-22 所示是普通楔键连接形式；如图 9-23 所示是钩头楔键连接形式。紧键连接装配要点如下：

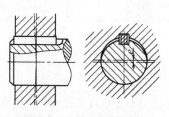

图 9-22 普通楔键连接

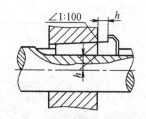

图 9-23 钩头楔键连接

①键的斜度要与轮毂槽的斜度一致（装配时应用涂色检查斜面接触情况），

否则套件会发生歪斜。

②键的上下工作表面与轴槽、轮槽的底部应贴紧，而两侧面要留有一定间隙。

③对于钩头楔键，不能使钩头紧贴套件的端面，必须留出一定的距离，以便拆卸。

（2）切向键连接装配：如图9-24所示为切向键连接装配，切向键有普通型切向键和强力型切削键两种类型。切向键连接装配要点为：

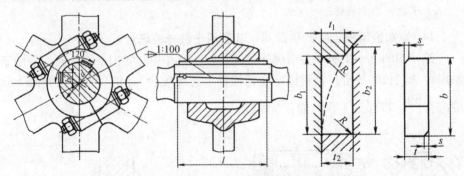

图9-24　切向键连接示意

①一对切向键在装配之后的相互位置应用销或其他适当的方法固定。

②长度l按实际结构确定，建议一般比轮毂厚度长10%～15%。

③一对切向键在装配时，在1：100的两斜面之间，以及键的两工作面与轴槽和轮毂槽的工作面之间都必须紧密结合。

④当出现交变冲击载荷时，轴径从100mm起，推荐选用强力切向键。

⑤两副切向键如果120°安装有困难时，也可以180°安装。

46. 花键的齿形分为哪些？花键的定心方式、特点及用途如何？

答：花键轴的种类较多，按齿廓的形状可分为矩形齿、梯形齿、渐开线齿和三角形齿等。花键的定心方法有3种，见表9-19。矩形齿花键轴由于加工方便，强度较高，而且易于对正，所以应用较广。

表9-19　　　　　　　　　　　　花键的定心方式

定心方式	图　　示	特点及用途
小径定心		小径定心是矩形花键连接最精密的方法，定心精度高，多用于机床行业

续表

定心方式	图　示	特点及用途
大径定心	轮毂 轴	大径定心的矩形花键连接加工方便，定心精度较高，可用于汽车、拖拉机和机床等行业
齿形定心	S　P	齿形定心方式用于渐开线花键，在受载情况下能自动定心，可使多数齿同时接触。有平齿根和圆齿根两种，圆齿根有利于降低齿根的应力集中。适用于载荷较大的汽车、拖拉机变速箱轴等

47. 花键的连接装配要点有哪些？

答： 花键连接按工作方式不同，可分为静连接和动连接两种。其连接装配要点为：

（1）静连接花键装配时，花键孔与花键轴允许有少量过盈，装配时可用铜棒轻轻敲入，但不得过紧，否则会拉伤配合表面。过盈较大的配合，可将套件加热至 80℃～120℃后进行装配。

（2）动连接花键装配时，花键孔在花键轴上应滑动自如，没有阻滞现象，但不能过松。应保证精确的间隙配合。

48. 销连接的作用是什么？有何特点？

答： 销连接在机械中除起连接作用外，还可以起定位作用和保险作用，如图 9-25 所示。销子的结构简单，连接可靠，装拆方便，在各种机械中应用很广。各种销大多用 30 钢、45 钢制成，其形状和尺寸已标准化，销孔的加工大多是采用铰刀加工。

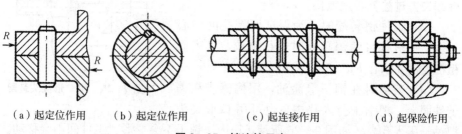

（a）起定位作用　　　（b）起定位作用　　　（c）起连接作用　　　（d）起保险作用

图 9-25　销连接示意

49. 圆柱销的种类及应用范围有哪些？怎样装配圆柱销？

答：圆柱销依靠少量过盈固定在孔中，用以固定零件、传递动力或做定位元件。圆柱销的种类及应用范围见表9-20。

表9-20　　　　　　　　　　圆柱销种类及应用范围

种　类	结构图式	应　用　范　围
普通圆柱销 (GB/T 119.1—2000)		直径公差带有u8、m6、h8和h11四种，以满足不同使用要求。主要用于定位，也可用于连接
内螺纹圆柱销 (GB/T 120.1—2000)		直径公差带只有m6一种内螺纹供拆卸用，有A、B两型，B型有通气平面用于盲孔
螺纹圆柱销 (GB/T 878—1986)		直径的公差带较大，定位精度低。用于精度要求不高的场合
弹性圆柱销 (GB/T 879—2000)		具有弹性，装入销孔后与孔壁压紧，不易松脱，销孔精度要求较低，互换性好，可多次装拆。刚性较差，适用于有冲击、振动的场合，但不适于高精度定位

圆柱销连接装配方法如下：

（1）圆柱销与销孔的配合全靠少量的过盈，以保证连接或定位的紧固性和准确性。故一经拆卸失去过盈就必须调换。

（2）圆柱销装配时，为保证两销孔的中心重合，一般都将两销孔同时进行钻铰，其表面粗糙度值要求在$Ra1.6\mu m$或更小。

（3）装配时在销子上涂油，用铜棒垫在销子端面上，把销子打入孔中。也可用C形夹头

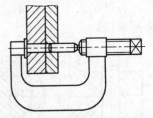

图9-26　用C形夹头装配

把销子压入孔内，如图9-26所示。压入法销子不会变形，工件间不会移动。

50. 圆锥销的种类及应用范围有哪些？怎样装配圆锥销？

答：圆锥销有 1∶50 的锥度，靠过盈与铰制孔结合，安装方便，可多次装拆。定位精度比圆柱销高，受横向力时能自锁，但受力不及圆柱销均匀。圆锥销的种类及应用范围见表 9-21。

表 9-21　　　　　　　　　　圆锥销种类及应用范围

种　类	结构图式	应　用　范　围
普通圆锥销 （GB/T 117—2000）	1∶50	主要用于定位，也可用于固定零件，传递动力。多用于经常装拆的场合
内螺纹圆锥销 （GB/T 118—2000）	1∶50	螺纹供拆卸用。内螺纹圆锥销用于盲孔
螺尾圆锥销 （GB/T 881—2000）	1∶50	螺纹供拆卸用。用于拆卸困难的场合
开尾圆锥销	1∶50	开尾圆锥销打入销孔后，末端可稍张开，以防止松脱，用于有冲击、振动的场合

圆锥销连接装配方法如下：

（1）圆锥销以小端直径和长度表示其规格。

（2）装配时，被连接或定位的两销孔也应同时钻铰，但必须控制好孔径大小。一般用试装法测定，即能用手将圆锥销塞入孔内 80% 左右为宜，如图 9-27 所示。

（3）销子装配时用铜锤打入。锥销的大端可稍露出或平于被连接件表面。锥销的小端应平于或缩进被连接件表面。

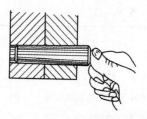

图 9-27　试装圆锥销方法

51. 槽销的种类及应用范围有哪些？

答：槽销即沿销体母线辗压或模锻三条不同形状和深度的沟槽，打入销孔与孔壁压紧，不易松脱，能承受振动和变载荷。销孔不需铰光，可多次装拆。槽销的种类及应用范围见表 9-22。

253

表 9 - 22 　　　　　　　　　　槽销的种类及应用范围

种　类	结构图式	应　用　范　围
直槽销 (GB/T 13829.1—2004)		全长具有平行槽,端部有导杆和倒角两种,销与孔壁间压力分布较均匀。用于有严重振动和冲击载荷的场合
中心槽销 (GB/T 13829.1—2004)		销的中部有短槽,槽长有1/2全长和1/3全长两种。用作心轴,将带毂的零件固定在短槽处
锥槽销 (GB/T 13829.2—2004)	1:50	沟槽成楔形,有全长和半长两种,作用与圆锥销相似,销与孔壁间压力分布不均。应用范围与圆锥销相同
半长倒锥槽销 (GB/T 13829.2—2004)		其长为圆柱销,半长为倒锥槽销。用作轴杆
有头槽销 (GB/T 13829.3 - 2004)		有圆头和沉头两种。可代替螺钉、抽芯铆钉,用以紧定标牌、管夹子等

52. 销轴、带孔销、开口销及安全销的应用范围有哪些?

答:销轴、带孔销、开口销及安全销的特点及应用范围见表 9 - 23。

表 9 - 23 　　　　　　　　　　　　　　其他销类的应用范围

种　类	结构图式	应　用　范　围
销轴 (GB/T 882—1986)		用开口销锁定,拆卸方便,用于铰接
带孔销 (GB/T 880—1986)		用开口销锁定,拆卸方便,用于铰接
开口销 (GB/T 91—2000)		工作可靠,拆卸方便。用于锁定其他紧固件(如槽形螺母、销轴等)

续表

种　类	结构图式	应　用　范　围
开口销		用于尺寸较大处
安全销		结构简单、形式多样。必要时可在销上切出圆槽。为防止断销时损坏孔壁，可在孔内加销套。用于传动装置和机器的过载保护，如安全联轴器等的过载剪断元件

53. 怎样装配定位螺栓？

答：定位螺栓在装配时既起螺栓紧固的作用又起销子的定位作用。往往用在传送转矩大的连接中，如齿形联轴器、刚性联轴器上。装配时，应先钻铰出1～2个孔，将两连接件用定位螺栓穿入以后定位，使两连接件相对位置不再发生变动后，再将其余各孔钻铰完毕。同时必须按孔的相对位置打上相对位置标记后再拆开，以便以后的拆装工作顺利进行。因为配钻、铰成组孔时，只能保证两连接件加工当时的相对位置，而不能保证每个单件上多个孔的相对位置精度，一旦两件分开后再重新组合时，不容易找到钻孔当时的组对位置。但打上相对位置标记后，就很容易了，只要对上标记即可。无论是直销还是锥销，在往盲孔中装配时，必须事先在销子上钻一通孔或在侧面开一道微小的通槽，供装销子时放气用，用以保证装配质量，否则销子是装不到位的。

54. 常用管接头有哪些类型？

答：常用管接头的类型有：球形管接头、锥面管接头、扩口薄板接头、卡套管接头、高压胶管接头等。

55. 怎样装配球形和锥面管接头？

答：球形或锥面管接头其结构主要由球形接头、螺母和接头组成，两端与管焊接。在组装这两种接头时，对螺母的拧紧力要适当，防止因壁薄而损坏螺纹，如图9-28所示。在工作压力较大的情况下，接头的结合球面或锥面应当进行研配处理，用涂色法检查环形密封面接触情况，非接触面宽度不应大于1mm。

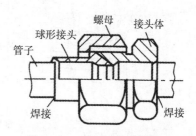

图9-28　球形或锥面管接头

56. 怎样装配扩口薄管接头？

答：扩口薄管接头其结构主要由管子、螺母、接头体组成。管子与接头连接处管口应作扩口加工，使用扩口模、涨管器等工具对管口进行扩口，如图

9-29所示。接头体与扩口管连接部位为规定的标准角度。组装时，由螺母与接头体上的螺纹将扩口管端与接头体端压紧进行密封。扩口的管子有紫铜管、铝合金管、钢管、尼龙管等，一般均为薄壁管子。钢管与尼龙管扩口时需加热。随着工业的发展，钢管扩口用得越来越少了，代之而起的是O形圈密封的管接头组合。

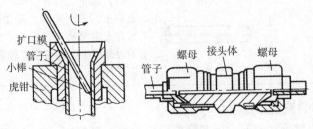

图 9-29　扩口薄管接头

57. 怎样装配卡套管接头？

答：如图 9-30 所示为卡套管接头，其装配方法与要求主要有以下几点：

（1）将管子装入接头体内，卡套外锥面与接头体内锥面要对正（不能用压紧螺母的方法使其对正）。

（2）用手拧紧螺母，直到卡套尾部的外锥面与螺母的内锥面相接触。

（3）用扳手旋紧螺母的同时用手转动管子，直到管子转不动为止。

（4）用扳手再将螺母旋转 $1 \sim 1\frac{1}{3}$ 圈，使卡套刃口切入管子外壁。拧紧力矩不要过大，防止卡套弹性失效而失去其密封特性。

（5）拆下装配好的卡套管接头，用手转动卡套，检查其刃口是否均匀切入管子外壁。如果均匀切入时卡套可用手转动，但不应有轴向窜动，如图 9-30（b）所示。

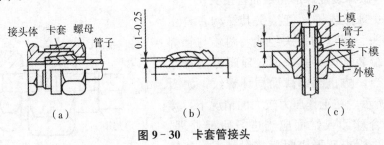

图 9-30　卡套管接头

（6）将上述检查合格的管接头重新正式装配。此时螺母的拧紧力矩与预装时相等或略大，将螺母多拧 1/6～1/3 圈。

（7）管径较大时，可将卡套预装在管子上，如图 9-30（c）所示，再进行组装，预装工具可手动或机动。卡套切口切入管壁深度由距离 a 控制。

（8）所接管子为弯管时，从接头引出的管子直线部分的长度应不小于螺母高度的2倍。

58. 怎样装配高压胶管接头？

答：（1）装配前先将胶管外层剥去一定的长度，并在剥离处倒角15°，如图9-31（a）所示。剥外胶层时不得损伤钢丝层，然后装入外套内。胶管端部与外螺纹应留有1mm的距离，并在胶管外端做标记。

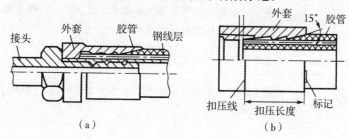

图9-31 高压胶管接头

（2）拧进接头（在外表面应涂润滑剂），观察标记有否外移，内胶层不得有切出物。

（3）扣压外套。扣压法有径向和轴向两种。扣压时接头与模具应相互找正对中，按外套上的扣压线如图9-31（b）所示进行扣压，不能多压或少压。多压会压坏外套螺纹；少压会减少密封长度，并会引起胶管脱出。

59. 何谓滑动轴承？滑动轴承是怎样分类的？

答：在滑动摩擦下工作的轴承叫滑动轴承。

滑动轴承可按承载方向、润滑剂种类、轴瓦材料、轴瓦结构等分类。滑动轴承按承载方向又分径向（向心）滑动轴承、推力（轴向）滑动轴承及特殊滑动轴承等。具体分类见表9-24。

表9-24　　　　　　　　　　　　　　　　滑动轴承的分类

类　型		说　明
径向滑动轴承分	整体轴承	由一整块材料中间制孔而成，多以铸铁或铸钢等富有抗蚀性、高强度的材料制成，磨损后无法调整，须加衬套（比轴的材料软）。多用于压力较小或低速度之处，其传动功率在10hp以下
	对合轴承	将轴承座及衬套制成上、下两半，衬套磨损后可作左、右两方向调整。价廉且耐用，拆装均便利，为应用最多的滑动轴承，常用于中型机械，如汽车曲轴、车床主轴
	四部轴承	衬套磨损后可作上、下、左、右四个方向调整。常用于大型机械，如蒸汽机、发电机、电动机之主轴，其轴颈必须时时保持于固定位置

续表

类　型		说　　明
止推滑动轴承分	端轴承	装于轴的端部，为使轴承易于校正或磨损后易于换装，通常在轴之下端放置两个或两个以上垫片。一般用于转动速率小、制造成本较低之机械上
	环轴承	装于轴之中间任何需要部位的轴承。可承受双向高速集中负荷的轴向推力，并须应用自动润滑装置
特殊滑动轴承分	无油轴承	应用于不可有污染之转轴，如食品机械等
	多孔轴承	用粉末冶金法制成，其小孔约占轴承之 25%。一般用于轴径小、负荷轻之轴承
	宝石轴承	利用人工宝石作为轴向推力承面之轴承。用于需回转精确之钟表及计测器上
按润滑剂种类分		按润滑剂种类可分为油润滑轴承、脂润滑轴承、水润滑轴承、气体轴承、固体润滑轴承、磁流体轴承和电磁轴承
按轴瓦材料分		按轴瓦材料可分为青铜轴承、铸铁轴承、塑料轴承、宝石轴承、粉末冶金轴承、自润滑轴承和含油轴承等
按轴瓦结构分		按轴瓦结构可分为圆轴承、椭圆轴承、阶梯面轴承、可倾瓦轴承和箔轴承等

60. 怎样选择滑动轴承润滑剂？

答：滑动轴承润滑剂的选择见表 9-25。

表 9-25　　　　　　　　　　　　滑动轴承润滑剂的选择

种类	工 作 条 件	选 择 原 则
润滑油	压力大或冲击、变载等	选用黏度较高的润滑油
	滑动速度高	因容易形成油膜，为减少功耗，应选用黏度较低的润滑油
	摩擦工作面粗糙或未经跑合	选用黏度较高的润滑油
	轴承工作温度较高	选用黏度较高的滑润油，反之，应选用黏度较低、凝点较低的润滑油

续表

种类	工作条件	选择原则	
润滑脂	轴承工作温度在 55℃～77℃以下	相对滑动速度低于1～2m/s 或不易注油的场合	选用钙脂润滑
	轴承工作温度最高达 120℃（无水条件下）		选用钠脂润滑
	工作环境潮湿，轴承的工作温度为 −20℃～120℃		选用锂脂润滑

61. 滑动轴承安装前的准备工作有哪些?

答:（1）检验轴承型号、尺寸是否符合安装要求，并根据轴承的结构特点和与之配合的各个零部件，选择好适当的装配方法，准备好安装时用的工具和量具。常用的安装工具有手锤、铜棒、套筒、专用垫板、螺纹夹具、压力机等，量具有游标卡尺、千分尺、千分表等。

（2）检验轴承装配表面。安装前应对轴颈、轴承座壳体孔的表面、台肩端面及连接零件如衬套、垫圈等的配合表面，进行仔细检验，清除锈蚀层和轴承装配表面及其连接零件上的附着物。

（3）轴承的清洗。轴承必须经过彻底清洗才能安装使用（对两面带防尘盖或密封圈的轴承以及涂有防锈、润滑两用油脂的轴承除外）。其方法是：凡用防锈油封存的轴承，可用汽油或煤油清洗。凡用防锈油脂的轴承，可先用 10 号机油或变压器油加热熔解清洗（油温不得超过 100℃），把轴承浸入油中，待防锈油脂熔化取出冷却后，再用汽油或煤油清洗。

注意：对内、外圈可分离的轴承，不要把外圈互相调换弄错；对调心球和调心滚子轴承，不得任意把轴承上的滚动体取出混放。对过盈量较大的中、大型轴承，装前必须加热（两面带有防尘盖或密封圈的轴承除外）；对于紧配合的轻金属轴承座壳体孔（如铝轴承座），因硬度很低，为预防轴承外圈压入时轴承座壳体孔的表而被划伤、拉毛，亦应加热安装。加热的方法，一般是将轴承或分离型轴承套圈，放入盛有洁净机油的油箱里（要避免油中沉淀杂质进入轴承），使机油淹没轴承，均匀加热。温度达到 80℃～90℃时，取出擦净，趁热安装。对清洗好的轴承。添加润滑剂后，应放在装配台上待用，注意保持清洁。挪动轴承时，应用净布将轴承包起。

（4）清洗质量检验。检验时，可先用干净的塞尺将少量剩余的油刮出，涂于拇指上，用食指来回慢慢搓研，确定轴承是否清洗干净。最后将轴承拿在手上，捏住内圈，拨动外圈水平旋转（大型轴承可放在装配台上，内圈垫上垫片，外圈悬空，压紧内圈。转动外圈），以旋转灵活、无阻滞、无跳动为合格。

（5）对于轴和轴承座壳体孔及其他零件，可先用汽油或煤油清洗，用干布擦净并涂以少量的油。凡铸件上有型砂的要彻底清除；凡与轴承配合的零部件上有毛刺尖角的必须去掉。

（6）安装轴承时，应将轴承套圈的打字面朝外摆放和安装。

62. 怎样装配整体式轴套？

答：整体式轴套的装配过程如下：

（1）压入轴套。如图9-32所示，当轴套尺寸和过盈量都较小时，可在轴套上垫以衬垫，用锤子直接敲入，如图9-32（a）所示。为了防止敲入时轴套产生歪斜，可采用导向套，如图9-32（b）所示，控制轴套压入方向。压紧薄壁轴套时，可采用心轴导向，如图9-32（c）所示。

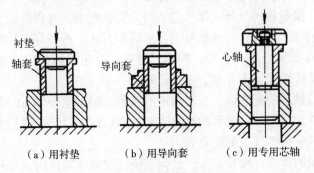

衬垫　轴套　导向套　心轴

（a）用衬垫　（b）用导向套　（c）用专用芯轴

图9-32　压入轴套的方法示意

压入轴套时必须先去除毛刺，擦洗干净后在配合面上涂好润滑油。不带凸肩的轴套，当压入机座以后要与机座孔端面平齐。有油孔的轴套要对准机座上的油孔，可在轴套表面通过油孔中心划一条线，压入时对准箱体油孔，如图9-33所示。

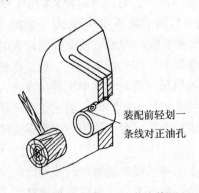

装配前轻划一条线对正油孔

图9-33　有油孔轴套的装配

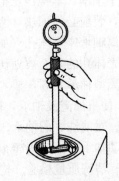

图9-34　用内径百分表检验轴承孔

（2）轴套定位。压入轴套后，对负荷较大的轴套，按图样要求用紧定螺钉或定位销等固定。

（3）修整轴套孔。轴套压入后，其内孔往往发生变形（如尺寸变小、圆度和圆柱度误差增大），此时可用内径百分表进行检验，如图 9-34 所示。根据变形量的多少，采用铰孔或刮削的方法进行修整，使轴套和轴颈之间的间隙及接触点达到规定要求。

63. 怎样装配剖分式轴承？

答：剖分式向心滑动轴承（如图 9-35 所示），主要用在重载大中型机器上，其材料主要为巴氏合金，少数情况下采用铜基轴承合金。在装配时，一般都采用刮削的方法来满足其精度要求。

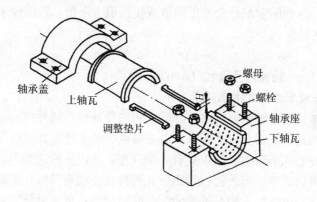

图 9-35　剖分式滑动轴承结构

（1）轴瓦与瓦座和瓦盖的接触要求：受力轴瓦的瓦背与瓦座接触面积应大于 70%，其接触范围角 α 应大于 150°；不受力轴瓦与瓦盖的接触面积应大于 60%，接触范围角 α 应大于 120°。两者的接触面分布要均匀，允许有间隙的尺寸 b 均不应大于 0.05mm（如图 9-36 所示）。

（2）如达不到上述要求，应以瓦座与瓦盖为基准，涂以红丹粉检查接触情况，用细锉锉削瓦背进行修研，接触斑点达到 3～4 点/25mm² 即可。

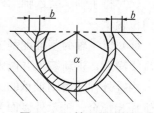

图 9-36　轴瓦的接触要求

（3）轴瓦与瓦座、瓦盖装配时，固定滑动轴承的固定销（或螺钉）端头应埋入轴承体内 2～3mm，两半瓦合缝处垫片应与瓦口面的形状相同，其宽度应小于轴承内侧 1mm，垫片应平整无棱刺，瓦口两端垫片厚度应一致。瓦座、瓦盖的连接螺栓应紧固且受力均匀。所有件应清洗干净。

（4）上、下轴瓦的结合面接触要良好。无论在加工过程或装配组合时，均需用 0.05mm 塞尺从外侧塞入检查，其塞入深度不得大于接合面宽度的 1/3，否则应进行配研。

（5）同组加工的上、下轴瓦，应按加工时所作标记装在同一轴承孔内。上、下轴瓦两端方向应同组合加工时一致。

（6）内孔刮研后，应保证装入轴瓦中零件的平行度、直线度、中心距等达到图样要求；相与相关轴颈接触良好。

（7）要在上、下轴瓦接触角 α 以外的部分刮出楔形，楔形在瓦口处最大，逐渐过渡到零。

（8）上、下轴瓦刮研后，装入瓦口垫入片组，轴瓦内径与轴颈的间隙应符合图样要求，达到间隙配合公差中间值或接近值上限值。若图样未规定，顶隙 C 按下列公式计算：

$$C = 0.001D + 0.05\text{mm}$$

式中　D——轴瓦内孔直径（mm）。

64. 怎样装配整体式滑动轴承？

答： 整体式滑动轴承，有内柱外锥式和内锥外柱式两种结构。内柱外锥式滑动轴承的结构，如图 9-37 所示，由主轴承、轴承外套和螺母等组成。主轴承上对称地开有几条狭槽，其中只有一条开穿，并嵌入弹性柚木，使轴承孔径磨损较多时可以调整。当放松右端螺母，再拧紧左端螺母时，主轴承就向左移动，使内孔直径收缩，主轴与轴承的配合间隙减小；反之就使间隙增大，由此可达到调整轴承间隙的目的。内柱外锥式滑动轴承的装配过程如下：

（1）将装配件清洗干净后，把轴承外套压入箱体的孔内。

（2）用专用心轴研点，修刮轴承外套的内锥孔，并保证前后轴承的同轴度要求。

（3）以轴承外套的内锥孔为基准，研点配刮主轴承的外锥面。

（4）将主轴承装入轴承外套锥孔内，两端分别拧入螺母，并调整主轴承的轴向位置。

（5）以主轴为基准配刮主轴承的内孔，研刮至要求后，卸下主轴和轴承，清洗干净后，重新装入并调整间隙。

内锥外柱式滑动轴承的结构，如图 9-38 所示。这种轴承的内孔与主轴用圆锥面相配合，轴承外表面为圆柱面，通过前后螺母调节轴承的轴向位置来调整主轴和轴承的间隙。内锥外柱式轴承与内柱外锥式轴承的装配过程大致相同。其不同处是只需研刮内锥孔，可将轴承装入箱体后，直接以主轴为基准研点配刮轴承内锥孔至要求的接触点，然后经过清洗，重新装入并调整间隙。

65. 滚动轴承的结构怎样？有何特点？

答： 滚动轴承由外圈、内圈、滚动体和保持架四部分组成，如图 9-39 所示，工作时滚动体在内、外圈的滚道上滚动，形成滚动摩擦。它具有摩擦小、效率高、轴向尺寸小、装拆方便等优点。

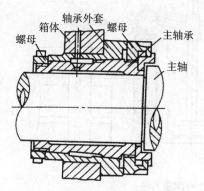

图 9－37　内柱外锥式滑动轴承

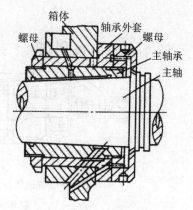

图 9－38　内锥外柱式滑动轴承

66. 你知道滚动轴承的游隙要求和测量方法吗？

答：滚动轴承的游隙分为径向游隙和轴向游隙两类（如图 9－40 所示）。它们分别表示一个套圈固定时，另一个套圈沿径向或轴向由一个极限位置到另一个极限位置的移动量。两类游隙之间有密切关系：一般说来，径向游隙愈大，则轴向游隙也愈大；反之径向游隙愈小，轴向游隙也愈小。测量游隙的方法如图 9－41 所示。

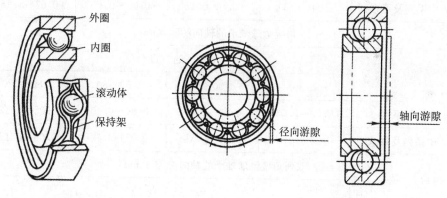

图 9－39　滚动轴承的结构　　　　图 9－40　滚动轴承的游隙

一般机械中，安装轴承时均有工作游隙。工作游隙过大，轴承内载荷不稳定，运转时产生振动，精度和疲劳强度差，寿命缩短；工作游隙过小，将造成运转温度过高，易产生过热"咬住"，以至损坏。所以安装轴承时，应根据工作精度、使用场合、转速高低，来选择合适的轴承工作游隙。选用时，一般高速运转的轴承采用较大工作游隙；低速重载荷的轴承，采用较小工作游隙。以保证轴承正常工作，延长使用寿命。滚动轴承的轴向游隙要求见表 9－26。

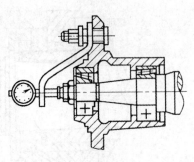
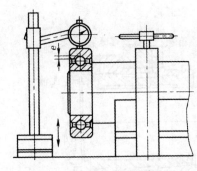

（a）轴向游隙测量　　　　　　　　　（b）径向游隙测量

图 9 - 41　滚动轴承的游隙测量方法

表 9 - 26　　　　　　　　　　　　　滚动轴承的轴向游隙要求

圆锥滚子轴承的轴向游隙（mm）

系　　列	轴　的　直　径			
	≤30	>30～50	>50～80	>80～120
轻系列	0.03～0.10	0.04～0.11	0.05～0.13	0.06～0.15
中系列及重系列	0.04～0.11	0.05～0.13	0.06～0.15	0.07～0.18

角接触球轴承的轴向游隙（mm）

系　　列	轴　的　直　径			
	≤30	>30～50	>50～80	>80～120
轻系列	0.02～0.06	0.03～0.09	0.04～0.10	0.05～0.12
中系列及重系列	0.03～0.09	0.04～0.10	0.05～0.12	0.06～0.15

双列角接触球轴承的轴向游隙（mm）

系　　列	轴　的　直　径			
	≤30	>30～50	>50～80	>80～120
轻系列	0.03～0.08	0.04～0.10	0.05～0.12	0.06～0.15
中系列及重系列	0.05～0.11	0.06～0.12	0.07～0.14	0.10～0.18

67. 滚动轴承的预紧方法有哪些？

答：若给轴承内圈或外圈以一定的轴向预负荷，这时内、外圈将发生相对的位移，如图 9 - 42 所示，结果消除了内、外圈与滚动体的游隙，并产生了初始的接触弹性变形。这种方法称为预紧。预紧后的轴承能控制正确的游隙，从而提高了轴的旋转精度。

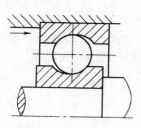

图 9‐42 预紧的原理

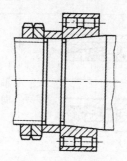

图 9‐43 用调整轴承锥孔轴向位置的预紧方法

预紧分为径向和轴向两类，常是相互有关的。径向预紧可利用锥孔轴承在其配合锥颈上作轴向位移，使内圈胀大来实现，如图 9‐43 示。轴向预紧常用方法见表 9‐27。

表 9‐27   轴向预紧常用方法

图　　示	锁　紧　方　法	说　　　明
（a）磨窄外圈　（b）磨窄外圈 （c）外圈宽、窄相对安装	采用成对安装角接触球轴承	不需进行调整，装配后即能获得精确的预紧力。适用于成批生产及精度要求较高的轴承部件
	在成对安装的轴承外圈或内圈之间置以衬垫	成对组合的轴承并排安装在部件内时，应用不同厚度的衬垫能得到不同的预紧力
	在成对安装的轴承内圈和外圈中间配置不同厚度的间隔套	为提高成对组合轴承的刚性，两轴承有一定的轴向距离时，改变内外间隔套的厚度，能得到不同的预紧力

图　示	锁紧方法	说　明
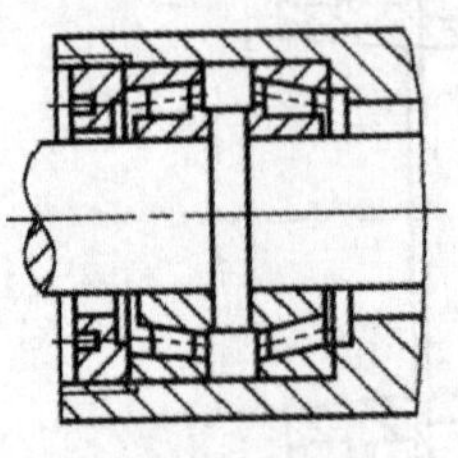	带螺纹的端盖，使轴承内外圈作相对轴向位移	调整端盖轴向位置，即可得到所需要的预紧力
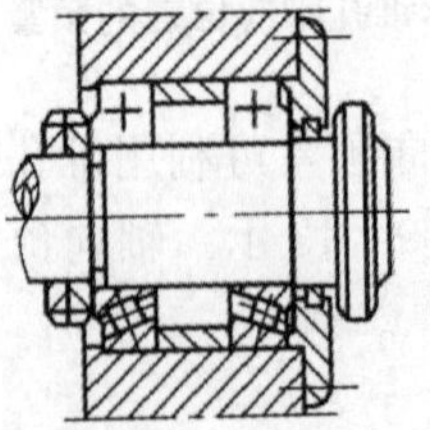	用双螺母使轴承预紧	调整螺母轴向位移，获得不同预紧力
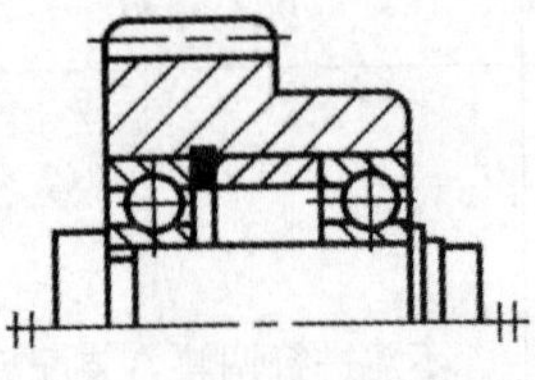	用弹性挡圈及间隔套预紧	利用经常作用于轴承外圈上的弹簧定压预紧
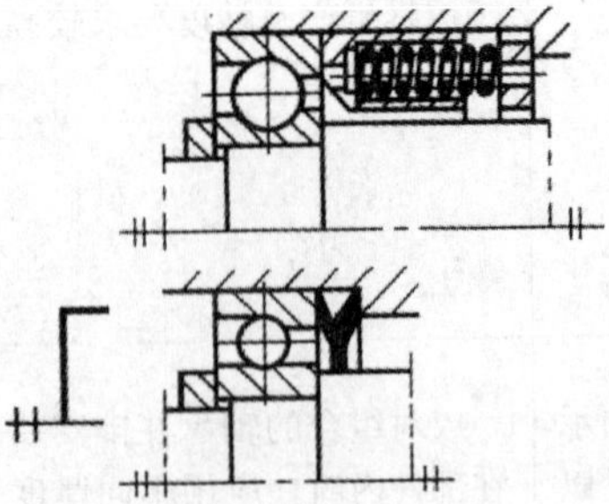	按弹性挡圈位置，调整间隔套厚度，得到所需预紧力	不受轴承磨损和轴向热变形的影响，能保持一定的预紧力。预紧力大小靠弹簧调整

68. 怎样选择滚动轴承润滑剂?

答：部分机器设备推荐选用的滚动轴承润滑剂见表 9 - 28。

69. 滚动轴承的装配方法有哪些?

答：(1) 锤击法：当轴承内圈为紧配合、外圈为较松配合时，将铜棒紧贴轴承内圈端面，用锤直接敲击铜棒，将轴承徐徐装到轴上。轴承内圈较大时，可用铜棒沿轴承内圈端面周围均匀用力敲击。当轴承外圈为紧配合、内圈为较松配合时，可用手锤敲击紧贴轴承外圈端面的铜棒，把轴承压入轴承座中，最后装到轴上。

表 9-28　　　　　　　　　部分机器设备推荐选用的滚动轴承润滑剂

机器类型		轴　承　参　数		润　滑　剂		换油时间 (kh)
		D（mm）	使用温度（℃）	脂	油黏度（cSt）	
电动机	小型或中型	22～24	50	钠脂	—	1.0～2.0
	大　型	＞240	50～80	锂脂	—	0.5～1.0
	牵引电机	62～240	80～120	钠脂或锂脂	—	100～250
矿车轴箱		62～240	50	钠脂	—	10～15km
搅拌机		＞62	120	—	200	3～4
鼓风机	中功率	62～240	50	锂脂	40～75	1.0～1.5
	大功率	＞240	50			3.0～4.0
压气机		62～240	50～80 80～120	钠脂或锂脂	40～75	0.5～1.0 3.0
离心机		62～240	50	锂脂		0.5～1.0
绳轮		＞240	50	钠脂		2.0
输送机滚子		22～62 ＞62	50 50～80	锂脂 钠脂		5.0 0.5～1.0
粉碎机		＞240	50	锂脂		1.0～1.5
球磨机		＞240	50～80	—	40～75	5.0
振动筛		62～240	50～80	钠脂或锂脂	—	0.2～0.25
振动式碾压机		＞62	50～80	钠脂		0.1～0.2
回转炉支承辊		＞240 ＜240	50 50	锂脂 钠脂		1.5
机床		62～240	50	—	12～65	0.8～1.5
木工机械		22～62	50	钠脂或锂脂	—	0.15～0.2
铣床、刨床		62～240	50	钠脂或锂脂	—	0.3～0.5
排锯机		62～240	50～80	钠脂或锂脂	—	2.0～3.0

267

（2）套筒安装法：将软金属套筒直接压在轴承端面上（轴承装在轴上时压住内圈端面；装在壳体孔内时压外圈端面），手锤敲击力要均匀地分布在轴承整个套圈端面上，最好能与压力机配合使用。若轴承安装在轴上时，套筒内径应略大于轴颈1～4mm，外径略小于轴承内圈挡边直径，或以套筒厚度为准，其厚度应制成等于轴承内圈厚度的2/3～4/5，且套筒两端应平整并与筒身垂直。若轴承安装在座孔内时，套筒外径应略小于轴承外径。

如机件不大，可置于台钳上安装（钳口垫以铜片或铝片）；如机件较大，应放在木架上安装。先将轴承装到轴上，再安装套筒，用手锤均匀敲击套筒慢慢装合。当套筒端盖为平顶时，手锤应沿其圆周依次均匀敲击。若轴承的内、外圈与轴和轴承座孔均为紧配合时，可将套筒的一端端面制成双环，或用单环套筒下加圆盘安装轴承。安装时，将双环套筒或圆盘紧贴轴承内、外圈端面，用压力机加压或手锤敲击，把轴承压到轴上和轴承座孔中（这种安装方法仅适用于安装保持架不凸出套圈端面的轴承）。

（3）压入法：此法适用于过盈量较大的轴承，用杠杆式、螺旋式压入机或用液压机安装。应注意使压力机机杆中心线与套筒和轴承的中心线重合，保证所加压力位于中心。

（4）温差法：安装过盈量或尺寸较大的轴承时，可将轴承加热至80℃～90℃（或将轴冷冻至-80℃），10min后用铜棒、套筒和手锤安装。当油温达到规定温度，应迅速将轴承从油液中取出，趁热装于轴上。必要时，可用安装工具在轴承内圈端面上稍加一点压力。轴承装于轴上后，必须立即压住内圈，直到冷却为止，此法适用于精密部件、过盈量大、批量大的装配。

70. 轴承安装后是如何检验的？

答：（1）检验安装位置：首先检验运转零件与固定零件是否相碰，润滑油能否畅通地流入轴承，密封装置与轴向紧固装置安装是否正确。

（2）检验径向游隙：除安装带预过盈的轴承外，都应检验径向游隙。深沟球轴承可用手转动检验，以平稳灵活、无振动、无左右摆动为好。圆柱滚子和调心滚子轴承可用塞尺检验，塞尺插入深度应大于滚子长度的1/2。无法用塞尺测量时，可测量轴承在轴向的移动量，来代替径向游隙的减少量。通常情况下，如轴承内圈为圆锥孔，则在圆锥面上的轴向移动量大约是径向游隙缩小量的15倍。

角接触球轴承、圆锥滚子轴承安装后的径向游隙不合格是可以调整的；而深沟球轴承、调心球轴承、圆柱滚子轴承、调心滚子轴承等在制造时已按标准规定调好，安装后不合格则不能再调整，若径向装配游隙太小，则说明轴承的配合选择不当，或装配部位加工不正确。此时必须将轴承卸下，查明原因，消除故障后重新安装。当然轴承游隙过大也不行。

（3）检验轴承与轴肩的紧密程度：紧配合过盈安装的轴承必须靠紧轴肩，

可用灯光法或厚薄规检验法检验。如果轴承以过盈配合安装在轴承座孔内，轴承外圈被壳体孔挡肩固定时，其外圈端面与壳体孔挡肩端面是否靠紧，也可用厚薄规检验。

（4）对推力轴承还应检验轴圈和轴中心线的垂直度，方法是将千分表固定于箱壳端面，使表的触头顶在轴承轴圈滚道上，边转动轴承，边观察千分表指针，若指针偏摆，说明轴圈和轴中心线不垂直。箱壳孔较深时，亦可用加长的千分表头检验。

推力轴承安装正确时，其座圈能自动适应滚动体的滚动。由于轴圈与座圈的区别不很明显，装配中应避免搞错。此外，推力轴承的座圈与轴承座孔之间还应留有 0.2~0.5mm 的间隙，用以补偿零件加工、安装不精确造成的误差，当运转中轴承套圈中心偏移时，此间隙可确保其自动调整，避免碰触摩擦，使其正常运转。

（5）试运转中，要检验轴承的噪声、温升、振动是否符合要求。一般轴承工作温度应低于 90℃。

71. 怎样装配蜗杆机构？

答：蜗杆传动机构的装配顺序，按其结构特点的不同，有的应先装蜗轮，后装蜗杆；有的则相反。一般情况下，装配工作是从装配蜗轮开始的，其步骤如下：

（1）将蜗轮齿圈压装在轮毂上，并用螺钉加以紧固。

（2）将蜗轮装在轴上，安装和检验方法与圆柱齿轮相同。

（3）把蜗轮轴装入箱体，然后再装蜗杆。一般蜗杆轴心线的位置，是由箱体安装孔所确定，因此蜗轮的轴向位置可通过改变调整垫圈厚度或其他方式进行调整。

（4）将蜗轮、蜗杆装入蜗杆箱后，首先要用涂色法来检验蜗杆与蜗轮的相互位置，以及啮合的接触斑点。将红丹粉涂在蜗杆螺旋面上，给蜗轮以轻微阻尼，转动蜗杆。根据蜗轮轮齿上的痕迹判断啮合质量。正确的接触斑点位置应在中部稍偏蜗杆旋出方向［如图 9-44（a）所示］。对于如图 9-44（b）、（c）所示的情况，则应调整蜗轮的轴向位置（如改变垫片厚度等）。

对于不同用途的蜗杆传动机构，在装配时，要加以区别对待。例如用于分度机构中的蜗杆传动，应以提高其运动精度为主，以尽量减小传动副在运动中的空程角度（即减小侧隙）；而用于传递动力的蜗杆传动机构，则以提高其接触精度为主，使之增加耐磨性能和传递较大的转矩。装配蜗杆传动过程中，可能产生的三种误差：蜗杆轴线与蜗轮轴线的交角误差、中心距误差、蜗轮对称中间平面与蜗杆轴线的偏移，如图 9-45 所示。

72. 怎样检验蜗轮、蜗杆装配时的齿侧隙？

答：由于蜗轮、蜗杆的中心距调整不了，所以齿侧间隙的大小主要靠蜗

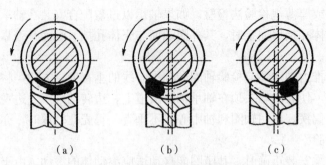

图 9-44　蜗轮齿面上的接触斑点

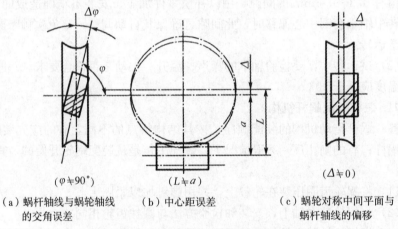

（a）蜗杆轴线与蜗轮轴线　　（b）中心距误差　　（c）蜗轮对称中间平面与
　　　的交角误差　　　　　　　　　　　　　　　　　　蜗杆轴线的偏移

图 9-45　蜗杆传动机构的不正确啮合情况

轮、蜗杆机械加工的精度来保障。影响其加工精度因素很多（尤其是蜗轮的加工），批量生产的工厂，在刀具、机床精度、加工技术上都掌握了一定的经验和规律，能保证产品的加工精度和质量。初次加工蜗轮时，吃刀深度应取其最大下偏差，从加工上保证有足够的齿侧间隙，否则，可能要将蜗轮经返修后才能装配。对蜗轮、蜗杆装配后侧隙的检验，可按如下方法进行：

　　对不太重要的蜗杆传动机构，有经验的钳工是用手转动蜗杆，根据蜗杆空程量来判断间隙的大小；一般要求较高的蜗杆传动机构，要用百分表进行测量。

　　直接测量法，如图 9-46（a）所示，在蜗杆轴上，固定一个带量角器的刻度盘，百分表测头顶在蜗轮齿面上，手转蜗杆，在百分表指针不动的情况下，用刻度盘相对于固定指针的最大转角判断侧隙的大小。如百分表直接与蜗轮齿面接触有困难时，可在蜗轮轴上装一测量杆，如图 9-46（b）所示。空程角与侧隙可用以下经验公式进行换算：

270

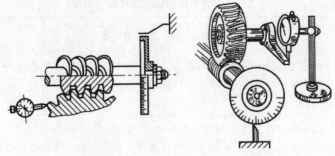

（a）直接测量法　　　　　　（b）用测量杆的测量法

图 9‑46　蜗杆传动机构侧隙的检查

$$C = \frac{Z_1 m\alpha}{7.3}$$

式中　C——齿侧隙（μm）；

　　　Z_1——蜗杆头数；

　　　m——模数（mm）；

　　　α——空程角（'）。

不同结合形式的蜗轮、蜗杆啮合时的齿侧隙要求，见表 9‑29。

表 9‑29　　　　　　　　　　　　　　蜗杆传动的齿侧隙

结合形式	偏差代号	中心距（mm）						
		在 40 以下	超过 40~80	超过 80~160	超过 160~320	超过 320~630	超过 630~1250	超过 1250
D	C_n	0	0	0	0	0	0	0
D_b		0.020	0.048	0.065	0.095	0.170	0.190	0.260
D_c		0.055	0.095	0.130	0.190	0.260	0.380	0.530
D_e		0.110	0.190	0.260	0.380	0.530	0.750	——

73. 齿轮装配有哪些技术要求？

对各种齿轮传动机构的基本技术要求是：传递运动准确，传递平稳均匀，冲击振动和噪声小，承载能力强以及使用寿命长等。为了达到上述要求，除齿轮和箱体、轴等必须分别达到规定的尺寸和技术要求外，还必须保证装配质量。齿轮传动机构的装配技术要求见表见9‑30。

74. 常见齿轮的结构方式有哪些？

答：齿轮是在轴上进行工作的，轴上安装齿轮（或其他零件）的部位应光洁并符合图样要求。齿轮在轴上可以空转、滑移或与轴固定连接，如图9‑47所示是常见的几种结合方法。

表 9-30　　　　　　　　　　齿轮传动机构的装配技术要求

类　型	技　术　要　求
配合	齿轮孔与轴的配合要满足使用要求。例如，对固定连接齿轮不得有偏心和歪斜现象；对滑移齿轮不应有咬死或阻滞现象；对空套在轴上的齿轮，不得有晃动现象
中心距和侧隙	保证齿轮有准确的安装中心距和适当的侧隙。侧隙过小，齿轮传动不灵活，热胀时会卡齿，从而加剧齿面磨损；侧隙过大，换向时空行程大，易产生冲击和振动
齿面接触精度	保证齿面有一定的接触斑点和正确的接触位置，这两者是有互相联系的；接触位置不正确同时也反映了两啮合齿轮的相互位置误差
齿轮定位	变换机构应保证齿轮准确的定位，其错位量不得超过规定值
平衡	对转速较高的大齿轮，一般应在装配到轴上后再作动平衡检查，以免振动过大

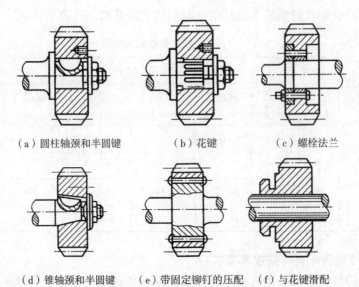

（a）圆柱轴颈和半圆键　　　（b）花键　　　（c）螺栓法兰

（d）锥轴颈和半圆键　　（e）带固定铆钉的压配　　（f）与花键滑配

图 9-47　齿轮在轴上的结合方式

75. 圆柱齿轮的装配工作主要包括哪些？其装配方法如何？

答：圆柱齿轮的装配工作主要包括以下三个部分：齿轮与轴的装配；将齿轮-轴部件装入箱体中；装配质量的检验和调整。

（1）齿轮与轴的装配。齿轮在轴上有空转、滑移和固定连接三种形式。不管哪种形式，其装配后的精度主要取决于轴与齿轮的加工精度。齿轮在加工时

272

有一个端面与孔是一次装卡加工而成的，因此它与孔有很高精度的垂直度（靠机床精度保证）。这个面与孔就是齿轮以后各工序加工时的基准，基准面做有标记。同样轴的加工时，其配合部位也采取相同的加工工艺要求。因此在组装轴与轮时一定要找准基准面，这样就不会产生歪斜现象，这一点必须注意。

轴上空转或滑移的齿轮，其孔与轴为间隙配合，这类齿轮装配比较简单。在轴上固定的齿轮其孔与轴一般为过渡配合，但也有一部分为过盈配合的。一般过渡配合的轴需用手工工具（大锤）或压力机压装。但对于直径 150mm 以上的轴与孔，其均为钢质材料的，应考虑采用热装的方法进行装配，对于轴与轮均为钢质材料过盈配合的轴与齿轮的装配应考虑采用热装方法装配。

（2）箱体（机体）的装配。将齿轮-轴部件装入箱体是一个十分重要的工序，装配的方式应根据各种类型的箱体及轴在箱体内的结构特点而定。

①装入箱体内的所有零部件（包括箱体）都要在完成所有加工（配键、攻螺纹等）、消除毛刺、清洗干净后才能进行装配。

②箱体（机体）的加工精度必须得到保证，其孔的同轴度、垂直度、中心距、孔与端面的垂直度，应在机械加工及检验时做好各种数据的记录。组装时发生问题需重新检测时，可运回原加工机床进行，这样即准确又迅速，还可以免去许多工装。

③箱体组装轴承部位是开式的，装配时比较容易，只要打开上部，轴-齿轮组件即可装入。例如，常用的减速器，只要将上盖打开，组件就可直接放入。但有时，组装轴承部位是一体的，轴上的所有件（包括轴承、齿轮）都要一个个地在箱体上按顺序组装。这样的装配比较困难些，凡是这种结构轴上的件过盈量都不会大，装配时可根据配合直径的大小，采用手锤或大锤将其装入。

④采用滚动轴承结构的，其两轴的平行度与中心距基本上是不可调整的，滑动轴承结构的可结合齿面接触情况作微量调整，需在刮削轴瓦的同时进行。

⑤齿轮传动机构中支承轴两端轴承部位不是一体的，其平行度、同轴度是可以调整的，例如两端为轴承座结构，通过调整轴承座位置以及在轴承座底部加或减调整垫的厚度，或在调整时，实测其轴线与底座的具体偏差然后用反修加工的办法解决。这种结构调整比较容易。

76. 圆柱齿轮装配质量的检验和调整方法有哪些？

答：齿轮-轴部件装入箱体后，必须检验其装配质量，以保证各齿轮之间有良好的啮合精度。装配质量的检验包括接触面积和侧隙的检验，具体检验方法如下：

（1）接触面积的检验：接触面积是用相啮合的两齿轮在沿齿宽和齿高上相接触部分，占齿全宽和全高的百分比来表示的。一对齿轮正常啮合时，其在齿宽方向的接触面积应不少于 40%～70%（随齿轮的精度而定），在齿高方向不少于 30%～50%，如图 9-48 所示。

（a）正确的　　　（b）中心距太大　　　（c）中心距太小　　　（d）中心线歪斜

图 9-48　用涂色法检验齿轮啮合情况

　　检验可用涂色法进行，检验时，在齿表面上涂以显示剂（红丹粉），用手转动主动轮，被动轮应轻微地加以制动。然后根据产生的斑点来判断。通过涂色法检查，还可以判定装配时产生误差的原因，根据观察得到的状况进行调整和修研，使齿轮啮合不好的情况得以改善。斑点情况及调整方法，见表9-31。

表 9-31　　　　　　　　　　直齿圆柱齿轮传动接触斑点及调整方法

接触斑点	原因分析	调整方法
 正常接触	—	
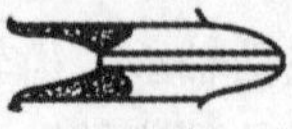 同向偏接触	两齿轮轴线不平行	在允许范围内，刮削轴瓦或调整轴承座
 异向偏接触	两齿轮轴线歪斜或有偏差	在允许范围内，刮削轴瓦，调整轴承座，或修整有齿向偏差的轮齿
 单面偏接触	两齿轮轴轴线不平行，并同时歪斜	在允许的范围内，修刮轴瓦或调整轴承座
 接触区由一边逐渐移至另一边，周期为大齿轮或小齿齿数	大齿轮或小齿轮基准端面与回转中心线不垂直	偏差在允许范围时，修整有偏差齿轮的表面

续表

接触斑点	原因分析	调整方法
齿顶接触	齿轮轴线中心距大或齿轮加工原始齿形位移偏差（铣齿偏深）或齿轮毛坯顶圆径偏小	在可能情况下，调整齿轮轴线，减小中心距，否则修整齿顶
齿根接触	齿轮轴线中心距小，或齿轮加工有原始齿形位移偏差（铣齿偏浅）或齿轮毛坯顶圆直径偏大	在可能的情况下，调整轴线，加大中心距，否则修整齿面
接触区由齿顶逐渐移向齿根，周期为大齿轮或小齿轮齿数	齿圈径向跳动	偏差在允许范围时，修整有偏差的齿轮齿面
不规则接触或个别齿不好	齿面有毛刺、碰伤、隆起或个别齿加工有偏差	去除毛刺，修整有碰伤或有偏差的轮齿

（2）侧隙的检验：齿轮传动的侧隙，如图 9-49 所示。装配时主要保证齿侧间隙，而齿顶间隙有时只作参考。

①侧隙的大小要适当，具有一定的侧间隙是必要的，因为它可以补偿齿轮的制造和装配偏差，补偿热膨胀及形成油膜，防止出现卡住现象。但过大的侧隙会造成冲击，因此侧隙过大或过小都将引起附加载荷，增加齿轮传动的磨损，甚至造成事故。一般图样和技术要求都明确地规定了侧隙的允许范围值。

②如图 9-50（a）所示为用压铅丝法检验侧隙。在齿面沿齿宽两端平行放置两条铅丝。转动齿轮将铅丝压扁后，测量其最薄处值即是侧隙。实际生产

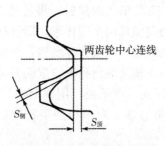

图 9-49　齿轮传动的侧隙

（a）压铅丝检验侧隙

（b）百分表检验侧隙

图 9-50　侧隙检验方法

中，一般用较长铅丝，能跨 2 齿以上（为防止铅丝掉入箱体里不好取出），此时单齿压过的铅丝两侧之和即为侧隙。

③如图 9-50（b）所示为用百分表测量的方法。将百分表测头与一齿面接触，将另一齿轮固定，将接触百分表测头的齿轮，从一侧啮合转到另一侧啮合，百分表上的读数即为侧隙。圆柱齿轮的侧隙是由齿轮的公法线长度偏差及箱体的中心距来保障的。因此，对于中心距可以调整的齿轮传动装置，可通过调整中心距来改变齿轮啮合时侧隙。侧隙的偏差值见表 9-32。

表 9-32 通用标准齿轮侧隙的偏差

偏差代号	中 心 距 (mm)										
	50 以下	50~80	>80~ 120	>120~ 200	>200~ 320	>320~ 500	>500~ 800	>800~ 1250	>1250~ 2000	>2000~ 3150	>3150~ 5000
D	0	0	0	0	0	0	0	0	0	0	0
D_b	0.042	0.052	0.065	0.085	0.105	0.130	0.170	0.210	0.260	0.360	0.420
D_c	0.085	0.105	0.130	0.170	0.210	0.260	0.340	0.420	0.530	0.710	0.850
D_e	0.120	0.210	0.260	0.340	0.420	0.530	0.670	0.850	1.060	1.400	1.700

77. 圆锥齿轮机构的装配方法有哪些？

答：装配锥齿轮传动机构的顺序与装配圆柱齿轮传动机构相似，如锥齿轮在轴上的安装方法基本都与圆柱齿轮大同小异；但锥齿轮一般是传递互相垂直两轴之间的运动，故在两齿轮轴的轴向定位和侧隙的调整以及箱体检验等方面，各有不同的特点，下面分别叙述。

（1）箱体检验：主要是检验两孔轴线的垂直度误差，可分两种情况。第一种：线在同一平面内垂直相交的两孔垂直度误差可按图 9-51（a）所示的方法检验。将百分表装在芯棒 2 上，为了防止芯棒轴向窜动，芯棒上应加定位套，旋转芯棒 2，在 0°和 180°的两个位置上百分表的读数差，即为两孔在 L 长度内的垂直度误差。如图 9-51（b）所示为两孔轴线相交的检验，将芯棒 2 的测量端做成叉形槽，芯棒 1 的测量端按垂直度公差做成两个阶梯形，即过端与止端。检验时，若过端能通过叉形槽而止端不能通过，则垂直度合格，否则即为超差；第二：轴线不在同一平面内相互垂直但不相交的两孔垂直度误差可用 9-51（c）所示的方法检验。箱体用 4 个千斤顶支承在平板，用 90°角尺 3 找正，将检验芯棒 2 调整成垂直位置。此时，测量芯棒 1 对平板的平行度误差，即为两孔轴线的垂直度误差。

（2）两锥齿轮轴向位置的确定：当一对锥齿轮啮合传动时，必须使两齿轮分度圆锥相切，两锥顶重合。装配时以此来确定小齿轮的轴向位置；或者说这

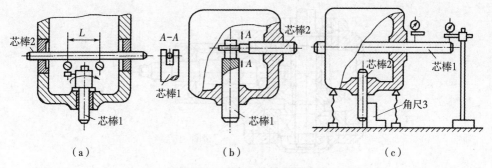

图 9-51　垂直两孔轴线的检验

个位置是以"安装距离"x［小齿轮基准面至大齿轮轴的距离，如图 9-52 (a) 所示］来确定的。若小齿轮轴与大齿轮轴不相交时，小齿轮的轴向定位同样也以"安装距离"为依据，用专用量规测量［如图 9-52 (b) 所示］。若大齿轮尚未装好，则可用工艺轴代替，然后按侧隙要求决定大齿轮的轴向位置。

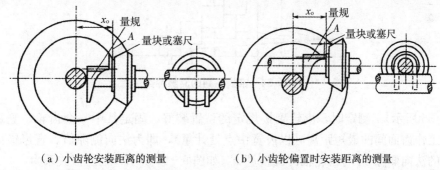

（a）小齿轮安装距离的测量　　　（b）小齿轮偏置时安装距离的测量

图 9-52　小齿轮轴向定位

　　用背锥面作基准的锥齿轮，装配时将背锥面对成平齐，用来保证两齿轮正确的装配位置。也可以使两个齿轮沿着各自的轴线方向移动，一直移到其假想锥体顶点重合为止（如图 9-53 所示）。在轴向位置调整好以后，通常用调整垫圈厚度的方法，将齿轮的位置固定。

　　（3）锥齿轮啮合质量的检查与调整：锥齿轮传动的啮合质量检查，应包括侧隙的检验和接触斑点的检验。

　　①侧隙的检验和调整：法向侧隙公差种类与最小侧隙种类的对应关系如图 9-54 所示。锥齿轮副的最小法向侧隙分为六种：a、b、c、d、e 和 h。a 为侧隙值最大，依次递减，一直到 h 为零。最小法向侧隙种类与精度等级无关。法向侧隙公差有 5 种：A、B、C、D 和 H。

　　在锥齿轮工作图上应标注齿轮的精度等级和最小法向侧隙种类，还应标注法向侧隙公差种类的数字及代号。

　　锥齿轮侧隙的检验方法与圆柱齿轮基本相同，也可用百分表测定（如图

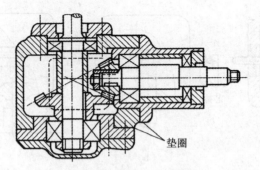

图 9 - 53　锥齿轮的轴向调整

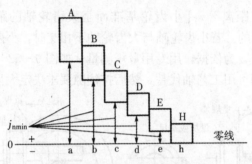

图 9 - 54　锥齿轮副的侧隙种类

9 - 55 所示)。测定时,齿轮副按规定的位置装好,固定其中一个齿轮,测量非工作齿面间的最短距离(以齿宽中点处计量),即为法向侧隙值。直齿锥齿轮的法向侧隙 δo 与齿轮轴向调整量 x (如图 9 - 56 所示)的近似关系为:

图 9 - 55　用百分表检验侧隙

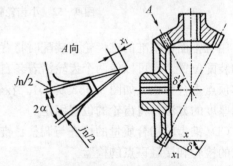

图 9 - 56　直齿锥齿轮轴向调整量与侧隙的近似关系

$$j_n = 2x\sin\alpha\sin\delta'$$

式中　　α——齿形角(°);

δ'——节锥角(°);

x——齿轮轴向调整量(mm)。

根据测得的侧隙 j_n 就可从上式中求出调整量 x,即:

278

$$x = \frac{j_n}{2\sin\alpha\sin\delta'}$$

②接触斑点的检验与调整：用涂色法检查锥齿面接触斑点时，与圆柱齿轮的检查方法相似，就是将显示剂涂在主动齿轮上，来回转动齿轮，根据从动齿轮齿面上的斑点痕迹形状、位置和大小来判断啮合质量。一般对齿面修形的齿轮，在齿面大端、小端和齿顶边缘处，不允许出现接触斑点。斑点痕迹大小（百分比）与齿轮的精度等级有关，见表 9-33。对于工作载荷较大的锥齿轮副，其接触斑点应满足下列要求：即轻载荷时，斑点应略向小端；而受重载荷时，接触斑点应从小端移向大端，且斑点的长度和高度均增大，以免大端区应力集中。

表 9-33   **锥齿轮副啮合接触斑点大小与精度等级的关系**

图 例	痕迹方向	痕迹百分比确定	精 度 等 级			
			4～5	6～7	8～9	10～12
	沿齿长方向	$\dfrac{b''}{b'} \times 100\%$	60～80	50～70	35～65	25～55
	沿齿高方向	$\dfrac{h''}{h'} \times 100\%$	65～85	55～75	40～70	30～60

注：表中数值范围用于齿面修形的齿轮。对于非修形齿轮其接触斑点不小于其平均值。

如果接触斑点不符合上述要求时，则可参照表 9-34 分析原因，再有针对性地进行调整。一般在测量达不到要求时，要调整大齿轮，而当接触的斑点达不到要求时，可调整小齿轮。

表 9-34   **锥齿轮接触斑点及其调整方法**

接触斑点	齿轮种类	现象及原因	调整方法
 正常接触（中部偏小端接触）	直齿及其他锥齿轮	①在轻微负荷下，接触区在齿宽中部，略宽于齿宽的一半，稍近于小端，在小齿轮齿面上较高，大齿轮上较低，但都不到齿顶	—

接触斑点	齿轮种类	现象及原因	调整方法
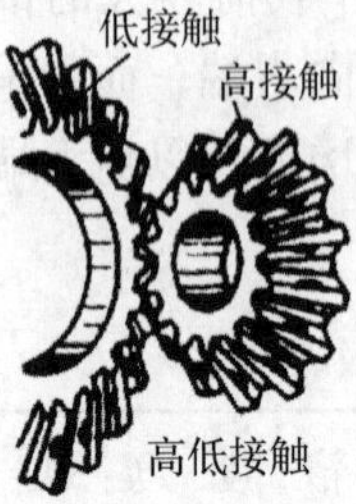 低接触 高接触 高低接触	直齿锥齿轮	②小齿轮接触区太高，大齿轮太低（见左图）。由于小齿轮轴向定位有误差	小齿轮沿轴向移出，如侧隙过大，可将大齿轮沿轴向移进
		③小齿轮接触太低，大齿轮太高，原因同②，但误差方向相反	小齿轮沿轴向移进，如侧隙过小，则将大齿轮沿轴向移出
		④在同一齿的一侧接触区高，另一侧低，如小齿轮定位正确且侧隙正常，则为加工不良所致	装配无法调整，需调换零件。若只作单向传动，可按②或③法调整，可考虑另一齿侧的接触情况
 小端接触 同向偏接触	直齿锥齿轮	⑤两齿轮的齿侧同在小端接触（见左图）。由于轴线交角太大	不能用一般方法调整，必要时修刮轴瓦
		⑥同在大端接触，由于轴线交角太小	—
 大端接触 小端接触 异向偏接触	直齿锥齿轮	⑦大小齿轮在齿的一侧接触于大端，另一侧接触于小端（见左图）。由于两轴心线有偏移	应检查零件加工误差，必要时修刮轴瓦

78. 齿轮传动机构装配后怎样进行跑合？

答：一般动力传动齿轮副，不要求有很高的运动精度及工作平稳性，但要求有较高的接触精度和较小的噪声。若加工后达不到接触精度要求时，可在装配后进行跑合。

（1）加载跑合：在齿轮副的输出轴上加一力矩，使齿轮接触表面互相磨合

（需要时加磨料），以增大接触面积，改善啮合质量。

（2）电火花跑合：在接触区内通过脉冲放电，把先接触部分的金属去掉，使接触面积扩大，直至达到要求为止，此法比加载跑合省时。

齿轮副跑合后，必须进行彻底清洗。

79. 带传动机构的装配有哪些优、缺点？

答：带传动是常用的一种机械传动，它是依靠张紧在带轮上的带（或称传动带）与带轮之间的摩擦力或啮合来传递运动和动力的。与齿轮传动相比，带传动具有工作平稳、噪声小、结构简单、不需要润滑、缓冲吸振、制造容易以及能过载保护，并能适应两轴中心距较大的传动等优点。因此得到了广泛应用。但其缺点是传动比不准确，传动效率低，传动带的寿命短。

80. 对带传动机构的装配有哪些技术要求？

答：对带传动机构的装配有以下几点技术要求：

（1）安装精度：带轮在轴上的安装精度，通常不低于下述规定：带轮的径向圆跳动公差和端面圆跳动公差为 $0.2\sim0.4$mm；安装后两轮槽的对称平面与带轮轴线垂直度误差为 $\pm30'$，两带轮轴线应相互平行，相应轮槽的对称平面应重合，其误差不超过 $\pm20'$。

（2）表面粗糙度：带轮轮槽工作面的表面粗糙度要适当，过细易使传动带打滑，过粗则传动带工作时易发热而加剧磨损。其表面粗糙度值一般取 $R_a3.2\mu m$，轮槽的棱边要倒圆或倒钝。

（3）包角：带在带轮上的包角不能太小。因为当张紧力一定时，包角越大，摩擦力也越大（如图 9-57 所示）。对 V 形带来说，其小带轮包角不能小于 120°，否则也容易打滑。

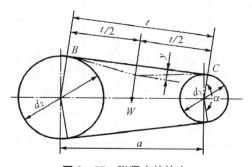

图 9-57 张紧力的检查

（4）张紧力：带的张紧力对其传动能力、寿命和轴向压力都有很大影响。张紧力不足，传递载荷的能力降低，效率也低，且会使小带轮急剧发热，加快带的磨损；张紧力过大也会使带的寿命降低，轴和轴承上的载荷增大，轴承发热与加速磨损。因此适当的张紧力是保证带传动能正常工作的重要因素。

81. 在带传动机构装配中，怎样控制张紧力？

答：在带传动机构中，都装有调整张紧力的拉紧装置。拉紧装置的形式很多，其基本原理都是改变两轴中心距以调整拉力的大小。在调整张紧力时，可在带与带轮的切边 BC 中点处（如图 9-57 所示），加一个垂直于带边的载荷 W（一般可用弹簧秤挂上重物），通过测量带产生的下垂度（挠度）y 来判断实际的张紧力是否符合要求，有经验的钳工也可用手感来判断紧边的张紧力是否恰当。应当注意的是，传动带工作一段时间后，会产生永久性变形，从而使张紧力会不断降低。为此在安装新带时，最初的张紧力应为正常张紧力的 1.5倍，这样才能保证传递所要求的功率。

通常规定所需的张紧力 F_0，应在规定的测量载荷 W 作用下，使切边长 t 每长 100mm 产生 1.6mm 挠度，即：

$$y = \frac{1.6}{100}t$$

测量载荷 W 的大小与 V 带型号、小带轮直径及带速有关，推荐按表 9-35 选取。

表 9-35　　　　　　　　　　测定张紧力所需的测量载荷 W

带　型	Z		A		B		C		D		E	
小带轮直径（mm）	50~100	>100	75~140	>140	125~200	>200	200~400	>400	355~600	>600	500~800	>800
带速（m·s⁻¹） 0~10	5~7	7~10	9.5~14	14~21	18.5~28	28~42	36~54	54~85	74~108	108~162	145~217	217~325
10~20	4.2~6	6~8.5	8~12	12~18	15~22	22~33	30~45	45~70	62~94	94~140	124~186	186~280
20~30	3.5~5.5	5.5~7	6.5~10	10~15	12.5~18	18~27	25~38	38~56	50~75	75~108	100~150	150~225

【例】V 带传动采用 B 型带，小带轮直径为 130mm，带速为 8m/s，两带轮切点间距离为 300mm。检查其张紧力的测量载荷应为多少？允许挠度应为多少？

解：根据表 9-35，B 型带的测量载荷 $W = 20$N/根，挠度：

$$y = \frac{1.6}{100}t = \frac{1.6}{100} \times 300 = 4.8 \text{(mm)}$$

若实测挠度大于计算值，说明张紧力小于规定值；反之，实测挠度小于计算值时，说明张紧力大于规定值。两种情况都需对张紧力作进一步调整。

在带传动机构中都有调整张紧力的张紧机构，如图 9-58 所示。张紧力的调整方法是靠改变两带轮的中心距来调节张紧力，或用张紧轮张紧。

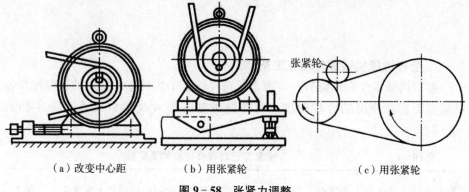

　　（a）改变中心距　　　　　（b）用张紧轮　　　　　（c）用张紧轮

图 9-58　张紧力调整

第十章 修理技术

1. 怎样选择机械零件修复工艺?

答: 机械零件在维修时,应考虑所选择修复工艺对零件材质的适应性及各种修复工艺修补层的合理厚度,具体所考虑的因素及参数见表 10－1 和表 10－2。

表 10－1 修复工艺对零件材质的适应性

修复工艺	低碳钢	中碳钢	高碳钢	合金结构钢	不锈钢	灰铸铁	铜合金	铝
镀铬	★	★	★	△	△	★		
低温镀铁	★	★	★	★	★	△		
气焊	★	★	△	★		△		
电弧焊	★	★	△	★	★	△		
埋弧焊	★	★	△	★	★	△		
钎焊	★	★	★	★	★	△	★	△
金属喷涂	★	★	★	★	★	★	★	★
粘接	★	★	★	★	★	★	★	★
压力加工	★	★					★	★
金属扣合	★	★	★	★	★	★	★	★

注:表中"★"表示修理效果好;"△"表示修理效果差。

2. 机械设备修理的安全技术有哪些?

答: 机械设备修理的安全技术包括以下几方面:

(1) 设备修理前,在制订修理方案时,就必须制订相应的安全措施。在施

284

工中要组织好工作场地，做到整齐、清洁，搞好文明生产。

表 10-2　　　　　　　　　　各种修复工艺修补层的合理厚度

工　艺	合理厚度（mm）	工　艺	合理厚度（mm）
镀铬	0.1～0.3（也可在 0.1 以下）	电弧焊	厚度不限
镀铁	0.1～0.5	金属刷镀	≤0.5
金属喷镀	0.05～10.0	埋弧焊	厚度不限
气焊	厚度不限	氧-乙炔金属粉末喷涂	0.05～2.5

（2）修理用的设备和工具（如钻床、手电钻、拆卸器、锤子、锉刀等）要经常检查，发现损坏应立即停止使用。

（3）与电源相接的机械设备，修理时必须切断电源，不准带电进行修理。特别是在拆卸前要挂上"正在修理"的标志，以免发生工伤事故。

（4）设备修理时，不准用手试摸滑动面、转动部位或用手指试探螺孔。

（5）修理中，如需多人操作时，必须有专人指挥，密切配合。

（6）修理带车轮的机械时，应先塞住车轮。用千斤顶顶升时，千斤顶应放置平稳。垫高机器或部件时，应先找好垫高工具，禁止用砖头、碎木或其他容易碎裂的物体来垫塞。

（7）开动车、钻、磨床时，不准戴手套。在小型零件上钻孔时，不准用手直接把持零件。不准用手触摸刚切削下的高温金属屑。

（8）使用手电钻时，应检查是否接地或接零线，并应穿戴绝缘手套、胶靴。

（9）在机器下工作时，要在修理的机器上挂"正在修理，请勿转动机器"的牌子。

（10）高空作业时，必须戴安全帽、系安全带。不准上下投递工具或零件。

（11）设备试车前，要检查电源接法是否正确，各部手柄、行程开关、撞块等是否灵敏可靠，传动系统的安全防护装置是否齐全，确认无误后方可开车运转。

3. 试述机械设备修理的工作流程。

答：机械设备修理的一般过程包括以下几个步骤：修理前的准备→拆卸→清洗与检查→确定修理方法→修复或更换损坏的零件→装配、调整和试运转。

机械设备大修的工艺流程如图 10-1 所示。

4. 试述设备修理的组织方法及其特点和应用。

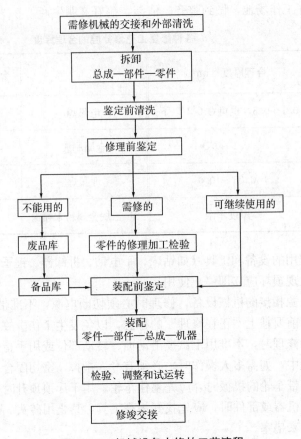

图 10-1 机械设备大修的工艺流程

答：设备修理的组织方法有以下三种：

（1）按部件组织修理。按部件进行修理就是将需要修理的部件拆下来，换上事先准备好的相同部件。采用这种方法可以缩短设备的停歇时间。它适用于拥有大量同类设备的企业。

（2）分部修理。分部修理就是对设备的各个独立部分，按计划安排的顺序分别进行修理，每次只集中修理一个部分。其优点是，由于把设备修理的工作量分散，可以利用非生产时间进行修理。它适合于结构上具有相对独立部件的设备和修理工作量大的设备。

（3）同步修理。这种方法是将工序上互相紧密联系的数台设备安排在同一时间内修理，以减少分散修理所占的停机时间。它适用于流水生产线的设备。

5. 拆卸设备时应注意哪些事项？

答：拆卸设备时应注意下列事项：

（1）拆卸时，必须牢记设备的构造和零件的装配关系，以便拆卸、修理后

286

再装配时能有把握地进行。

（2）拆卸中，对于螺纹的旋向、零件的松开方向、大小头和厚薄端一定要辨别清楚。

（3）必须采取正确的拆卸方法，如拆卸锥销时，只能从小端冲出。不了解零件结构和固定方法就大力锤击，往往会造成零件的损坏。

（4）用击卸法冲击零件时，必须垫好软衬垫，或者用软材料（如紫铜）做的锤子或冲棒，以免损坏零件表面。特别是要注意保护好主要零件，不使其发生任何损坏。

（5）在拆卸经过平衡的旋转部件时，应注意尽量不破坏原来的平衡状态。

（6）拆下后的导管、润滑或冷却用的管道以及各种液压件等，在清洗后均应将进出口封好，以免灰尘杂质侵入。

（7）起吊拆卸的零件时，应防止零件变形或发生人身事故。

6. 机械磨损的常见类型和特点有哪些？

答：（1）跑合磨损：机械在正常载荷、速度、润滑条件下的相应磨损，这种磨损发展很慢。

（2）硬粒磨损：零件本身掉落的磨粒和外界进入的硬粒，引起机械切削或研磨，破坏零件表面。

（3）疲劳磨损：在交变载荷的作用下，产生微小裂纹、斑点状凹坑，而使零件损坏。此类磨损与压力大小、载倚特点、机件材料、尺寸等因素有关。

（4）热状磨损：零件在摩擦过程中，金属表面磨损及内部基体产生热区或高温，使零件有回火软化、灼化折皱等现象，常发生在高速和高压的滑动摩擦中，磨损的破坏性比较突出，并伴有事故磨损的性质。

（5）腐蚀磨损：化学腐蚀作用造成的磨损，即零件表而受到酸、碱、盐类液体或有害气体侵蚀，或零件表面与氧相结合生成易脱落的硬而脆的金属氧化物而使零件磨损。

（6）相变磨损：零件长期在高温状态下工作．零件表面金属组织晶粒变大，晶界四周氧化产生细小间隙，使零件脆弱，耐磨性下降，加快零件的磨损。

（7）流体动力磨损：由液体速度或颗粒流速冲击零件表面所造成的零件表面的磨损。

7. 零件磨损的原因及其预防方法有哪些？

答：零件磨损的原因及其预防方法见表10-3。

8. 大修后机械寿命缩短的原因及预防措施有哪些？

答：大修后机械寿命缩短的原因及措施见表10-4。

9. 什么是拉卸法？它适用于拆卸什么零件？

答：拉卸法是一种静力或冲击力不大的拆卸方法。这种方法比较安全，不易损坏零件表面。它适用于拆卸精度较高或无法敲击而过盈量较小的零件。

表 10-3   **零件磨损原因及其预防**

类型	磨损原因	预防方法
正常磨损	零件间的相互摩擦	保证零件的清洁及润滑
	由硬粒引起的磨损	保持零件间清洁，遮盖零件外露部
	在长期交变载荷下造成零件疲劳磨损	消除间隙，选择合适润滑油脂，减少额外振动，提高零件精度
	化学物质对零件的腐蚀	去除有害的化学物质，提高零件防腐性
	高温条件下零件表面金相组织变化或配合性质变化	设法改善工作条件，或采用耐高温、耐磨材料制作零件
不正常磨损	修理或制造质量未达到设计要求	严格质量检查
	违反操作规程	熟悉机械性能，按操作规程操作
	运输、装卸、保管不当	掌握吊装知识，谨慎操作

表 10-4   **大修后机械寿命缩短原因及预防措施**

内　　容	原　　因	预防措施
基础零件变形	由于变形改变了各零件的相对位置，加速零件的磨损，缩短零件的寿命	合理安装及调整，防止变形
零件平衡破坏	高速转动的零件不平衡，在离心力的作用下加速零件损坏，缩短零件寿命	严格进行动平衡试验
没有执行磨合	更换的零件配合表面未合理磨合，随时间加长，零件配合表面的磨损量将加大，零件的寿命缩短	对配件进行磨合
硬度低	修复的零件选材不当，表面硬度达不到，或热处理不合格	按要求选用材料，并进行合理的热处理

如图 10-2 所示为拉卸轴套的方法。由于轴套一般是用质地较软的铜、铸铁或轴承合金制成，若拆卸不当，很容易变形，因此不必要拆卸的尽可能不拆卸。必须拆卸时，可利用专用工具拉卸。图 10-2 中所示为利用两种专用工具拉卸轴套的方法。

10. 什么是冷缩法？

答：冷缩就是通过冷缩被包容件拆卸零件的一种方法。例如，用干冰冷却

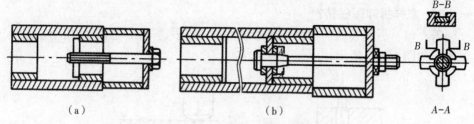

图 10‑2　用专用工具拉卸轴套

孔中轴承的外圈使其收缩，同时借助拉卸器即可拉出轴承。

11. 怎样拆卸键连接？

答：键连接的拆卸类型及方法说明见表 10‑5。

表 10‑5　　　　　　　　　　键连接的拆卸类型及方法说明

类型	说　明	图　示
普通平键	可用平头冲子，顶在键的一端，用手锤适当敲打，另一端可用两侧面带有斜度的平头冲子按右图中箭头表示部位挤压，这样便可以取出键来	
钩头楔键	当钩头楔键与轴端面之间空间尺寸 c 较小时，可用一定斜度的平头冲子在 c 处挤压，取出钩头楔键	
	当钩头楔键与轴端面之间空间尺寸 c 较大时，可用右图中所示工具取出钩头楔键	
	当钩头楔键锈蚀较重，不易拆卸时，可采用右图中所示的两种工具拆卸	

289

12. 怎样拆卸圆柱销？

答：（1）拆卸普通圆柱销和圆锥销时，可用手锤敲出，圆锥销由小端向外敲出，如图 10-3 所示。

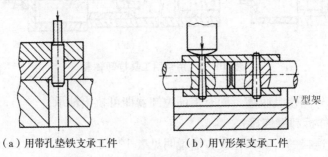

（a）用带孔垫铁支承工件　　　（b）用V形架支承工件

图 10-3　拆卸普通圆柱销和圆锥销

（2）拆卸有螺尾的圆锥销可用螺母旋出，如图 10-4 所示。

（3）拆卸带内螺纹的圆柱销和圆锥销，可用拔销器取出，如图 10-5 所示。

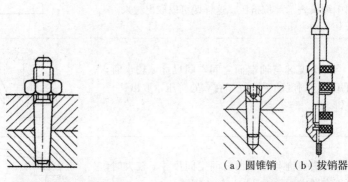

（a）圆锥销　（b）拔销器

图 10-4　拆卸有螺尾的圆锥销　　　　**图 10-5　带内螺纹的圆锥销和拔销器**

13. 举例说明套的拆卸方法有哪些？

答：套的拆卸，可采用以下几种方法：

（1）击卸法。如图 10-6 所示为利用自重击卸套的方法。此种方法操作简单，拆卸迅速。

（2）用阶梯冲子冲出。由于衬套一般较薄，仅用手锤击卸，容易变形，所以常用阶梯冲子冲出，如图 10-7 所示。冲击时，冲子大端要比衬套外径小0.5mm，并且一定要垫上软金属垫，以防打坏衬套端面。

（3）用压力机压出。这种方法比用手锤击卸好。它不仅能拆卸尺寸较大、

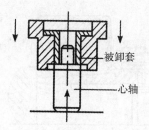

图 10-6　利用自重击卸衬套

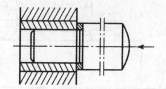

图 10-7　用阶梯冲子冲出衬套

过盈量较大的套件，而且压力比较均匀，方向也好控制。

（4）采用顶压法拆卸。如图 10-8 所示为采用 C 形工具拆卸套件的情况。拆卸时，为防止套件变形，需在套端加一芯头。顶压力根据配合情况和零件的大小确定。

（5）用热胀法拆卸。对于过盈量较大或加热后压配的轴套，可采用此法。加热套件时，应用湿布将轴包起来，再用拆卸器或压力机压出。

14. 怎样从轴上拆卸滚动轴承？

答：滚动轴承与轴的配合采用的是过盈配合，因此利用击卸法就能把滚动轴承从轴上拆卸下来。如图 10-9 所示是从轴上拆卸滚动轴承的情况，其操作要点如下。

（1）打击的力量要加在轴承内圈上，如果力量加在外圈上，就可能使滚动体在轨道上产生压痕，损坏轴承。

（2）打击的力量不要太大，而且在一个部位上打一次后，就要移动冲子到另一个位置，这样才能使内圈圆周都受到均匀的打击。

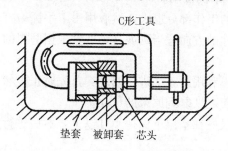

图 10-8　用顶压工具拆卸套件

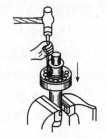

图 10-9　用击卸法拆卸滚动轴承

15. 怎样拆卸圆锥孔轴承？

答：（1）直接装在锥形轴颈上或装在紧定套上的轴承，可拧松锁紧螺母，然后用软金属棒和手锤向锁紧螺母方向将轴承敲出，如图 10-10 所示。

（2）装在退卸套上的轴承，可先将轴上的锁紧螺母卸掉，然后用退卸螺母将退卸套从轴承套圈中拆出，如图 10-11 所示。

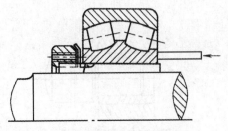

图 10-10　带紧定套轴承的拆卸

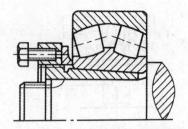

图 10-11　装在退卸套上轴承的拆卸

16. 怎样拆卸锈死的螺纹连接?

答: 普通的螺纹连接是容易拆卸的,只要使用各种扳手向左旋拧即可松扣。而对于年久失修、锈死的螺纹连接,须采取以下措施拧松:

(1) 用煤油浸润,即在螺纹连接处浇些煤油或用布头浸上煤油包在螺钉上,使煤油渗入连接处,也可将螺纹连接件直接放入煤油中,浸泡 20～30min,利用煤油较强的渗透力,渗入锈死部分。一方面可以浸润铁锈,使它松软;另一方面也可起润滑作用,便于拆卸。

(2) 试着将螺纹拧松,可先向旋紧方向拧进一点,再向相反方向拧出,这样反复地拧,直至松开。

(3) 用锤子敲打螺钉或螺母,使锈蚀部分受到震动而自动松开,然后拧出。

(4) 用喷灯将螺母回热,使其直径胀大,然后迅速拧出螺钉。

如果采用上面几种措施后仍然拆不下来,那就只好损坏螺钉或螺母了。

17. 怎样用矫正法修理磨损的量具? 举例说明。

答: 所谓矫正法,就是首先把量具的工作部分退火,然后用钳工手锤敲打磨损的部位,使该部分的金属向恢复尺寸的方向适当延展 (延展量根据磨损的情况确定),而后恢复到原来的尺寸。

例如,磨损了的样板和板状卡规就可利用矫正法进行修理:首先矫正,然后对工作表面进行锉光、磨光和研磨,使之恢复到原来的尺寸。

为了防止变形,经过矫正的量具,最好在室温下保持 10d 以上,然后进行修复。

18. 怎样用镀铬法修理量具?

答: 如果量具的磨损较严重或其工作面上有明显的缺陷 (压痕、划伤等)时,可采用镀铬法进行修理。修理时,先将尺寸磨小 0.05～0.1mm,然后根据需要镀上一层厚为 0.1～0.15mm 的镀层,最后将量具研磨到原来的尺寸(每边留做研磨的镀铬层应不小于 0.006mm)。

19. 用热处理法怎样修理量具?

答: 用工具钢和合金钢制造的量具大多数都经过淬火和回火。淬火钢的马氏体组织中常有一定量的所谓残余奥氏体。奥氏体是一种不稳定的组织，经过热处理会变为马氏体，在转变组织的过程中，将产生晶体的体积增大。

如果量具在油槽中加热至 200℃，保持 2h，再在温度为 20℃ 的水中冷却，则量具的体积将增大。对于尺寸大于 2.5mm 的量具，特别是 40～100mm 者，将会有显著的增长，有时达到 0.03～0.04mm，这完全能满足修复量具的要求。

当体积的增长量超过量具磨损量的时候，则需通过精磨和研磨，使量具恢复到原来的尺寸。

20. 怎样用加工法修理磨损的量具？举例说明。

答：所谓用加工法修理，就是把已磨损量具的工作表面重磨及研磨为与原来尺寸相近的一定尺寸。

例如，直径小于 50mm、已磨损的光滑塞规的修理，就是把它重磨为较小的尺寸，再加以研磨。但是重磨和研磨的加工余量不能太小，所以研磨后的尺寸最少要小 0.1～0.15mm。

同样，磨损了的螺纹量规也可以用加工法重磨和研磨为同样螺距的较小直径的螺纹量规。

改制后的量规必须把旧的标记去掉，把新的工作尺寸和精度等级重新标上。

21. 怎样修理量块？

答：恢复量块的中心长度可采用热处理法。通过热处理可使量块的尺寸增大。一般 40mm 以上的量块能增大 0.01～0.02mm，有时甚至能增大到 0.03～0.04mm，这就达到了已磨损量块的修复量。修复量块的研合度和平面平行度可采用研磨法。研磨的方法和制造量块时基本上相同。

减小量块的公称尺寸，主要用在量块表面的缺陷（如压伤、划伤等）不能用热处理法和研磨法消除的时候。其方法为：10mm 以下的量块，可以在磨床上磨小些，留下 0.002～0.003mm 的研磨余量，然后进行手工研磨；20mm 以上的量块，为了符合量块的使用成套性，可用薄片砂轮切下一段，再经过磨削和研磨，成为另一尺寸（如 30mm 改为 20mm 等）的量块。

公称尺寸减小了的量块，要在精研以前，重新标上新的公称尺寸。方法是：在量块表面涂上一层蜡，刻字后浸酸即可，但旧的标记应先去掉。

22. 试述夹具修理的种类和方法有哪些？

答：夹具修理按照工作的复杂程度可分为以下两类：

（1）临时修理。夹具的临时修理只是更换或修复一两个已经磨损或破坏的零件，而整个夹具不全部拆开或调整。

临时修理时，夹具要在不拆卸的情况下进行清洗和检查，并消除所有缺陷。修理后，夹具还要进行工作试验，并且要检查用夹具所加工工件的质量。

（2）大修理。夹具大修理的过程比较复杂，一般步骤为：熟悉夹具的结构→检查夹具的精度和工作情况→拆卸零件→清洗零件→检查零件的缺陷→制造要更换的零件→修理被磨损或被损坏的零件→装配和检查→对夹具进行工作试验等。

修理主体零件、更换定位元件和导向元件、修理夹具的基准尺寸等，都属于大修理的范围。

大修理以后的夹具，应保证完全好用，并且没有任何故障存在，这样才能交给使用部门继续使用。

23. 怎样修理夹具的主体件？

答：夹具主体件（如底座、支架、箱体等）的修理经常是修理基面。基面可以用刮削或磨削的方法来修复，但这时要确定一个加工和检验的基准（例如和基面平行的表面等）。

对磨损较大或损坏了的主体件，也可以采用焊接或金属喷镀的方法进行修理，即在磨损的表面上增加一层金属，然后再加工到原来的尺寸。

24. 夹具定位零件的修理方法有哪些？

答：定位销和支承钉、支承板等夹具定位零件在磨损以后，通常应该更换新的。如果支承平面的尺寸不影响被加工工件的尺寸，那么可以直接用磨削的方法磨去一层金属。如果夹具有基准尺寸的要求而定位表面又是做在夹具体上时，则需先将定位表面刨去一层金属，然后镶上一块淬硬的钢板（用埋头螺钉固定），再在磨床上磨至需要的尺寸。对于原来就是镶上去的支承定位板，则可以把它拆下来，然后在板的下面垫一些薄垫片，再装好后在磨床上将它磨到所需的尺寸。

当定位表面的磨损量不超过 $0.1\sim0.15mm$ 时，也可以采用镀铬法进行修理。用这种方法还可增加定位元件的使用期限。

25. 怎样修理夹具中的螺纹件？

答：根据夹具中螺纹件的损坏情况，通常采用以下方法进行修理：

（1）对于弯曲了的螺钉可以采用校直的方法进行修理。

（2）对于损坏的螺帽一定要更换新的。

（3）如果是夹具体上的螺孔坏了，可根据不同情况采用不同的方法进行修理。例如，扩大原来的螺孔直径，并攻新螺纹，然后换上一个新的螺钉；也可以把原来的孔扩大以后，压入一个柱塞，并用锡焊住，然后再钻孔并攻丝，使它和原来的尺寸一样。

26. 螺纹连接件损坏的类型、原因及维修方法有哪些？

答：螺纹连接件的损坏类型、原因及维修方法见表 10-6。

表 10‑6   螺纹连接件的损坏类型、原因及维修方法

损坏类型	原　　因	检　修　方　法
折断	螺纹部分损坏或锈死	直径在 8mm 以上螺钉折断，若要取出螺孔内螺钉，可在其断口中钻孔，楔入一根棱角状钢杆，反拧退出断螺钉；也可钻孔后攻反螺纹，上反螺钉，拧出断螺钉
弯曲	头部碰撞变形	当弯曲度较小时，可用两个螺母拧到螺杆弯曲部，使弯曲部处于两螺母之间，并保持一定距离，然后在虎钳上矫正
滑丝	螺母或螺钉质最差；间隙大或装配时拧紧力太大	更换螺钉或螺母
端部被镦粗	头部被碰撞	用三角锉修去变形凸出部；或用板牙套丝；若螺纹外露部较长，碰撞严重时可适当锯去损坏部分，再修锉或重套丝
螺钉外六角变秃成圆形	螺钉拧得太紧；螺纹锈蚀；扳手开口太大	用锉刀将原六角对边锉扁，用扳手拧；或用锤子敲击震松，再用钝凿凿六方边缘，使之松退。须更换螺钉或螺母
平头、半圆头螺钉头部损坏	旋具操作不当；螺钉头部槽口太浅或损坏	用凿子或锯弓将螺钉头部槽口加深，或用小钝凿凿螺钉头部边缘使之松退
严重锈蚀	长期在无油或较差条件下锈蚀	将锈蚀零件浸入煤油中，浸泡时间视锈蚀程度而定，同时可锤击震松螺钉连接部或用钝凿凿螺钉六角头边缘退松；同时也可将外露部分直接用氧气‑乙炔加热，迅速扳退螺母；有时以上几种方法可同时使用，效果较好

27. 键连接件损坏的类型、原因及维修方法有哪些?

答: 键连接件损坏类型、原因及维修方法见表 10‑7。

键连接件的损坏类型、原因及维修方法

损坏类型	原 因	检 修 方 法
键磨损	长期失修或维护不当	小型键采用更换键，修整键槽；较大键采用堆焊修复
键剪断	装配不合理或超载	修整加宽键槽，重新配键，提高配合精度
键变形	键的设计不合理或配合精度差	①增加轮毂槽的宽度，重新配宽键 ②增加键的长度 ③采用双键，相隔180° ④提高键的配合精度
花键轴与花键套磨损	润滑差，使用时间较长	①花键轴同一侧面镀铬 ②刷镀后修磨 ③振动堆焊后修磨

28. 一般轴的检修内容及检修方法有哪些？

答：一般轴的检修内容及检修方法见表 10－8。

表 10－8　　　　　　　　　一般轴的检修内容及检修方法

检 修 部 位	检 修 内 容
小轴及轴套磨损	更换新件，修复小轴配件轴套或修复轴套所配小轴
轴颈磨损	对于一般传动轴颈及外圆柱面的磨损，轴和轴套间隙配合或过渡配合，其精度超过原配合公差的50%时应修复或更换，修理后尺寸减小量不得超过公称尺寸的一半；对于安装轴承、齿轮、皮带轮等传动件的轴颈磨损采用镀铬或金属喷涂等方法恢复尺寸
键槽磨损	①适当加大键槽的宽度或在强度允许的条件下转位120°另铣键槽 ②轴上键槽经堆焊后重新加工
轴端螺纹损坏	①在不影响强度的条件下，可适当将轴端螺纹车小一些 ②堆焊轴端螺纹部位，车削至尺寸要求
轴上外圆锥面损坏	①按原锥度将损坏面磨掉，尽量少磨 ②不重要的锥面可车成圆柱形再镶配圆锥面套

检 修 部 位	检 修 内 容
圆锥孔磨损	①按原锥度将锥面损坏部磨掉 ②镗成圆柱形孔，配套焊牢，按原锥孔要求加工
销孔损坏	①将原销孔铰大一些，重新配销 ②填充换位重新加工出销孔
扁头，端孔损坏	①堆焊修复 ②适当改小尺寸

29. 主轴的检修内容及检修方法有哪些？

答： 主轴的检修内容及检修方法见表 10－9。

表 10－9 主轴的检修内容及检修方法

检 修 内 容	检 修 方 法
轴颈磨损，其圆度和锥度超差	①修磨轴颈，注意保持轴表面硬度层，收缩轴承内孔并配研至要求或更换新轴承 ②轴颈磨光镀铬或金属刷镀后外磨至要求，镀铬层厚不宜超过 0.2mm
装滚动轴承的轴颈磨损	用局部镀铬、刷镀或金属喷涂等方法修补，再精磨恢复轴颈尺寸；渗碳的主轴轴颈其最大修磨量不大于 0.5mm 左右；氮化、氰化的主轴轴颈其最大修磨量为 0.1mm 左右，修磨后表面硬度不应低于原设计要求的下限值
主轴锥孔磨损	轴内锥孔有毛刺、凸点，可用刮刀铲去；有轻微磨损，锥孔跳动量仍在公差内，可用研磨修光，若锥孔精度超差，可放至精密磨床上精磨内锥孔。修磨后锥孔端面位移量不得超过下列数据范围： 1 号莫氏锥度定为 1.5mm 2 号莫氏锥度定为 2mm 3 号莫氏锥度定为 3mm 4 号莫氏锥度定为 4mm 5 号莫氏锥度定为 5mm 6 号莫氏锥度定为 6mm

检 修 内 容	检 修 方 法
一般主轴检修后的要求为：	①表面圆柱度、同轴度都不应超过原规定公差 ②轴肩的端面跳动应小于 0.008mm ③前后两支承轴颈的径向跳动，或其他有配合关系的轴颈对支承轴颈径向跳动不超过原公差的 50% ④表面粗糙度不低于原要求一级或在 $R_a 0.8\mu m$ 以下 ⑤主轴前端装法兰定心轴颈与法兰盘配合符合规定公差，不得有晃动

30. 怎样检修曲轴?

答：（1）局部弯曲的修复方法：

①压床矫正法：将曲轴支承在两 V 形铁上，用压床施压凸面，矫枉过正量应大于挠曲量的一定倍数，并保持载荷一定时间，矫直后进行人工时效。

②用手锤敲击曲轴凹面，敲击同一点的次数不宜过多，敲击点应在非加工面上。

（2）轴颈磨损的修复方法：

①磨小轴颈，轴颈缩小量不超过 2mm。

②磨损量大，可用喷涂、粘接等方法进行修复，但修前须进行强度验算。

（3）曲轴检修要点：

①各主轴轴颈和连杆轴颈，一般应分别修磨成同一级尺寸，以便选配统一轴承。

②各轴颈修磨量一般不超过 2mm，超过时应使用喷涂等工艺来恢复尺寸。

③各轴颈的中心线必须在同一直线上，其偏移量不超过主轴最小间隙的一半

④连杆轴颈中心线与主轴颈中心线应平行且在同一平面内，平行度公差在连杆长度内不超过 0.02mm。曲轴回转半径的偏差也不超过 ±0.15mm。

⑤安装飞轮的凸缘、安装定时齿轮的轴颈及中心孔，必须与主轴颈中心一致，同轴度不得超过 0.02mm，凸缘的端面偏摆量在 100mm 半径上，不得大于 0.04mm。

⑥轴颈小于 80mm 的圆柱度和圆度公差为 0.025mm，轴颈大于 80mm 的圆柱度和圆度公差为 0.04mm。

⑦曲轴的扭曲程度，一般不超过 1mm。

⑧曲轴经检修后各部位要求为：

a. 各主轴颈的同轴度公差为 0.05mm；

b. 锥度公差为 0.015mm；

c. 粗糙度变化量不超过 0.4μm；

d. 允许直径差为 +0.015mm、-0.02mm；

e. 轴颈长度不应超过标准长度 0.3mm；

f. 两端应留有 1~3mm 的内圆角；

g. 轴颈上的油孔应有 1×45°倒角，并去除毛刺。

31. 滚动轴承检修时的代用原则及代用方法有哪些？

答：（1）代用轴承的工作能力系数和允许静载荷要尽量等于或接近原轴承的数据，使工作寿命不受影响。

（2）要求代用轴承的极限转速不低于原轴承在机械设备工作时的实际转速。

（3）代用轴承的精度等级不低于原轴承的精度等级。

（4）轴承的各部分尺寸应尽量相同。

（5）在条件允许的情况下，采用镶套的方法，代用时要保证所镶的轴套内外圆柱面的精度符合配合要求。

滚动轴承的代用方式及方法见表 10‑10。

表 10‑10   滚动轴承的代用方式及方法

方 式	方 法
直接代用	代用轴承的内径、外径和轴承宽度尺寸与原轴承完全相同，不需加工即可装配使用
以宽代窄	若一时无合适代用轴承，其轴向又有一定安装位置时，可用较宽轴承代替原较窄轴承
改变轴颈或箱体孔尺寸	选用轴承内径略小于原轴承内径，而外径又略大于原轴承外径，可改变轴颈尺寸或箱体孔的尺寸，但不能影响轴或箱体孔的强度等要求
轴承内孔镶套	代用轴承的外径与原轴承的外径相同，而内径较大，可用内孔镶套。套的内径用原轴承内径制造公差，套的外径与代用轴承的内径用稍紧的过渡配合
轴承外圈镶套	代用轴承的内径与原轴承的内径相同，而外径较小，可用外圈镶套。套的外径采用原轴承外径制造公差，套的内径与代用轴承则采用稍紧的基轴制过渡配合

方　式	方　法
轴承的内径和外径同时镶套	代用轴承内径大于原轴承的内径，而外径又比原轴承的外径小，可在代用轴承的外圈和内孔同时镶套。多用于非标准轴承或较大轴承的改制和代用
进口轴承代用	(1) 确定轴承类型、结构特点，查出与其结构相似的轴承 (2) 测量轴承各参数，确定轴承系列及尺寸 (3) 根据以上数据查阅有关手册

32. 滚动轴承的检查部位及内容是什么？

答：滚动轴承的检查部位及内容见表 10－11。

表 10－11　　　　　　　　　　滚动轴承的检查部位及内容

部　位	内　容
内外圈滚道、滚动体等表面 滚动体	裂纹、锈蚀、麻点、剥落、磨损等缺陷 圆度一般不超过 0.01mm，每组滚珠直径误差不超过 0.01mm，圆柱（锥）滚子直径误差不超过 0.015mm
轴承内圈	单列向心球轴承内径磨损量不超过 0.01mm，圆柱（锥）滚动轴承的内径磨损量不超过 0.015mm，滚动轴承的滚道圆度不超过 0.03mm
轴承外圈	单列向心球轴承外径磨损量不超过 0.01mm，滚柱轴承外径磨损量不超过 0.015mm

33. 滚动轴承运转过程中常见故障及其排除方法有哪些？

答：滚动轴承运转过程中常见故障及其排除方法见表 10－12。

表 10－12　　　　　　　　　　滚动轴承常见故障及其排除

形　式	原　因	危　害	排　除　方　法
振动	①轴颈磨损	①轴颈磨损加剧	①修复轴颈
	②轴承与箱体孔间隙太大	②箱体孔磨损加剧	②修复箱体孔
	③轴承损坏	③影响轴上零件	③更换轴承

形　式	原　因	危　害	排　除　方　法
轴承发烫	①轴承装配太紧	①加剧轴承的磨损和损坏	①选用合适的配合
	②润滑油缺少或油变质	②轴承磨损加快和噪音增加	②疏通油路，保证润滑良好
	③与其他零件摩擦	③轴承发热退火软化	③合理安装
	④预加负荷过大	④轴承磨损加剧	④采用适当的预加负荷
	⑤轴承的内外圈松动	⑤轴承孔内轴颈磨损或箱体孔磨损加剧	⑤修复轴颈或箱体孔
	⑥过载	⑥加剧轴承磨损和损坏	⑥降低载荷
轴承转动困难或不灵活	①轴承内孔与轴径配合不当，间隙过小	①容易使轴承内圈开裂	①正确选择配合间隙
	②轴承外径与箱体孔配合不当，间隙过小	②转动困难，加剧轴承磨损	②正确选择配合间隙
	③预加负荷过大	③轴承过早磨损	③合理选择预加负荷
	④润滑油不纯，有杂质	④使滚道磨损加快	④清洗轴承，选用合适润滑油
	⑤轴承安装对中不良	⑤使轴承发热，磨损加快	⑤调整中心
内圈开裂	①内圈与轴配合太紧	①装拆不便，轴承转动不灵活	①合理选择配合
	②安装不当	—	②精心安装，方法正确
滚动体和滚道压伤	装配或拆卸方法不对	损坏轴承、轴或箱体孔	使用正确的安装或拆卸方法

34. 怎样检修滑动轴承？

答：（1）滑动轴承检修类型、损坏原因及维修方法见表 10 - 13。

表 10 - 13　　　　　滑动轴承检修类型、损坏原因及维修方法

损坏类型	损坏原因	检 修 方 法
整体式轴承	配合面烧熔、裂纹或严重磨损	①修复轴颈，更换新套 ②大型或贵重金属轴套采用镗孔，轴颈喷镀法 ③薄壁套切除一部分后焊拢，以缩小内孔，再喷涂外径至要求尺寸
对开轴承	磨损	①减少瓦口部垫片，并研磨轴瓦，恢复接触精度 ②磨损严重的轴瓦可修复轴颈精度，更换新瓦
外锥形可调轴承	工件表面擦伤或磨损	减薄垫片，缩小孔径，刮研轴承内孔

（2）滑动轴承合金的浇注工序及方法见表 10 - 14。

表 10 - 14　　　　　滑动轴承合金的浇注工序及方法

工 序	方 法
清洗，除油锈	去除氧化皮，并将瓦体加热到 80℃～90℃，用苛性钠溶液冲洗 5～10min 去油污，然后用 80℃～100℃水冲净；用 25％盐酸水溶液清洗除锈，再立即放入热水中冲洗，再冷水冲洗烘干，涂上一层盐酸锌溶液
加 热	在电炉中加热到 250℃～300℃直至呈油亮状
涂锡层	迅速将锡条涂在烧热的瓦体的内表面上，用麻絮蘸清水擦镀锡表面，使锡层均匀光亮
浇注巴氏合金	趁锡层温度较高，将轴瓦放在特制的浇注胎具中，中间放好芯子，芯子预热至 250℃～350℃，将熔化的巴氏合金倒入
质量检验	表面呈白色，镀层均匀，无缺陷，用手锤敲击，音质清脆。若有哑声、双声，说明瓦体与合金结合不紧密

（3）滑动轴承的常见故障及其消除方法见表 10 - 15。

形　式	原　　因	消　除　方　法
运行中产生高温	①润滑剂选择不当或无油运行 ②轴磨损或局部弯曲产生边角侧压摩擦生热 ③承载力太大，间隙太小 ④轴承材料选用不当	①加入恰当润滑剂，疏通油路 ②经常检查运行情况，保证轴承工作正常 ③根据设计要求，合理选用间隙，不超负荷运行 ④选用合适的轴承材料
轴启动迟缓	①轴承间隙过小 ②轴承轴线变动或安装不良 ③轴承配研精度差或结合面有杂质	①适当加大轴承间隙 ②找正轴承轴线 ③按规定要求配研轴承，清除杂质
磨损严重	①长期不保养，润滑剂变质或有害杂质较多 ②轴瓦或轴烧熔剥落、裂纹等	①定期有计划地检修、保养 ②修换轴瓦或轴
轴径向跳动严重	①轴承间隙太大或瓦盖螺栓回松 ②轴有弯曲现象 ③轴颈磨损畸形或变形	①适当减小轴承间隙，拧紧瓦盖螺栓螺母 ②矫正轴的弯曲部分 ③检查并修复轴颈精度
漏油	①油槽位置不当与瓦端有连通现象 ②轴承间隙太大	①修补油槽或修换轴瓦 ②适当减小轴承间隙

35. 怎样检修螺旋传动机构？

答： 螺旋传动机构间隙的检修方法及其特点见表 10‐16。

表 10‐16　　　　　　　　螺旋传动机构间隙的检修方法及其特点

类　别		方　　法	特　点
普通螺旋机构	单螺母	外磨砂轮架用闸缸、拉簧或重锤的力自动消除丝杆的轴向间隙	耐冲击、可靠
	双螺母	①普通车床上横进丝杆与螺母间隙是由螺母中楔形块推挤左螺母消除间隙 ②两螺母中用压缩弹簧调整，使螺母沿轴向移动消除间隙	①刚性好，但不能随时消除间隙 ②调整方便，结构紧凑，耐冲击，但预压力始终存在

续表

类 别		方 法	特 点
滚珠丝杆螺母机构	垫片式	调整垫片的厚度，使其中一螺母产生轴向位移，改变主、副螺母的间距，消除间隙	结构简单，装卸方便，刚性好，但调整不便
	螺纹式	调整端部的圆螺母，使其中一螺母产生轴向位移，改变主、副螺母的间距，消除间隙	结构紧凑，工作可靠，调整方便，但精度不高
	齿差式	两螺母凸肩上外齿分别与紧固在螺母座两端的内齿啮合，两外齿齿数仅差一个齿，两螺母向相同方向转过一个齿或几个齿，再插入内齿圈中，则两螺母便产生了相对转角，实现调整	调整预紧精确，用于高精度的传动机构，但结构尺寸较大，装配较复杂

36. 怎样检修丝杠副？

答：丝杠副的检修内容及其方法见表 10 - 17。

表 10 - 17 主轴的检修内容及检修方法

检 修 内 容	检 修 方 法
弯曲度超过 0.1mm/1000mm	测出丝杠弯曲量后，将凸处朝上，两端置于 V 形铁上，用压力机施压，操作时应掌握施压程度与其变化量的规律
弯曲度不超过 0.1mm/1000mm	首先将丝杠放在两等高 V 形铁上，测出其最高凸起处记下数据，然后用硬木将丝杠垫平，将冲凿放在牙型中，锤击弯曲的最大凹部以延伸金属材料校直弯曲，锤击点可适当向两侧牙槽移动
丝杠局部磨损	若局部磨损不大，可精车修整，重配螺母；若磨损量较大，则更换丝杠。对精密丝杠磨损，则上磨床修磨达精度和粗糙度要求，再配螺母；若磨损量大，则更换丝杠及螺母

37. 带传动的失效原因与检修方法有哪些？

答：带传动的失效原因与检修方法见表 10 - 18。

表 10 - 18   **带传动的失效原因与检修方法**

形 式	原 因	方 法
轴颈弯曲	带轮的动平衡不好，轴向强度低，装卸不当	①带轮应作动平衡 ②细长轴、小轴用冷校法校直 ③轴适当加粗
带轮崩裂	轮孔与轴颈配合过紧胀裂，或过松受冲击	焊、镶或更换带轮
带打滑	带张紧力不够，主动轮初始速度太高	①调节张紧装置 ②更换旧带 ③带面加打防滑剂，增加摩擦力
带轮孔或轴颈磨损	轮孔与轴颈配合太松	磨损不大时，镗轮孔，轴颈镀铬或喷涂，保证设计要求；当轮孔严重磨损时，可镗轮孔配套，用骑缝螺钉固定套，套内键槽重新加工
跳带或掉带	带局部磨损、损坏，两带轮轮缘中心线歪斜	①更换新带 ②找正两轮轮缘中心线

38. 链传动损坏特征和检修方法有哪些？

答：链传动损坏特征和检修方法见表 10 - 19。

表 10 - 19   **链传动损坏特征和检修方法**

损 坏 特 征		检 修 方 法
板链组合件磨损	板链链条被拉长，运转时抖动、掉链或卡链	①调整中心距，拉紧链条 ②调张紧轮，拉紧链条 ③拆除一段链节 ④有严重掉链和卡死现象时，应拆下换新，以免磨损加剧
轮齿形磨损	轮齿趋尖、减薄，牙尖歪向链条受力方向，使链条磨损加剧	①中等程度的磨损，可把链轮翻面装上继续使用 ②部分轮齿磨损明显，可换位使用 ③磨损严重的链轮应换新
链轮轮面变形	链轮转动时，各轮齿不在同一平面上，产生掉链、咬链或跳链	在平板上对链轮面进行检查和校平

损 坏 特 征		检 修 方 法
两轮向偏移	产生咬链，链轮及链条局部磨损加剧	在现场用拉线法检查，然后调整链轮位置

39. 对齿轮传动机构的修理，常用的方法有哪些？

答： 对齿轮传动机构的修理，常用的方法有以下几种：

（1）齿面磨损严重或轮齿崩裂，一般应更换新的齿轮。如啮合的两齿轮为大、小两齿轮啮合，往往小齿轮磨损较快，为避免大齿轮的磨损加剧，应及时更换小齿轮。

（2）对于大模数齿轮的轮齿局部崩裂，可用气焊把金属熔化后堆焊在损坏表面上，经回火处理后再加工成标准齿形。

（3）对于精度不高及圆周速度不大的大型齿轮，如果损坏一个或几个相邻轮齿，可以用镶齿法进行修复。即把坏齿的根部铣或刮出一条燕尾槽，在槽内镶上一插块，然后用焊接或螺纹连接等方法固定，最后在插块上铣出新的轮齿。

（4）若用更换轮缘法进行修理，要先将轮齿切平，然后将新轮缘过盈压入，并用骑缝螺钉加以固定，最后切制轮齿。

（5）锥齿轮经使用一定时间后，会因齿轮调整垫圈磨损使侧隙增大，应进行调整。调整时，将两锥齿轮沿轴向移动，使侧隙减小。调整好后，再选配合适厚度的调整垫圈来固定两齿轮的位置。

当蜗轮的工作齿面磨损或划伤后，一般是更换新的，对于大型蜗轮，可采用更换轮毂缘法。

40. 齿轮传动的故障形式、原因及排除方法有哪些？

齿轮传动的故障形式、原因及排除方法见表 10 - 20。

表 10 - 20　　　　　齿轮传动的故障形式、原因及排除方法

形　式	原　　因	排　除　方　法
轮齿表面产生压痕	传动中轮齿间有铁屑等杂质	清洗油箱及齿轮
低速运转时齿轮磨损	油膜太薄	采用高黏度润滑油

形　式	原　因	排　除　方　法
高速运转时齿轮磨损	过载，润滑不良或侧隙太小	调整侧隙，减小负荷，改善润滑
齿轮疲劳磨损、点蚀、剥离	①齿轮材料选择不当 ②齿轮齿部硬度低 ③齿轮过载运行或负荷分布不均	①重新选材 ②热处理 ③保证适当侧隙及接触斑点
崩裂或断齿	①受冲击或硬物卡入轮齿中 ②淬火有裂纹	①精心检查，开车前用手扳动 ②齿轮应探伤检验
齿顶变尖，齿根咬伤，轮齿塑性变形	①中心距太小，啮合不良 ②过载，断油，过热，轮齿硬度、强度不够	①用变位齿轮 ②减小负荷，及时供油，保证齿面硬度、强度
胶合	①负荷过大，齿轮超载传动 ②润滑不良 ③齿面粗糙，硬度低，接触不良	①减小负荷 ②改善润滑 ③提高齿面硬度和改善表面粗糙度
小轮磨损较大	①齿数相差大 ②转速高	①提高小轮硬度 ②改善润滑条件

41. 检修导轨的一般程序是什么？提高导轨耐磨性的措施有哪些？

答：（1）导轨面检修的一般程序是：

①准备工作：查阅和熟悉原始资料，包括导轨结构，材料的性能和导轨使用特点；了解导轨磨损程度，绘制出精度误差和运动曲线，制定恢复精度的加工工艺。

②基准选择：一般以不可调的装配孔或不磨损的面为基准；若床身导轨不受基准孔或结合面限制，应选择使整个加工量最小的面或工艺复杂的面为基准；导轨面相配研时，应以刚性好的零件为基准来配研刚性差的零件，保证贴合；导轨面配研时，应以长面为基准配研短导轨面。

③修理过程：机床导轨面在修理中应保持自然状态，并放在坚实的基础上；装有重型部件的床身，应将部件先修装好或在该处配重后刮研；刮研导轨

误差分布应根据导轨受力情况和运动情况选定；导轨的精度和允差，应根据机床总的几何精度来确定。

（2）提高导轨耐磨性的措施：

①镶装塑料板：先在动导轨面上刨去一定厚度，再将夹布塑料板用环氧树脂或聚氨酯黏合，可加紧固螺钉，以提高耐磨性及保持原尺寸链。

②镶装淬火硬钢条：将静导轨面刨去适当厚度，镶装尺寸相当的淬硬钢条，用螺钉紧固，效果也较好。

③导轨淬火：

a. 高频淬火。硬度可达 50HRC 以上，但导轨变形大，须经磨削加工其表面；

b. 工频电接触淬火。用大功率变压器、波形铜轮与导轨接触产生大电流和热量，使导轨局部加热，再急速冷却形成硬化条纹，用油石修磨平。此方法操作简单、可靠、经济，不需要磨削加工，应用广。

42. 导轨检修方法有哪些？

答：导轨检修方法及应用见表 10-21。

表 10-21　　　　　　　　　　　　导轨检修方法及应用

磨损情况	方法	特　点	应　用
花纹和斑点消失，磨损量小于 0.3mm	刮削	精度高，耐磨性好，表面美观但劳动强度大，生产效率低	单件、小批量生产或维修工作
有磨痕和沟纹，磨损量在 0.3mm 以上	精刨	生产效率高	适合加工大型平面及表面
	精磨	能获得较高精度和较好的表面粗糙度	适合加工淬火的硬导轨
	配磨	适于各种导轨副的加工，配合质量及效率高	批量生产
导轨面局部磨损量在 0.6mm 以上	钎焊、喷涂、黏结	工作量小，经济实用，操作要求高	中、大型导轨局部修理

43. 导轨检修中的常见问题及消除方法有哪些？

答：导轨检修中常见问题及消除方法见表 10-22。

表 10-22 导轨常见问题及消除方法

问　题	原　因	方　法
导轨副严重磨损	导轨缺油，干磨，并有杂质进入	清洗导轨面，去毛刺或重新配刮，保证润滑、防尘
拖板移动不灵	①楔铁斜度误差大 ②楔铁弯曲变形	①修正楔铁斜度 ②校直楔铁，调整导轨副间隙
移动时有松紧现象	燕尾导轨有锥度或局部磨损	修正导轨锥度或磨损量
拖板朝一边移动时卡紧	导轨面与传动杆（丝杆、光杆等）轴线不平行，或传动杆弯曲	检验相互位置精度，修复导轨面与传动杆轴线平行度
滑动面吸附贴合阻力较大	导轨磨损，润滑油槽设计不合理	改进润滑油槽，修复磨损面，在导轨上刮花

44. 在卧式车床修理中，床身导轨副的修理方法有哪些？

答：在车床修理中，修复床身导轨副的精度是修理的主要工作之一。床身导轨精度的修复方法，目前广泛采用磨削加工，而与其配合的溜板导轨面，则采用配刮工艺。由于床身导轨经磨削和与溜板配刮后，将使溜板箱下沉，引起与进给箱、挂脚支架之间的装配位置，以及溜板箱齿轮与床身齿条的啮合位置都发生变化。为此，在修理中常采用如下方法来补偿和恢复其原有的基准位置精度。

（1）在溜板导轨面粘接塑料板（聚四氟乙烯薄板）。其工艺方法如下：

①首先将溜板导轨面与床身导轨配刮好，其接触点在（6～8）点/25mm×25mm，然后测出丝杠两支承孔和开合螺母轴线对床身导轨的等距误差值。

②在溜板导轨的粘接表面刨出装配槽（槽深尺寸加上等距误差值，应使粘接板料的厚度在 1.5～2.5mm 为宜），并在适当的均布位置分别钻、攻工艺螺孔，便于用埋头螺钉将塑料薄板与溜板作辅助紧固。

③用丙酮清洗粘接表面，粘接时再用丙酮润湿，待其挥发干净后，用101♯聚氨酯胶黏结剂涂在被粘接表面上。涂层厚度以 0.2mm 左右为宜。

④将两个被粘接件连接，装好固定螺钉，然后用橡胶滚轮或木棒反复来回滚压粘接薄板表面，以彻底排除空气。待加压固化后，检验与床身导轨面的接触配合情况，接触面积要求大于等于 70%，而且在两端接触良好。如达不到要求时，可用细砂布（或金相砂纸）修整粘接板料表面至符合要求。

（2）修配溜板的溜板箱安装面。在修理配刮好溜板导轨面后，可根据导轨和溜板导轨面的磨损修整量，即溜板的总下沉量，用刨削的方法刨去溜板的溜板箱安装面，使溜板箱的安装位置得到向上补偿。以后再以溜板箱中开合螺母中心线与床身导轨面的距离为基准，分别调整进给箱和后支架位置的高低，来取得与导轨面等距的最终精度。由于其调整量很小，对原有的定位销孔位置只要作适当的放大修铰即可。

参考文献

[1] 陈宏钩. 实用钳工手册. 北京：机械工业出版社，2010

[2] 邱言龙. 机修钳工实用技术手册. 北京：中国电力出版社，2009

[3] 黄志远. 检修钳工（第二版）. 北京：化学工业出版社，2008

[4] 胡家富. 维修钳工操作技术. 上海：上海科学技术出版社，2009

[5] 谢志余. 钳工实用技术手册（第二版）. 南京：江苏科学技术出版社，2008

[6] 劳动部培训司. 钳工工艺. 北京：中国劳动出版社，1992

[7] 武良卧，等. 互换性与技术测量. 北京：北京邮电大学出版社，2009

[8] 机械工业职业教育研究中心组编. 钳工技能实战训练（提高版）：北京：机械工业出版社，2004

[9] 钱昌明. 钳工工作禁忌实例. 北京：机械工业出版社，2006

[10] 马康毅. 钳工问答420例. 上海：科学技术出版社，2012

[11] 孙庚午. 工具钳工手册. 郑州：河南科学技术出版社，2009

[12] 黄志远. 检修钳工（第二版）. 北京：化学工业出版社，2008

图书在版编目（CIP）数据

钳工技能问答 / 张能武，卢庆生主编. -- 长沙 :湖南科学技术
出版社，2014.6
（青年技工问答丛书3）
ISBN 978-7-5357-8122-2

Ⅰ. ①钳… Ⅱ. ①张… ②卢… Ⅲ. ①钳工－问题解答

Ⅳ. ①TG9-44

中国版本图书馆 CIP 数据核字(2014)第 073210 号

青年技工问答丛书 3

钳工技能问答

主　　编：张能武　卢庆生
责任编辑：杨　林　龚绍石
出版发行：湖南科学技术出版社
社　　址：长沙市湘雅路 276 号
　　　　　http://www.hnstp.com
湖南科学技术出版社天猫旗舰店网址：
　　　　　http://hnkjcbs.tmall.com
印　　刷：长沙瑞和印务有限公司
　　　　　（印装质量问题请直接与本厂联系）
厂　　址：长沙市井湾路 4 号
邮　　编：410004
出版日期：2014 年 6 月第 1 版第 1 次
开　　本：710mm×1020mm　1/16
印　　张：20.75
字　　数：380000
书　　号：ISBN 978-7-5357-8122-2
定　　价：42.00 元